建设社会主义新农村图示书系

图解水稻收割机常见故障诊断与排除

鲁植雄　兰心敏　主编

中国农业出版社

内容提要

本书全面系统地介绍了水稻收割机的使用、维护保养、故障诊断与排除方法等内容。全书共分七章：水稻收割机的故障诊断基础、水稻收割机的使用、发动机常见故障诊断与排除、割台常见故障诊断与排除、脱粒装置常见故障诊断与排除、底盘常见故障诊断与排除、水稻收割机故障诊断案例。

本书以图示为主，并配有相应的图解文字加以说明，简单明了，易于理解，尤其适合于水稻收割机的使用人员和维修人员阅读，也可供农业机械技术人员和农民参考。

前　言

为了适应广大农村专业人员学习、使用、维修水稻收割机的需要，我们编写（绘）了《图解水稻收割机常见故障诊断与排除》一书。书中不涉及高深的专业知识，您只要了解水稻收割机的构造和原理，通过阅读本书，使用普通的维修工具，按照本书的指引，很快就可以通过自己的努力正确使用水稻收割机，迅速排除水稻收割机的常见故障，从而延长水稻收割机的使用寿命，提高使用效率，降低使用成本。

本书全面系统地介绍了水稻收割机的使用、维护保养、故障诊断与排除方法等内容。全书共分七章，分别是水稻收割机的故障诊断基础、水稻收割机的使用、发动机常见故障诊断与排除、割台常见故障诊断与排除、脱粒装置常见故障诊断与排除、底盘常见故障诊断与排除、水稻收割机故障诊断案例。

本书以图示为主，并配有相应的图解文字加以说明，简单明了，易于理解，尤其适合于水稻收割机的使用人员和维修人员阅读，也可供农业机械技术人员和农民参考。

本书由南京农业大学鲁植雄和农业部农业机械试验鉴定总站兰心敏主编。参加本书编写（绘）的还有李晓勤、李正浩、赵苗苗、席鑫鑫、白学峰、常江雪、郭兵、徐爱谨、袁俊、殷新东、逄小凤、金月、党振如、张诗权等。

在本书编写（绘）过程中，得到了许多水稻收割机生产企业的大力支持和协助，并参阅了大量参考文献，在此表示诚挚的感谢。

编　者

2011年7月

目 录

前言

第一章　水稻收割机的故障诊断基础 …… 1

一、水稻收割机的分类 …… 1
二、水稻收割机的基本组成 …… 5
三、水稻收割机的产品规格与技术参数 …… 47
四、水稻收割机故障表现的一般征象 …… 74
五、水稻收割机故障形成的主要原因 …… 76
六、水稻收割机故障诊断的基本方法 …… 79

第二章　水稻收割机的使用 …… 81

一、操作部件的识别 …… 81
二、道路驾驶 …… 89
三、田间作业 …… 101
四、检查与调整 …… 130
五、保养 …… 152

第三章　发动机常见故障诊断与排除 …… 185

一、转动启动钥匙，启动机不转动 …… 186
二、启动机转动，但发动机不能启动 …… 190
三、发动机动力不足 …… 193
四、发动机工作粗暴 …… 199
五、发动机转速不稳 …… 202

六、发动机慢慢熄火 …… 204
七、发动机突然熄火 …… 208
八、发动机排黑烟 …… 210
九、发动机排蓝烟 …… 213
十、发动机冒白烟 …… 216
十一、发动机水温过高 …… 220
十二、机油压力过低 …… 226
十三、发动机不能熄火 …… 231
十四、发动机出现敲击声 …… 233
十五、发动机出现爆震声 …… 235
十六、发动机出现摩擦声 …… 236

第四章 割台常见故障诊断与排除 …… 242

一、漏割 …… 242
二、拔出稻根 …… 249
三、收割作物输送困难 …… 252
四、割台堵塞 …… 256

第五章 脱粒清选装置常见故障与排除 …… 264

一、脱不净 …… 264
二、茎秆中夹带籽粒过多 …… 281
三、谷物含杂多 …… 289
四、脱离滚筒异响 …… 295
五、籽粒破碎率高 …… 301
六、切草机堵塞 …… 303

第六章 底盘常见故障与排除 …… 314

一、行驶困难 …… 314
二、转向失灵 …… 325
三、履带磨损异常 …… 330

第七章　水稻收割机故障诊断案例 …… 335

案例 1　稻粒溅出过多 …… 335
案例 2　收割机有噪音，且作业效率低 …… 335
案例 3　脱粒不清 …… 336
案例 4　割台堵塞 …… 337
案例 5　启动故障排除 …… 337
案例 6　离合器分离不彻底 …… 338
案例 7　离合器打滑 …… 339
案例 8　传动机构堵塞 …… 339
案例 9　割台不能提升 …… 340
案例 10　割台无法下降 …… 341
案例 11　转向不灵 …… 341
案例 12　尾罩排草夹带籽粒较多 …… 342
案例 13　中央搅龙堵塞 …… 343
案例 14　滚筒堵塞故障 …… 343
案例 15　秸秆中含有部分籽粒 …… 344

参考文献 …… 346

第一章　水稻收割机的故障诊断基础

一、水稻收割机的分类

由于我国幅员辽阔、地形复杂，受气候条件、地理环境、耕作制度、经济条件等诸多因素的影响，各地栽种水稻的方式、方法大不相同，从而导致水稻收割机械种类较多。常用的有水稻割晒机、全喂入水稻收割机、半喂入水稻收割机、梳脱式水稻收割机等。

1. 水稻割晒机

水稻割晒机是在小麦割晒机的基础上发展起来的。其结构主要由分禾器、扶禾齿、切割器、输送铺放带、配手扶拖拉机或自走机构等构成，结构比较简单，作业流程较短，主要用于收割、铺放，没有脱粒清选功能，其作业方式属于分段式收获。与水稻收割机相比，其生产效率低，劳动强度较大，损失也比较多；但与人工收割相比，其劳动生产率要高 5～8 倍，收获损失减少一半。水稻割晒机机型比较简单，性能和可靠性都比较稳定，价格相对便宜。

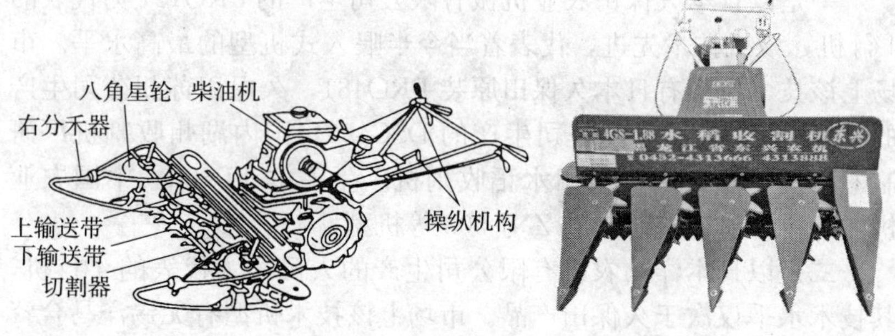

手扶式水稻割晒机

2. 半喂入式水稻收割机

半喂入式水稻收割机是将被割下的作物夹持着从收割台输送到脱粒滚筒，但只将作物的上半部喂入滚筒进行脱粒，而茎秆仍然完整保留，可作其他用途。半喂入式可以减少脱粒和清选的功率消耗。目前多数中、小型自走式水稻收割机采用半喂入方式，工作部件的动力由自带的发动机供给，行走部件采用橡胶履带，能够在泥脚深度 10 厘米左右的中、小田块中作业，具有较强的收割倒伏作物的能力。

半喂入式水稻收割机的外形

半喂入式水稻收割机按技术档次分，主要有以下 4 种机型。

一是以日本久保田农业机械有限公司生产的 PRO481 为代表的 4 行机，该机技术先进，代表着当今半喂入式机型的最高水平。市场上该技术机型有日本久保田原装 PRO481，久保田苏州公司生产的 PRO488，韩国大同公司生产的 DSC450，国内湖州收割机厂研制的湖州-1 型，中油金田水稻收割机厂生产的 JTSOI，中国农业机械化科学研究院研制的 ZNJ-503 等机型。

二是以日本洋马农机有限公司生产的人民号为代表的 4 行机，其技术水平仅次于久保田产品。市场上该技术机型有无锡洋马合资公司生产的人民号 Ce-1、Ce-2，无锡联合收割机厂生产的太湖-

1450 等。

三是以韩国东洋物产企业株式会社生产的 HL3550 为代表的 3 行机，该机型技术上不够完善，国内主要有杭州前进工程农机有限公司生产的 HL2010 机型。

四是以一拖（镇江）收获机械有限公司生产的东方红-120 为代表的 3 行机，它的前身是我国 20 世纪 80 年代开发的江南-120 型半喂入式水稻收割机，技术已趋落后。过去市场上的龙江-120、中山-120 等都属此类机型。

几种半喂入式水稻收割机的结构特点比

型　号	久保田 PRO481	中农机 ZNJ-503	洋马人民号 Ce-1	无锡太湖 TH1450	杭州前进 HL2010	一拖镇江 DFH-120
割台型式	Y 型	Y 型	Y 型	Y 型	Y 型	L 型
拨禾速度	可调	可调	可调	可调	不可调	不可调
切割器装置	左右双驱动	左右双驱动	单驱动	单驱动	单驱动	单驱动
脱粒形式	轴流下脱	轴流下脱	轴流下脱	轴流下脱	轴流下脱	轴流侧脱
脱粒滚筒	单滚筒	单滚筒	主、副滚筒	主、副滚筒	主、副滚筒	单滚筒
清选机构	二次清选	二次清选	二次脱粒 二次清选	二次脱粒 二次清选	二次清选	一次清选
行走变速	液压无级	液压无级	液压无级	液压无级	机械变速	简单齿轮箱
传动系统	变速机构	变速机构	变速机构	变速机构	机构	机械变 速机构
行走系统	过埂能力强 减振式支重轮 接地比压小	过埂能力强 减振式支重轮 接地比压小	过埂能力强 接地比压小	过埂能力强 接地比压小	过埂能力强 接地比压小	过埂能力强 接地比压小
发动机动力 （千瓦）	35.29	33	25.74	25.74	16.2	14.7
切草装置	双支承 圆盘切刀	双支承 圆盘切刀	单支承 圆盘切刀	单支承 圆盘切刀	单支承 圆盘切刀	无切草装置

3. 全喂入式水稻收割机

全喂入式水稻收割机采用橡胶履带行走装置和手扶变速器，配上水稻收割机割台、轴流滚筒、风扇等构成。采用全喂入收获方式时，水稻的茎秆和籽粒全部进入机器，收割处理量大，功率消耗也大，必须强化工作部件的功能和结构强度，从而使整机结构复杂、庞大。全喂入式机型易受到水稻性态和气候环境的影响，尤其不适合收获产量高、含水率高和秆青叶茂的水稻。但其价格相对便宜，可以兼收小麦和大豆，在产量不太高、含水量也不高、倒伏不严重的南方籼稻产区有所使用。

全喂入式水稻收割机的外形

4. 梳脱式水稻收割机

梳脱式水稻收割机采用先进的割前脱粒技术，生产效率高、损失少、功耗低、湿脱湿分离能力强、价格适中、使用经济性好，与全喂入和半喂入机型相比具有显著的技术优势。目前市场上有轮式自走式和履带自走式两种机型。

（1）*轮式自走式*

无茎秆切割装置，收获后茎秆需要进行后续处理，收获粳稻时存在破碎率较高、无法在湿软田行走等缺陷。适用于北方或长江以北部分大中型农场使用。

（2）*履带自走式*

结合我国实际情况自主研制开发的机型，采用了茎秆切割装置，使作物收获和茎秆处理一次完成，生产率比同等功率或幅宽的全喂入或半喂入机型增加 1 倍以上，行走部件普遍采用了橡胶履带，比较适合湿软田。这类机型大多为中、小型，适用于我国稻麦产区及南方部分水稻产区。

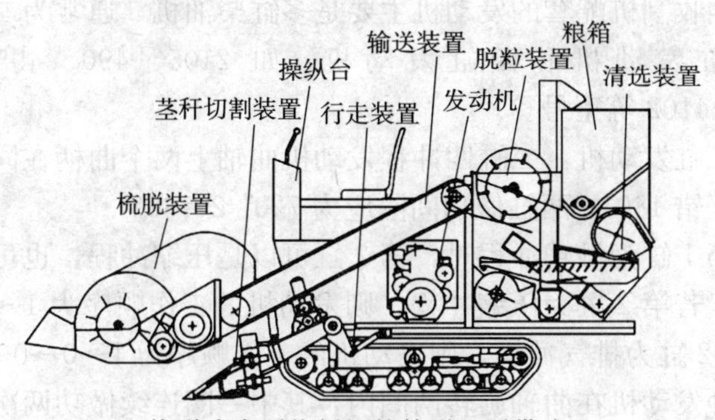

梳脱式水稻收割机的外形（履带式）

二、水稻收割机的基本组成

目前在广大农村主要采用半喂入式水稻收割机。为此，本文主要介绍半喂入式水稻收割机的结构特点与故障诊断。

半喂入式水稻收割机均由发动机、底盘和工作装置等三大部分组成。

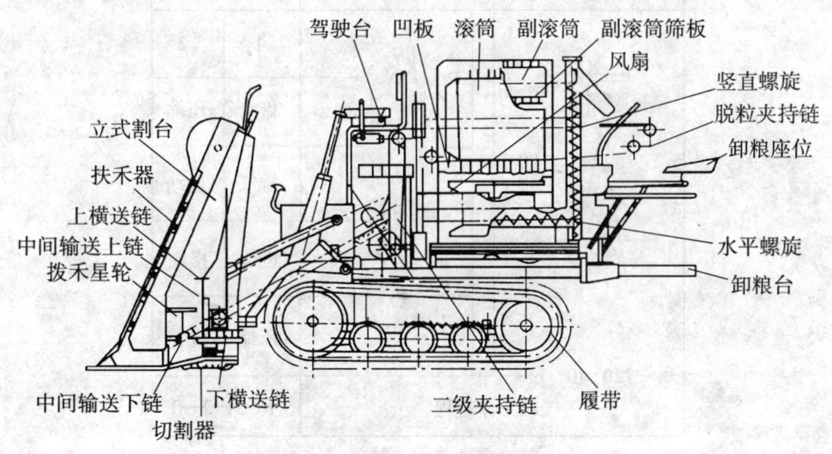

半喂入式水稻收割机的组成

1. 发动机

(1) 水稻收割机采用的发动机型号

水稻收割机配套的发动机主要是多缸柴油机，通常为二缸发动机、三缸发动机和四缸发动机。如 2105、490、495、498、498BT、4102 等型号。

①二缸发动机：二缸四冲程发动机曲轴上两个曲柄在同一个平面内，互错 180°，两缸做功间隔应为 720°/2=360°。

当第 1 缸为做功冲程时，第 2 缸可以是压缩冲程，也可以是排气冲程。若第 2 缸为压缩冲程，则发动机的工作顺序为 1→2→0→0。若第 2 缸为排气冲程，则发动机的工作顺序为 1→0→0→2。

这种发动机在曲轴旋转两圈内，其中一圈连续做功两次，做功间隔并不相等，因而曲轴转动也就不均匀。

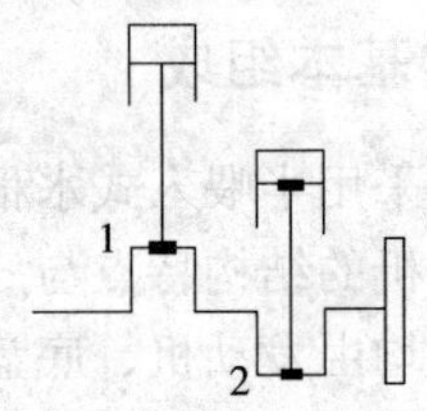

曲轴转角	曲轴位置	各缸工作工程	
		1	2
0°	1 2	做功	压缩
180°	2 1	排气	做功
360°	1 2	进气	排气
	2 1	压缩	进气
720° (0°)			
气缸工作过程		1—2—0—0	

二缸发动机的工作顺序

②四缸发动机：四缸发动机曲轴上各曲柄处于同一平面内，其中第 1、4 缸在同一方向，第 2、3 缸在另一方向。在第 1、4 缸活塞上行时，第 2、3 缸活塞下行。若第 1 缸开始做功冲程，第 4 缸为进气冲程，若第 2 缸是压缩冲程，发动机工作顺序为 1→2→4→3；若第 2 缸是排气冲程，发动机工作顺序为 1→3→4→2。这样，当第 4 缸发动机曲柄旋转两圈时，每个汽缸都要完成 4 个冲程，如果把 4 个汽缸的做功冲程互相错开，那么就可以保证曲轴在任何一个位置都由某一汽缸的活塞传来的推力作用在曲轴上，这样曲轴旋转的均匀性就大大改善了。

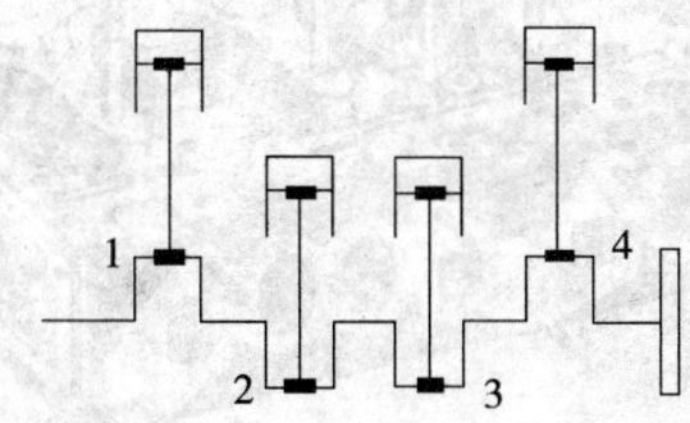

曲轴转角	曲轴位置	各缸工作位置			
1、4 2、3		1	2	3	4
0°	1 4 2 3	做功	排气	压缩	进气
180°	2 3 1 4	排气	进气	做功	压缩
360°	1 4 2 3	进气	压缩	排气	做功
540°	2 3 1 4	压缩	做功	进气	排气
720°（0°）					
各缸工作顺序		1—3—4—2			

四缸发动机的工作顺序

（2）基本构造

四冲程发动机的基本构造包括：固定部件——机体，运动部件——曲柄连杆机构，辅助装置——配气机构，进、排气系统，燃油供给系统，润滑系统，冷却系统和启动系统等。

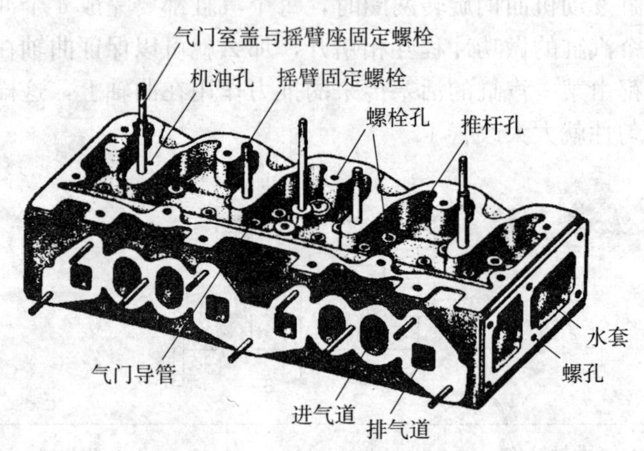

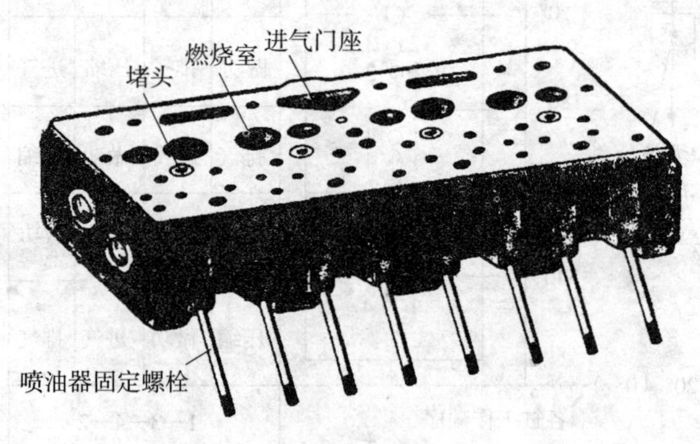

四缸柴油机的汽缸盖

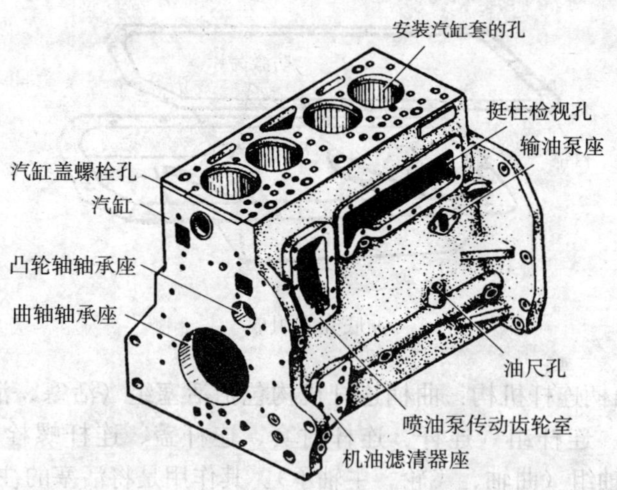

四缸柴油机的汽缸体

两缸柴油机的汽缸体

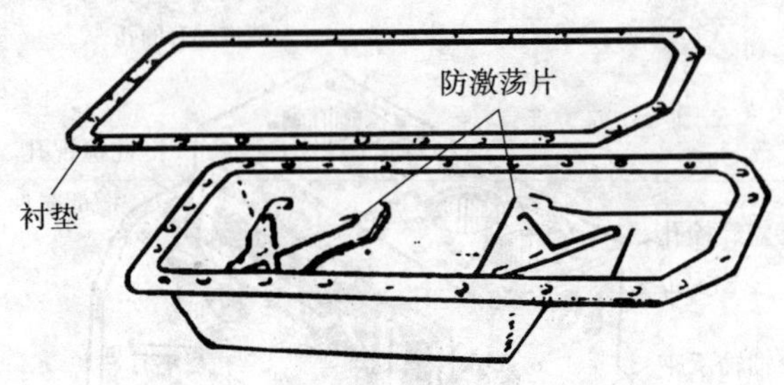

油底壳的组成

①曲柄连杆机构：曲柄连杆机构包括活塞组（活塞、活塞环、活塞销）、连杆组（连杆、连杆衬套、连杆盖、连杆螺栓及连杆瓦）、曲轴组（曲轴、飞轮、主轴承）。其作用是将活塞的往复直线运动转变为曲轴的旋转运动，对外输出动力，同时也带动发动机本身的辅助装置工作。

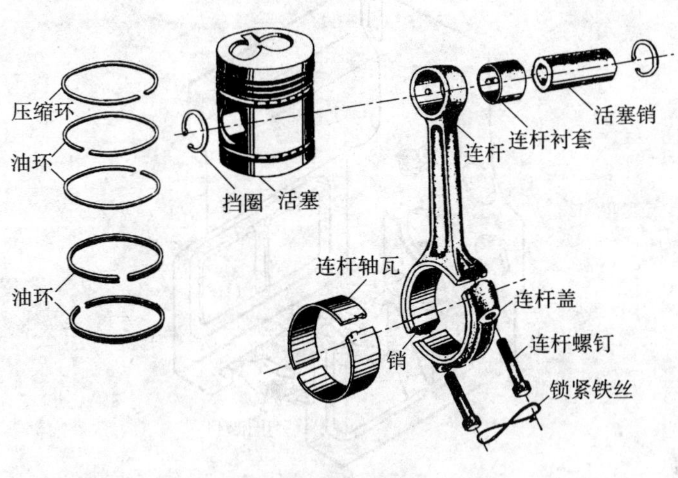

活塞组的组成

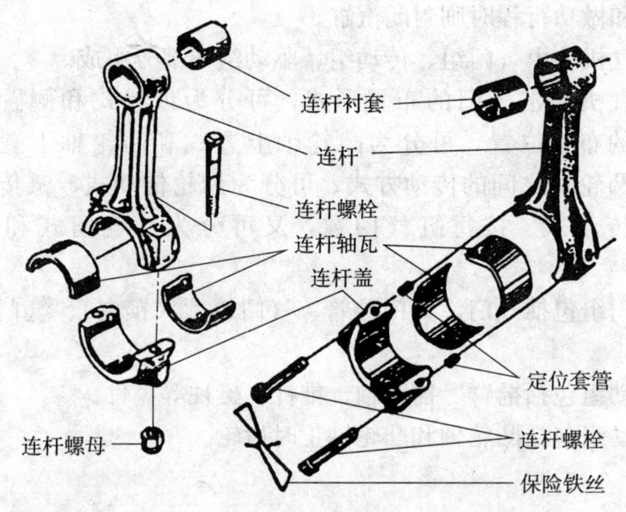

连杆组的组成

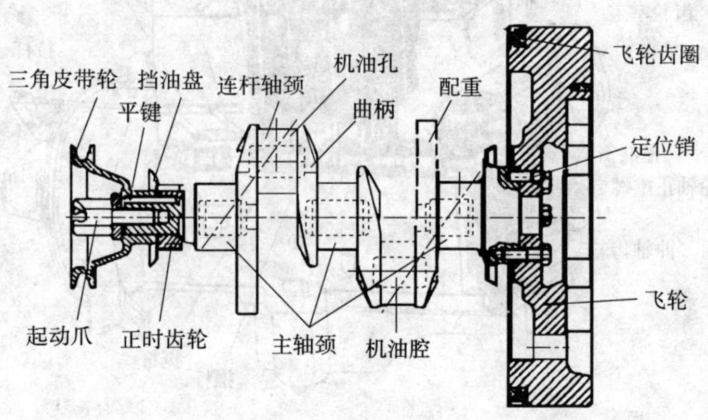

曲柄飞轮组（双缸）的组成

②配气机构：配气机构的功用是按照柴油机工作循环的要求，定时打开和关闭进、排气门，保证及时吸入新鲜空气和排除废气；在压缩和做功行程时则封闭汽缸。

配气机构由气门组、传动组、驱动组三部分组成。

配气机构按气门的布置形式，可分为顶置式和侧置式。按凸轮轴的布置位置，可分为凸轮轴上置式和凸轮轴下置式。按曲轴和凸轮轴之间的传动方式，可分为齿轮传动式、链传动式和齿形带传动式。按每缸气门数，又可分为二气门式和四气门式等。

气门组包括气门、气门导管、气门锁片（锁夹）、气门弹簧等零件。

传动组包括摇臂、摇臂轴、推杆、挺柱等零件。

驱动组包括凸轮轴和凸轮轴正时齿轮。

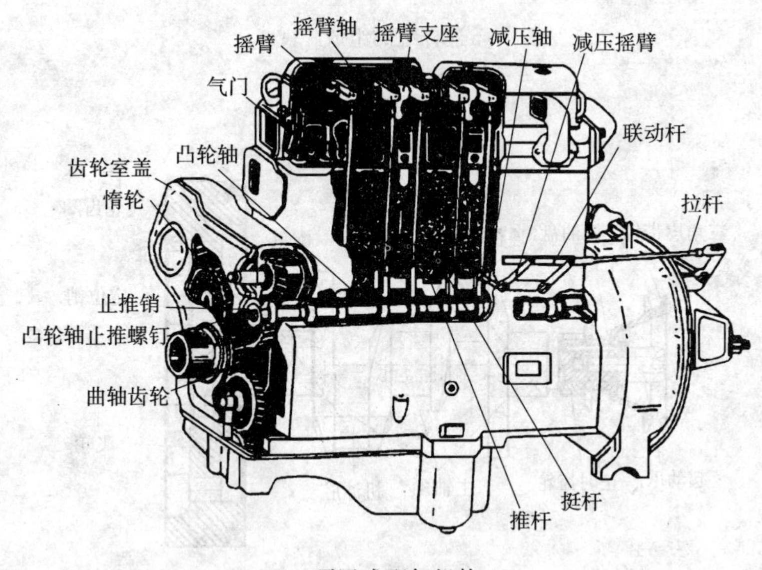

顶置式配气机构

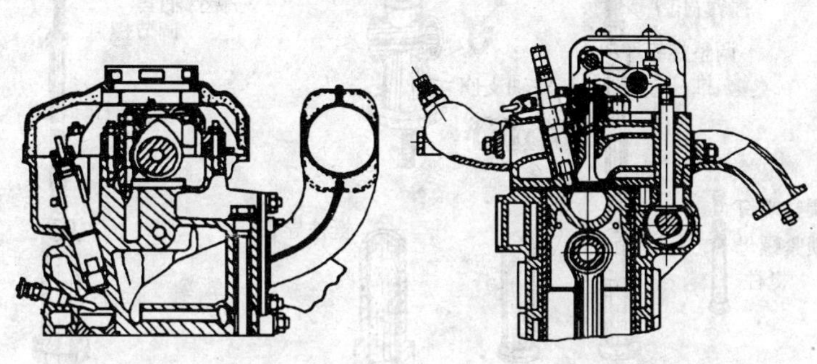

上置式凸轮式配气机构　　中置式凸轮式配气机构

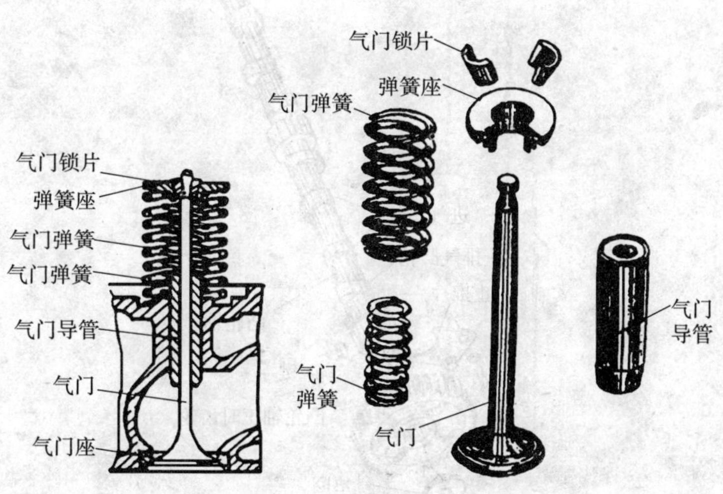

气门组的组成

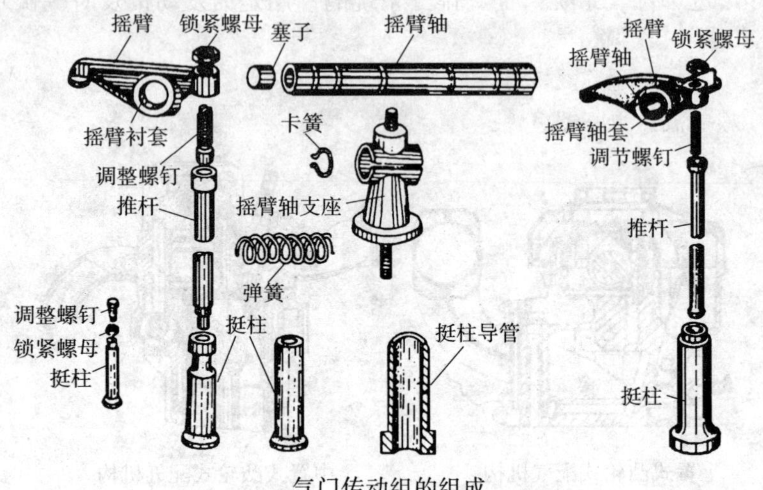

气门传动组的组成

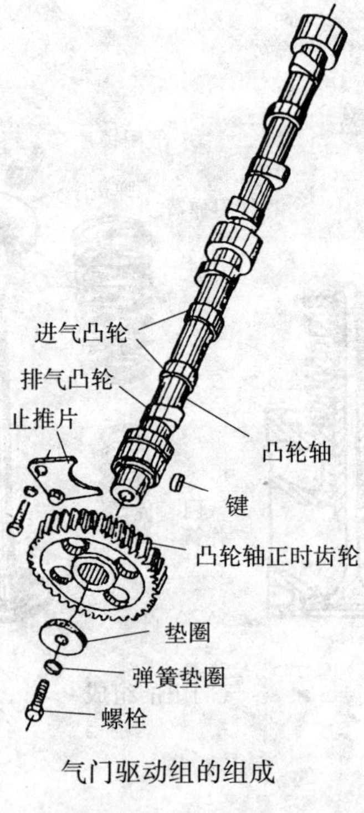

进气凸轮
排气凸轮
止推片
凸轮轴
键
凸轮轴正时齿轮
垫圈
弹簧垫圈
螺栓

气门驱动组的组成

③进、排气系统：进、排气系统的作用是为发动机及时提供新鲜洁净的空气，并把产生的废气排除。它包括空气滤清器、进气管、进气歧管、排气管、排气歧管及消声器等部件。增压发动机还设有废气涡轮增压器。

按滤清空气的方式，空气滤清器可分为惯性式、过滤式和综合式 3 种。按过滤过程中是否用油来增强滤清效果，又分为湿式和干式。

进气管多为铸造而成，内部光滑，可减少进气阻力。安装时，必须注意，进气管内不允许有金属屑等杂物，否则吸入汽缸会造成机件损坏。

多数进气管内装有电预热塞或火焰预热器。供冬季低温启动时预热空气之用，使用方法将在电气设备中讲解。

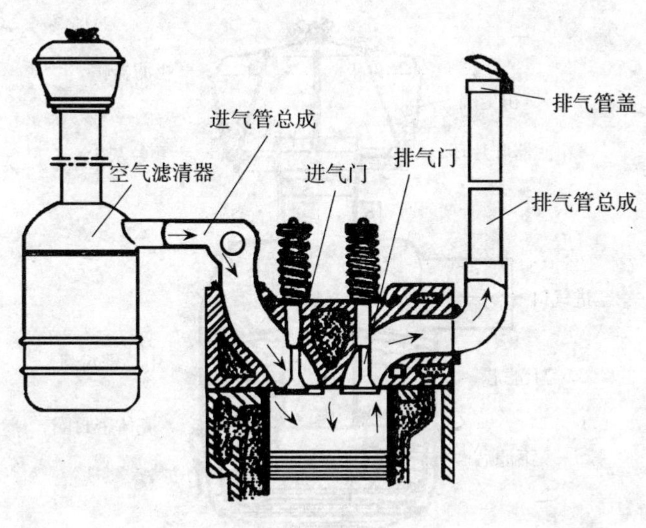

进、排气系统的组成

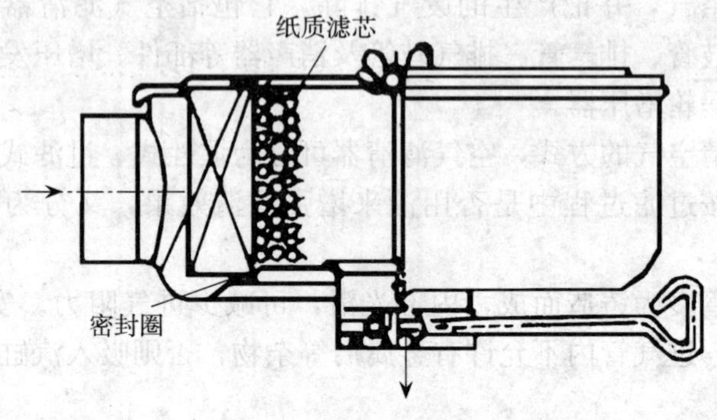

纸质空气滤清器

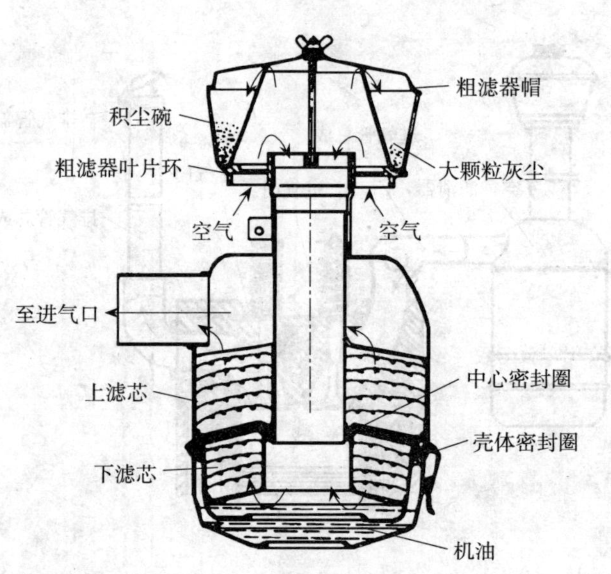

惯性油水浴式空气滤清器

排气管道的功用是将各汽缸的废气排入大气。消声器的功用是减小排气噪声，消除废气中的火星，保证水稻收割机的使用安全。通常将排气引出管增长，直径增大，能起到一定的消声作用。

增压是利用专门装置（增压器）将空气预先压缩，再送入汽缸。虽然汽缸的工作容积不变，但增压后的空气密度增大，使实际充量增加。这样，可以向汽缸内喷入更多的燃料并能获得充分燃烧，从而提高了柴油机的升功率和输出功率。

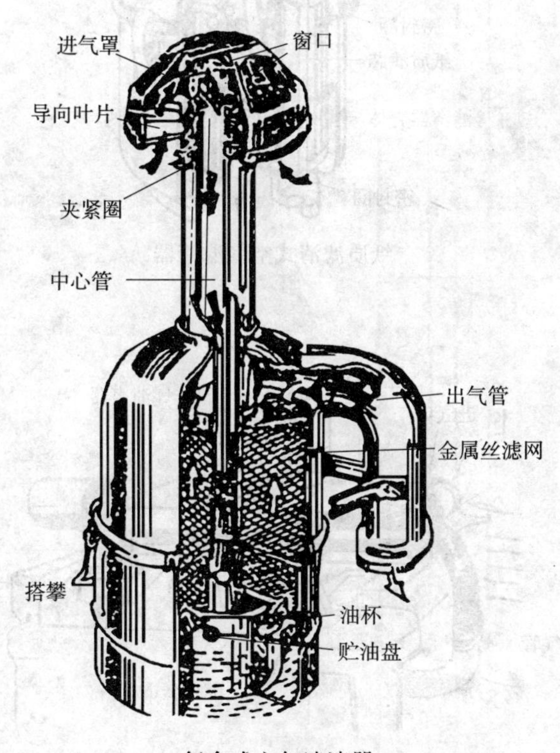

复合式空气滤清器

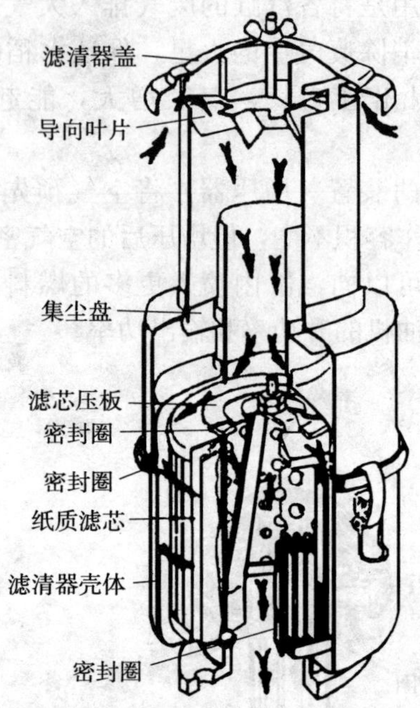

纸质滤清式空气滤清器

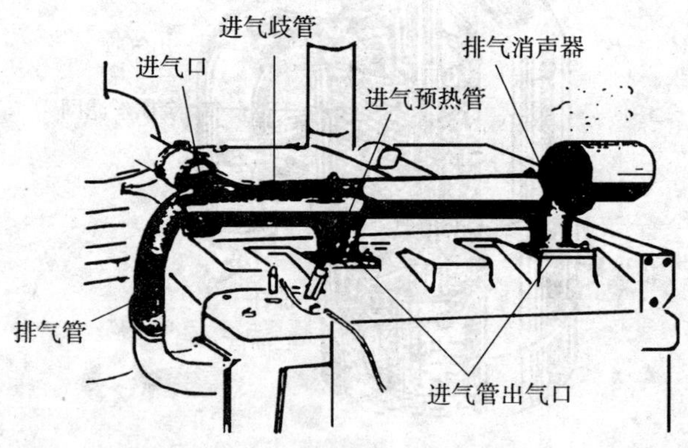

进气管总成

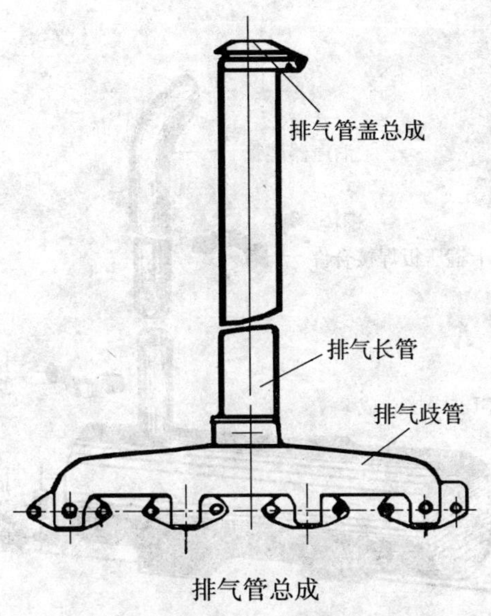

排气管总成

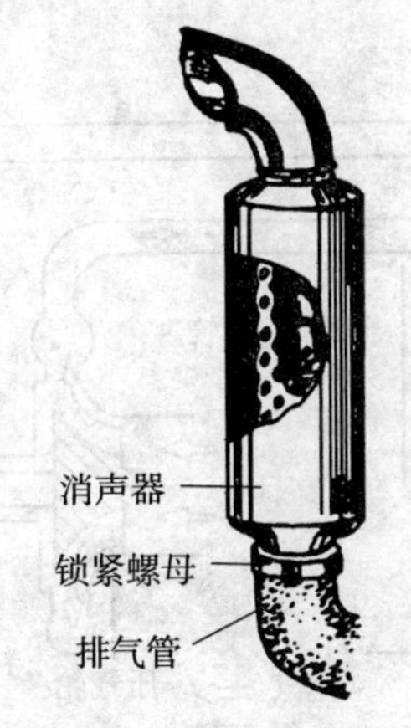

消声器与排气管

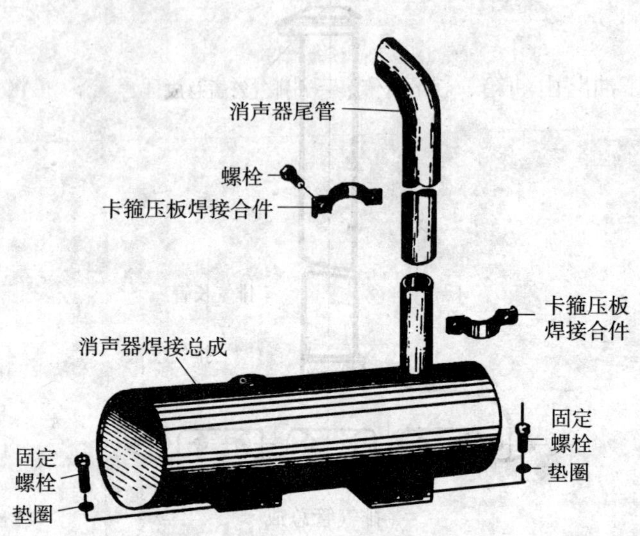

消声器总成

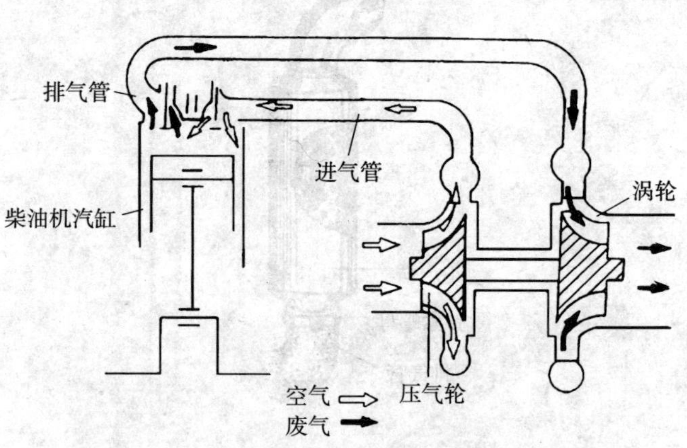

柴油机的废气涡轮增压系统

④供油系统：柴油机燃油供给系统的功用是根据发动机的工作顺序和各缸工作循环，定时、定量、定压地将清洁的燃油以雾状喷入汽缸。燃油供给系包括低压油路和高压油路两部分。

低压油路由油箱、沉淀杯、柴油粗滤器、细滤器、油管和输油泵等组成。用来完成柴油的贮存、滤清和输送等项工作。

高压油路由喷油泵、油管和喷油器等组成。用以完成柴油的高压喷射工作。

喷油泵又称高压油泵，是燃油供给系统最重要的部分。其功用是提高柴油的输送压力，并按柴油机的工作要求，在规定的时间里，将一定量的具有一定压力的柴油输送给喷油器。

喷油泵有柱塞式和分配式 2 种，其中柱塞式又分为系列泵和非系列泵。系列泵有 1 号、2 号、3 号等，但按喷油泵中具有的柱塞偶件副来分，又有单缸泵（单体泵）、两缸泵、三缸泵和四缸泵等。单缸柴油机使用单体柱塞式 1 号系列喷油泵（单体柱塞式喷油泵），两缸柴油机使用柱基式 1 号系列两缸喷油泵。

喷油器的功用是将喷油泵送来的高压柴油喷入燃烧室。喷油器喷入燃烧室的柴油必须具有一定的喷射压力，且雾化良好，油束形状和方向符合要求。

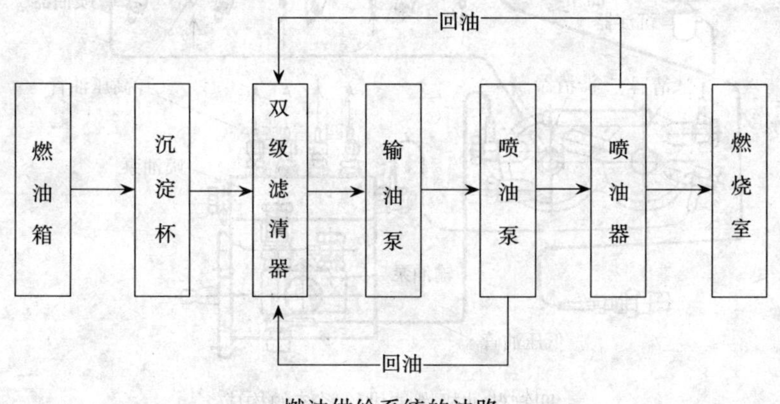

燃油供给系统的油路

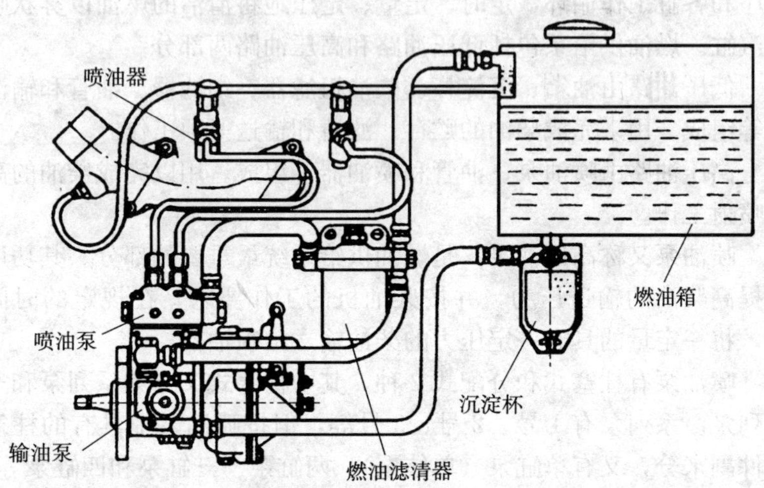

两缸柴油机燃油供给系统的构成

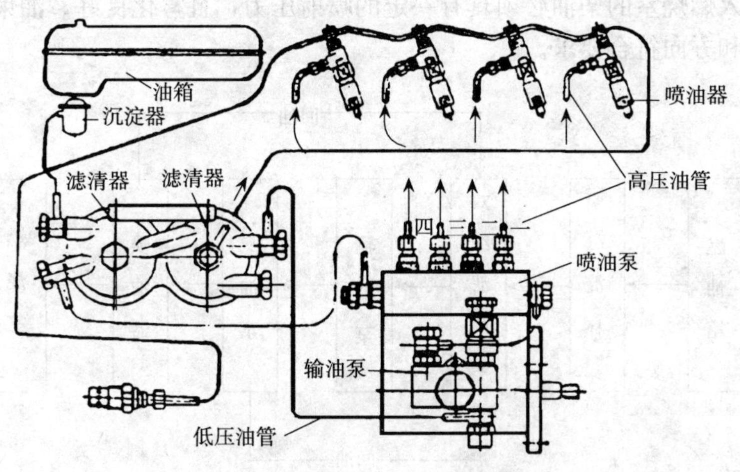

四缸柴油机燃油供给系统的构成

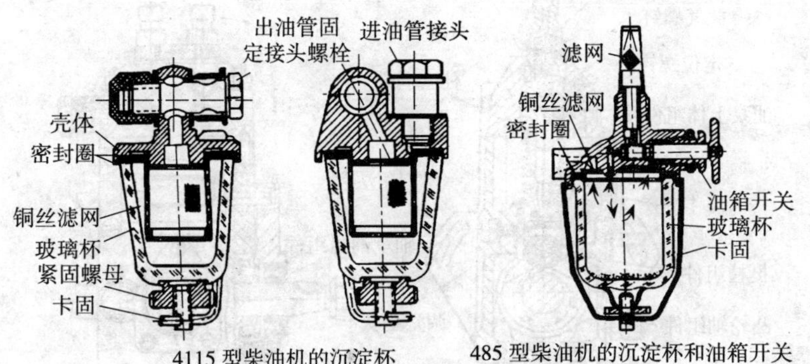

4115 型柴油机的沉淀杯　　485 型柴油机的沉淀杯和油箱开关

沉淀杯-滤网式柴油粗滤清器

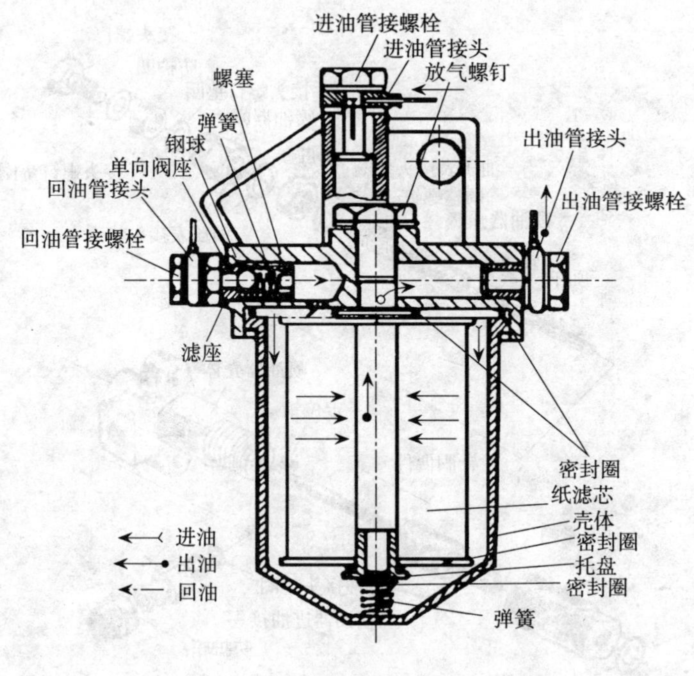

柴油细滤清器

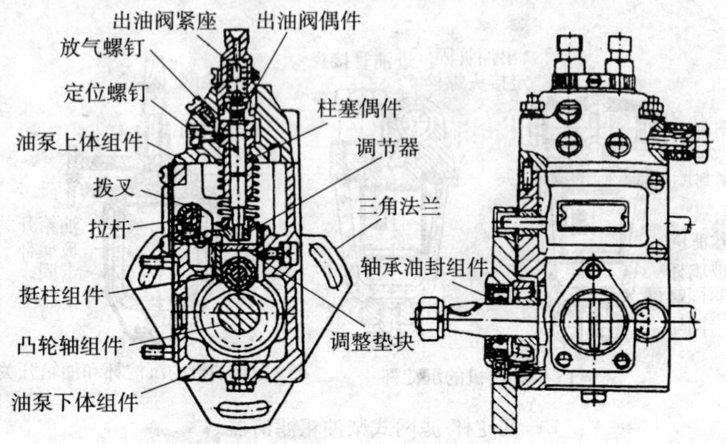

两缸柴油机喷油泵的组成

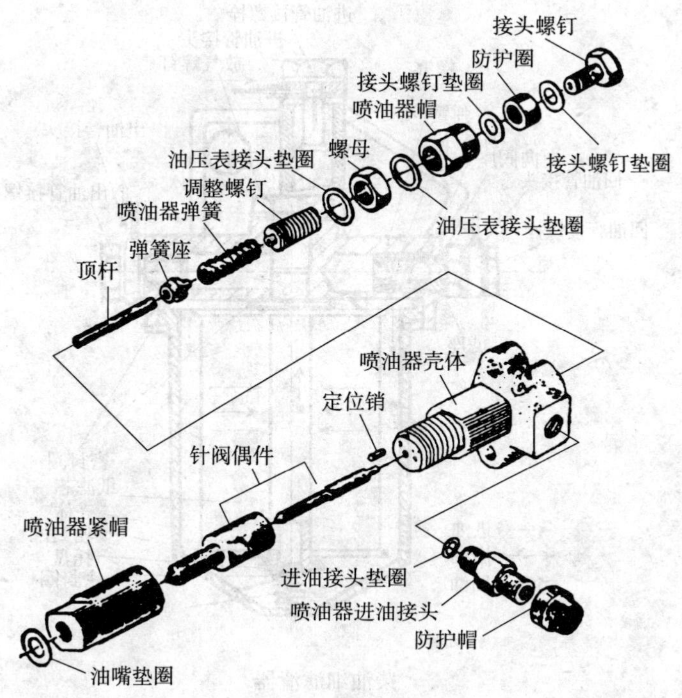

喷油器分解图

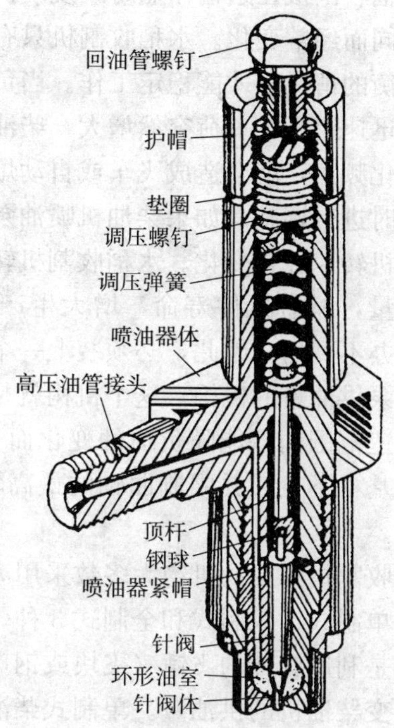

单孔轴针式喷油器的构造

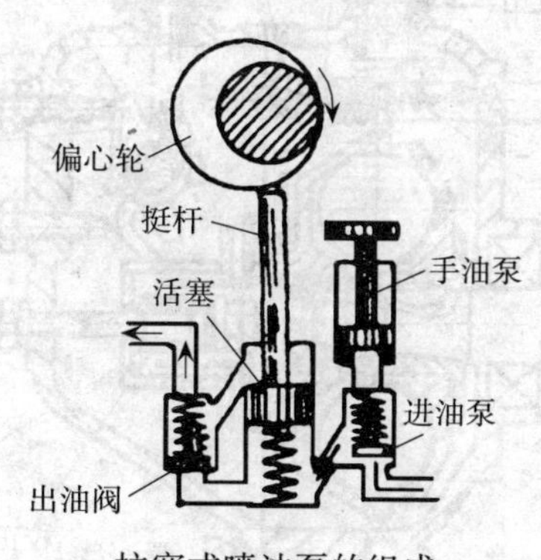

柱塞式喷油泵的组成

⑤调速器：水稻收割机在运输作业时，发动机的负荷随着地面状况、坡度等的不同而经常变化。水稻收割机只有在外界负荷与本身做功能力基本平衡的情况下才能稳定工作。当负荷突然减小，柴油机的曲轴转速会迅速上升；负荷突然增大，柴油机的曲轴转速会迅速下降。如果变化频繁，就会造成飞车或自动熄火。这就要求柴油机的供油量能随时进行调整。如果柴油机喷油泵供油量不作相应改变，就会使发动机转速经常变化。水稻收割机转速忽快忽慢的变化，会影响作业质量，缩短机件寿命，增大生产成本。但这种调整，只靠手操作是办不到的。因此，必须装上一个能按外界负荷变化，自动调整喷油泵供油量的机构，这个机构就是调速器。调速器功用是在规定的转速范围内，能随负荷的变化而自动改变供油量，以维持发动机转速基本不变，并限制曲轴的最高转速和最低转速，使柴油机正常工作。

现有变型水稻收割机的发动机绝大多数采用离心式调速器。离心式调速器可分为单制式、双制式和全制式 3 种。

离心式调速器是利用旋转的飞锤（飞块或钢球）在转速变化时离心力的变化来改变柴油机的供油量。单制式柴油机调速器只限制

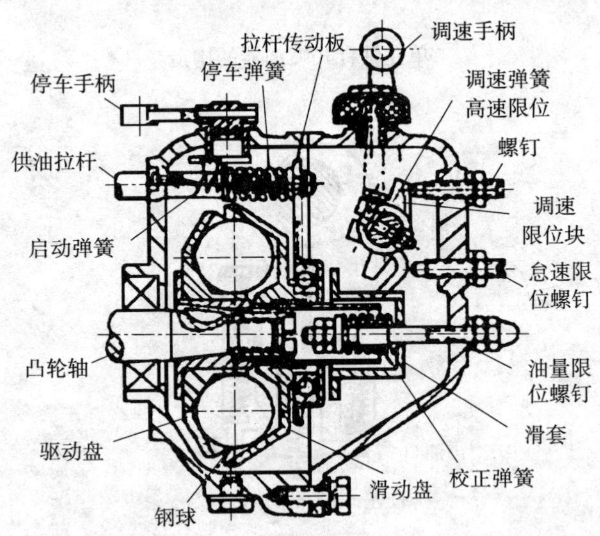

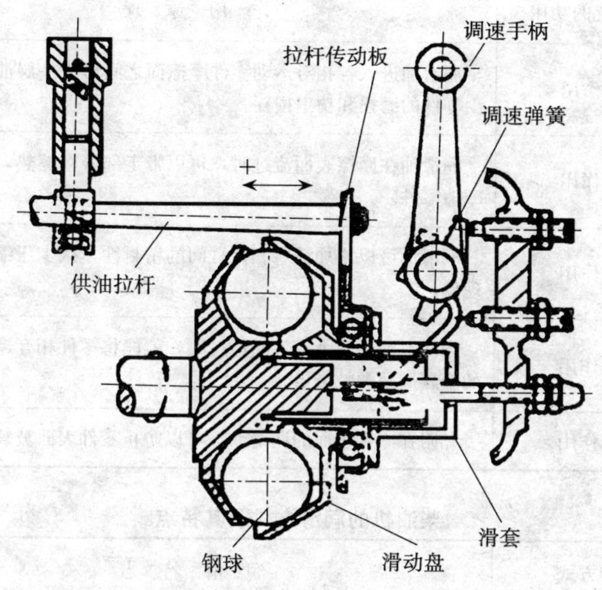

两缸柴油机上的Ⅰ号喷油泵调速器

最高转速。双制式调速器可限制最高和最低两种转速。全制式调速器在柴油机最高与最低转速范围内，能维持驾驶员所选定的任何转速。

⑥润滑系统：柴油机内各零件间相互接触面不是绝对光滑的，在显微镜下可以看到许多凹凸不平的地方。水稻收割机工作产生高速运动时，这些接触面将增加摩擦。其结果将加速零件表面的磨损，增加运动阻力，从而降低水稻收割机功率及寿命。因此，柴油机内各相对运动零件的表面，必须用润滑油进行润滑。

润滑系统把润滑油不间断地供给各摩擦零件表面而起到作用的，其功用可表现在多方面。

润滑系统的主要功用

润滑系统的功用	作用原理
润滑作用	润滑油进入各相对运动零件摩擦面之间形成一层油膜，以减少零件的磨损和功率损耗。
冷却作用	润滑油在摩擦表面流过时，可以带走部分摩擦热，从而冷却摩擦零件。
密封作用	润滑油可以增加活塞和汽缸间的密封性，减少压缩时的漏气现象。
清洗作用	当润滑油在两个零件间经过时，就能将零件相互摩擦时磨下的金属屑及颗粒带走。
防锈作用	黏附在零件表面的润滑油，可以防止零件表面被氧化锈蚀。

柴油机的润滑方式及其特点

润滑方式	润滑特点
飞溅式润滑	曲轴旋转时，润滑油被连杆盖上的油勺从机油盘中激溅起来，形成很多微小的油滴，溅在摩擦表面或经收集后从油孔进入摩擦表面进行润滑，多余的润滑油又滴入机油盘中。这种润滑方式不很可靠，润滑油滤清也成问题，但消耗功率小，结构简单。
压力式润滑	依靠机油泵的压力，润滑油通过柴油机内的管路和油孔压至各润滑部分进行润滑。这种润滑方式能保证润滑油的供给，润滑可靠，但结构复杂。
综合式润滑	这种润滑方式是飞溅式和压力式的综合运用。曲柄连杆机构和配气机构中各主要部件，都用压力式进行润滑，而活塞、缸套、凸轮、连杆小头、衬套等零件仍用飞溅式润滑，这样可以使润滑系的机构不过于复杂。

润滑系统主要由机油泵、机油滤清器、分流离心式机油滤清器、机油冷却器（或机油水箱）及供油管道等部件组成。

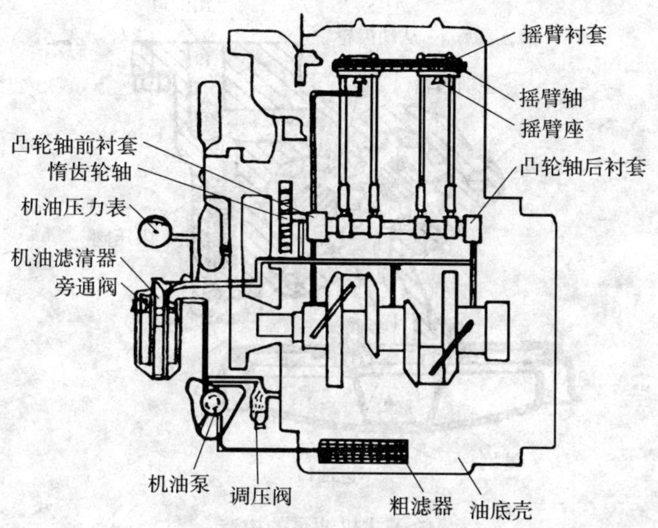

两缸柴油机的润滑油路

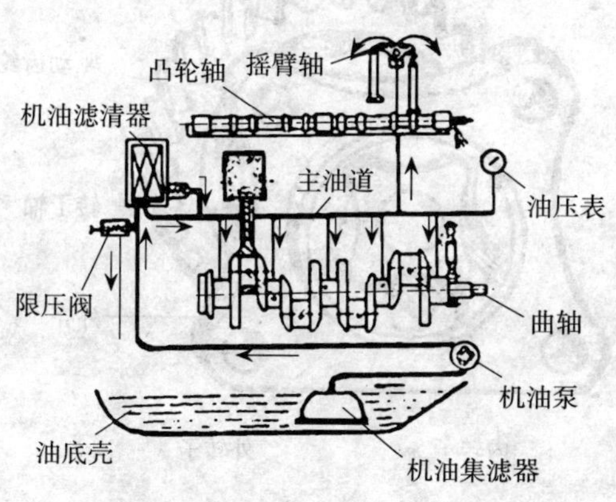

四缸柴油机的润滑油路（495A 柴油机）

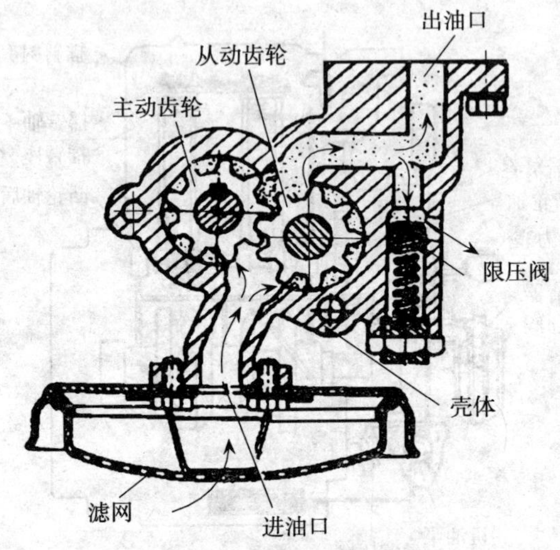

轮子式机油泵的构造

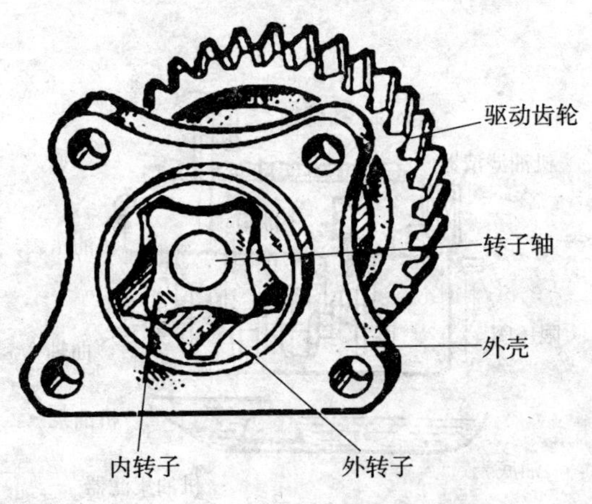

齿轮式机油泵的构造

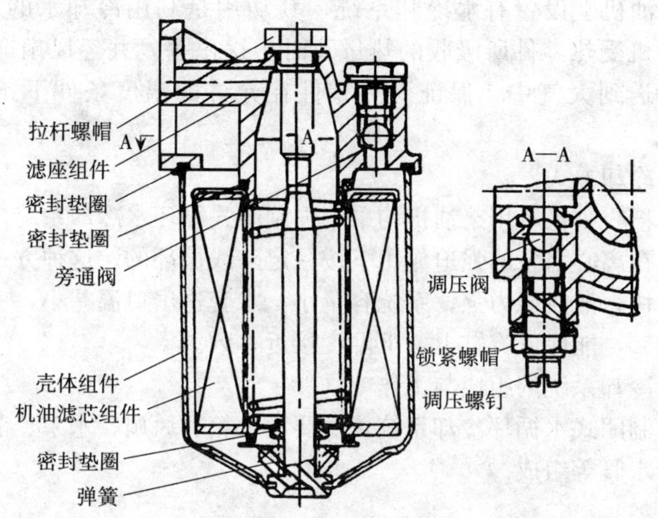

机油滤清器的组成

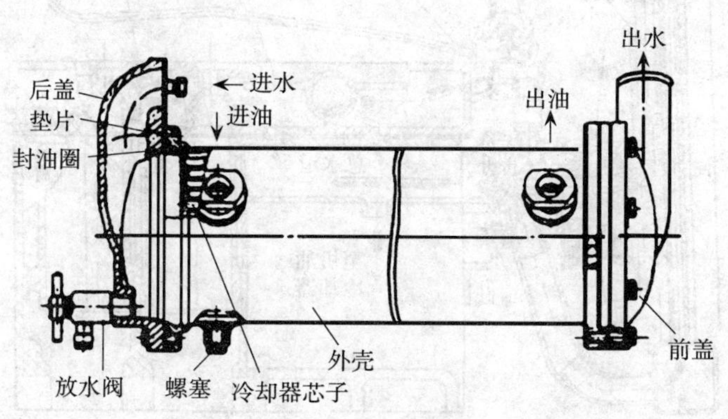

水冷式机油水箱

⑦冷却系统：

• 冷却系统的功用

柴油机上设置有水冷却系统，其功用是利用冷却水的循环，将柴油机受热零件所吸收的热量及时传送出去，并经风扇产生的气流吹送到大气中，保证受热零件在允许的温度条件下正常地工作。

• 冷却方式

水稻收割机所用柴油机均采用强制闭式循环水冷却系统，即冷却水是在离心水泵的强迫作用下按一定路线循环的。这种方式冷却水流动快，散热能力强，系统容量小，水套进出口温差小，一般在10～15℃，能保证汽缸上、下温度接近一致。

• 冷却系统的组成与工作

强制闭式水循环冷却系统，主要由水箱、风扇、水泵、节温器及进出水管等组成。

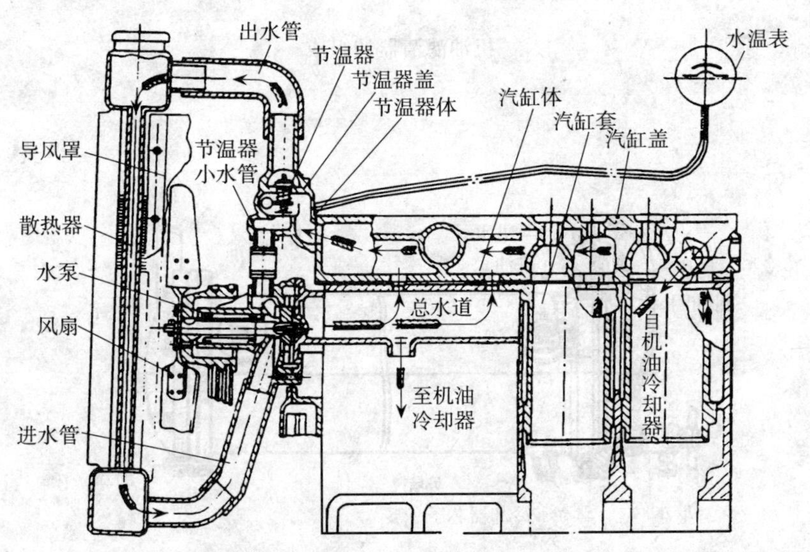

强制闭式水循环冷却系统

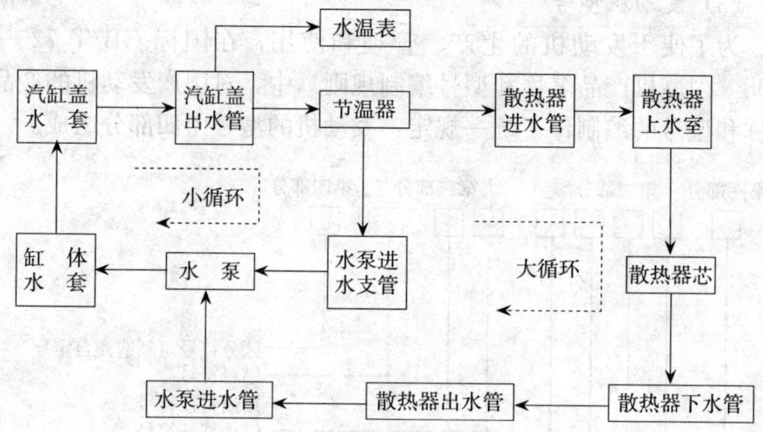

冷却系统的循环路线（大循环与小循环）

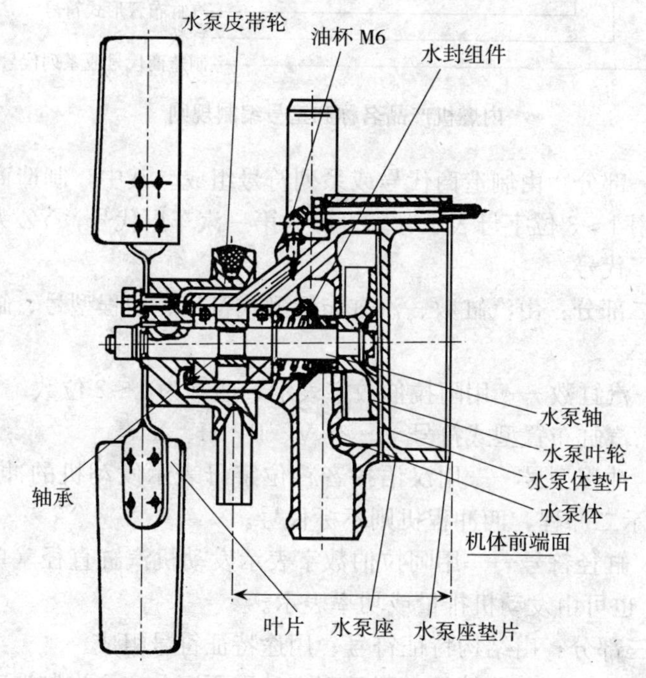

风扇水泵总成

(3) 发动机型号

为了便于发动机的生产、管理和使用，在国标 GB/T 725—2008《内燃机产品名称和型号编制规则》中，对国产发动机的产品名称和型号的编制作了统一规定，发动机的型号由四部分组成。

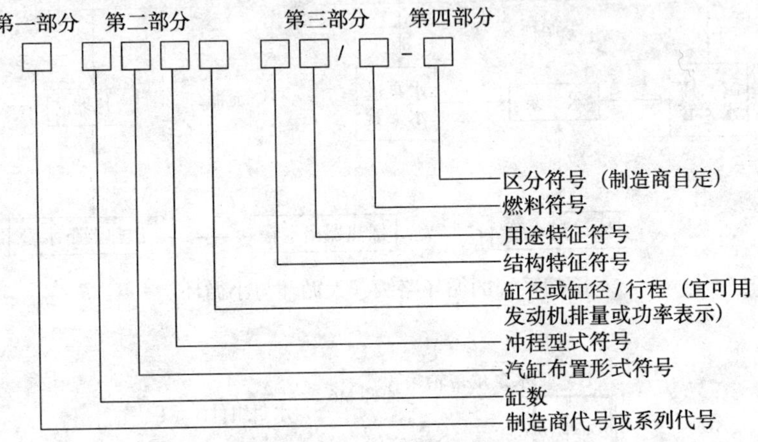

内燃机产品名称和型号编制规则

第一部分：由制造商代号或系列符号组成。其中，制造商代号一般采用 1～3 位字母表示，如 CA 为第一汽车厂代号，YZ 为扬州柴油机厂代号。

第二部分：由汽缸数、汽缸布置型式符号、冲程型号、缸径符号组成。

➢ 汽缸数——用阿拉伯数字表示，通常为 1～2 位数。

➢ 汽缸布置型式符号——有 V、P、H、X 等。

➢ 冲程型号——用汉语拼音首位字母表示发动机的冲程数，“E” 表示二冲程，四冲程机则不标代号。

➢ 缸径符号——用阿拉伯数字表示发动机汽缸直径（单位为毫米）；也可由发动机排量或功率表示。

第三部分：由结构特征符号、用途特征符号组成。

第四部分：区分符号。同系列产品需要区分，允许制造商选用适当符号表示。第三部分与第四部分之间可用“—”分隔。第四部分通常为变型符号——表示原型经过改型后，其结构形式和性能发生了变化，用数字表示改型的顺序，并用符号短横（—）与前面隔开。

汽缸布置符号

符　号	含　义
无符号	多缸直列及单缸
V	V形
P	卧式
H	H形
X	X形

发动机结构特征符号

符　号	结构特征
无符号	冷却液冷却
F	风冷
N	凝气冷却
S	十字头式
Z	增压
ZL	增压中冷
DZ	可倒转

发动机用途特征符号

符　号	用　途
无符号	通用型及固定动力（或制造商自定）
T	拖拉机

（续）

符　　号	用　　途
M	摩托车
G	工程机械
Q	汽车
J	铁路机车
D	发电机组
C	船用主机、右机基本型
CZ	船用主机、左机基本型
Y	农用三轮车（或其他农用车）
L	林业机械

型号编制示例：

495T：四缸、四冲程、汽缸直径为 95 毫米，水冷却、水稻收割机用发动机。

495ZD—1：四缸、四冲程、汽缸直径为 95 毫米，水冷却、增压发电机组，在 495ZD 基础上的第一次变型。

CA6110：六缸直列、四冲程、汽缸直径为 110 毫米，水冷却发动机，CA 为第一汽车厂代号。

YZ6102T：六缸直列、四冲程、汽缸直径 102 毫米，水冷却、水稻收割机用 YZ 为扬州柴油机厂代号。

几种多缸水冷柴油机的外形

2. 传动行走机构

（1）功用

传动行走机构的功用是将发动机的动力通过传动机构传递到收割机的驱动轮，进行动力驱动，驾驶员通过操纵系统可以控制水稻收割机行驶。

半喂入式水稻收割机主要由无级变速器、行走离合器、变速器、驱动桥、制动器、行走装置等组成。

（2）行走传动路线

半喂入水稻收割机行走传动系统大多采用静液压传动，其传动路线一般为：

发动机→行走皮带→主变速箱→副变速箱→履带驱动轮

发动机的动力经行走皮带传递给主变速箱。主变速箱采用静液压无级变速（简称 HST），由液压变量泵、液压控制阀、液压马达等组成。副变速箱一般为滑移齿轮式有级变速。滑动齿轮处于不同位置，收割机将得到不同的速度，一般收割机副变速有“行走”、“高速”、“低速”三个挡。

动力由 Hsr 输入轴皮带轮传入 HST 总成，经主变速箱无级变速后，一部分动力经割取传动轴传至单向离合器，再由单向离台器传至割台；另一部分动力经副变速轴上的滑动齿轮、制动轴、转向离合器轴、行走驱动轴，最终带动履带驱动轮旋转。水稻收割机转向时，一边转向离合器分离，而另一边转向离合器结合，从主变速箱传递过来的动力只能传给一边的驱动轴，而另一边的驱动轴动力处于切断或制动位置，于是收割机向一边转向。

由于副变速动力是由主变速箱传递过来的，因而换挡时须将主变速手柄置于空挡，切断主变速箱动力后再扳动副变速换挡手柄，以防止打齿。发动机传来的动力经 HST 主变速箱无级变速后，再传给副变速箱。工作时须分别结合 HST 主变速和副变速动力才能行走。

(3) 行走无级变速器

为适应不同情况水稻的收割，自走式水稻收割机上大都设置无级变速器，以便与变速器的有级变速相配合，获得宽广的机组前进速度范围。

(4) 行走离合器

用来切断或者连接发动机传递给行走装置的动力，使水稻收割机在不熄火的情况下实现停车、换挡、制动和缓慢平稳起步等功能。水稻收割机上所采用的行走离合器，主要有带式离合器和摩擦片式离合器。带式离合器构造简单，多用于中、小型水稻收割机上；摩擦片式离合器虽然构造复杂、成本高些，但使用方便可靠，所以大多数自走式水稻收割机采用这种离合器。这种离台器一般处于变速器的动力输入端。

离合器的操纵分为分离、结合两个过程。当踩下离合器踏板，通过各操纵杆件，驱动拨叉拨动分离轴承沿轴向压向分离杠杆，并使其克服弹簧的压力，拉动压盘轴向移动，与被动摩擦片间出现间隙而脱离接触时，摩擦力消失，离台器分离，动力被切断。在切断动力后联动拉杆使小制动器处于制动状态，则完成了离合器的分离过程。当换好挡位需要动力时，松开踏板，回位拉簧首先使小制动器解除制动，其次拉动拨叉拨动分离轴承离开分离杠杆，压力弹簧又将离合器的主动部分与被动部分压合在一起，则完成了离合器的结合过程。

(5) 变速器

变速器的功用是在发动机转速和转矩不变的情况下，改变水稻收割机的行走速度和驱动力，以适应不同负荷的要求；适应水稻收割机的前进和倒退，以及在发动机不熄火条件下停车；改变水稻收割机前进速度，适应不同的作业条件。自走式水稻收割机的变速器比较简单，主要由箱体、齿轮轴、齿轮和操纵机构组成。

（6）制动器

制动器的功用是使行驶的水稻收割机减速或者停车；锁定水稻收割机以便将其用于固定作业，或者将其停放于一定坡度的斜坡。制动器是利用制动元件之间的摩擦阻力矩，首先使驱动轮等减速后停止转动，然后借助车轮与地面的附着力和摩擦力所形成的制动作用，实现水稻收割机减速和停车。制动器主要由制动工作部件和制动器操纵机构两部分组成。

（7）行走装置

发动机动力到达履带驱动轮后，经过行走装置将驱动轮的转动转化为水稻收割机的运动。行走装置主要包括驱动轮、支重轮、导向轮、托皮带轮、机架、橡胶履带等。

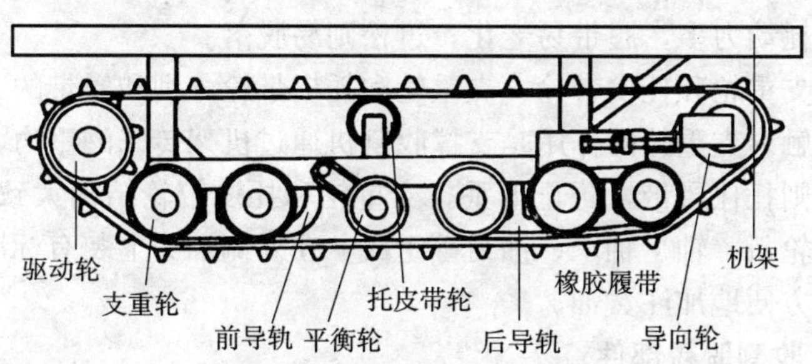

履带式水稻收割机的行走装置

①机架：机架将收割机各部分有机地连接起来，并支撑整个收割机的质量。机架上安装支重轮、导向轮等形成一个完整的行走系统。

②橡胶履带：橡胶履带主要由芯铁、钢丝帘线和橡胶填充物组成。工作时，履带驱动轮齿卡在履带相邻两个铁芯间驱动履带行走。

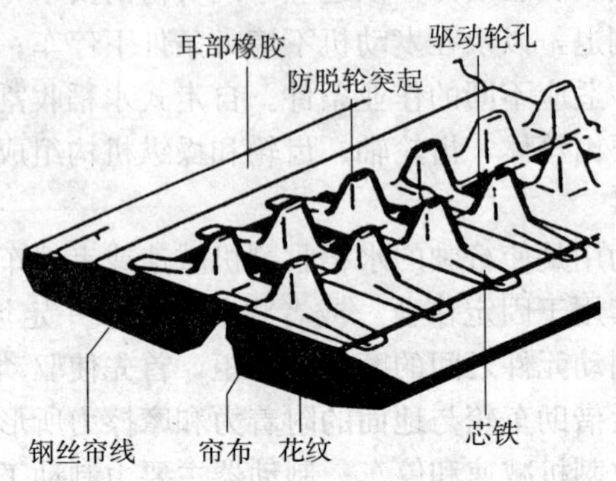

履带式水稻收割机的橡胶履带

③驱动轮：发动机动力经传动系统传递至驱动轮，驱动轮通过轮齿与履带芯铁啮合，驱动履带前后运动。

④导向轮和张紧度：导向轮的功用是引导履带的方向，并通过导向轮前后位置的变化张紧履带。工作中应注意履带的张紧度，过紧则消耗动力多，履带易老化，过松则易脱落。

⑤支重轮和托皮带轮：支重轮和托皮带轮分别和履带的下侧及上侧接触。支重轮的作用是支撑收割机通过机架传来的重力，而托皮带轮则托住履带，防止下垂。支重轮和托皮带轮结构大致相同，主要由轮毂、轴、轴承、油封等组成，在外侧轴头上装有标准黄油嘴，能方便地加注黄油。

3. 收割脱粒部件

半喂入式水稻收割机的收割脱粒部件有收割脱粒立式割台、中间输送装置、脱粒装置和清选装置等。各部件的工作特点及要求：割台切割下来的作物要保持整齐；采用较长的夹持输送链夹等完成作物茎秆中间输送并交付脱粒夹持链；作物在脱粒夹持链夹持下穗部进入脱粒滚筒脱粒；由于茎秆在夹持状态下喂入穗部脱粒，因而滚筒上脱粒部件梳脱穗头的功耗低，籽粒损伤少，茎秆可完整输出，省去了分离装置。为了能将作物夹持牢固和保持整齐，为了保证较高的脱净率，夹持链运动速度不能太高，夹持厚度不能太厚，因而限制了这种水稻收割机的生产率，故半喂入式水稻收割机是一种小型水稻收割机。

（1）立式割台

作物经切割器割断后仍保持近于直立状态运送的割台称为立式割台。立式割台将被割断的作物直立在切割器平面上，紧贴输送器被输出机外铺放成条。有侧铺放和后铺放两种。

侧铺放型由分禾器、拨禾指轮（或拨禾器）、割刀、横向输送链等组成。割刀割下的作物被拨禾指轮拨向输送器上下齿带，输送器将其横向输送到水稻收割机一侧铺放。

后铺放型在两分禾器间每 30 厘米增设一组带拨齿的拨禾 V 角带、星轮和压禾弹条，使禾秆在横向输送过程中保持稳定的直立状态，到达水稻收割机右侧后由一对纵向输送器向后输送，禾秆在压禾板的配合下在水稻收割机后方铺放成条。

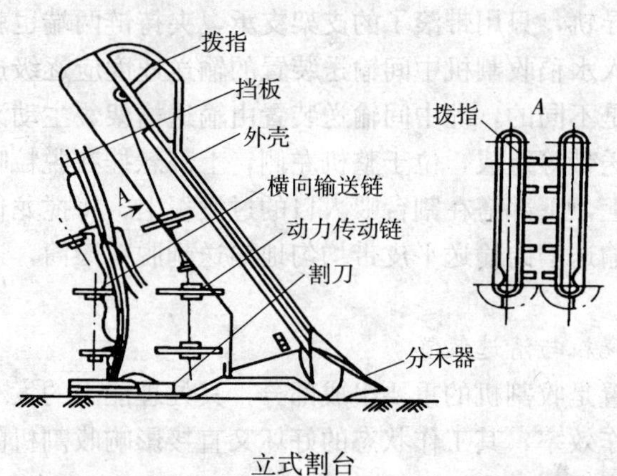

立式割台

①分禾器。工作时，将水稻收割机前方的水稻分成若干小束并引向扶禾链的工作行。

②拨指。拨指从作物根部插入作物丛中，由下至上将倒伏作物扶起或将作物理齐。拨禾器由带有拨齿的链条（或 V 带）组成，主要作用是拨禾和输送。

③割刀。是切割作物茎秆的工作部件，由动刀杆、动刀片、定刀架、定刀片、刀架角铁、压刃器、调整挡铁等零部件组成，刀杆上装有正反锯齿条，以辅助被割下作物均匀地向输送槽进口输送。立式割台的割刀切割能力强，割茬较低。其动刀片较窄长（切割角较小），护刃器为钢板制成，无护舌，对立式割台的横向输送较为有利。

④横向输送链。链上的拨齿铰链在链条上，借助导轨的控制使拨齿转至前方伸出拨禾，再转至后方向链条中心线缩回。

(2) 中间输送装置

半喂入式水稻收割机只将作物穗头部分喂入滚筒脱粒，能保持茎秆的完整性，因此对作物输送装置的要求较高，不仅要保证夹持可靠、茎秆不乱，而且还要在输送过程中改变茎秆的方位，使穗部喂入滚筒的深度合适。立式割台的夹持输送装置一般为两段输送，也是采用双排齿的滚子链。但是，由于不需要作弧形轨道输送，因此不需要导轨，只用带滚子的支架支承，夹持链两端也就用不着滚子。半喂入水稻收割机中间输送装置的输送速度应逐级递减，这与全喂入式是不同的，即中间输送装置由输送槽架、主动滚筒、从动滚筒、输送带等组成，位于整机左侧，上部悬挂在脱粒喂入口两侧的支承板上，下部搭在割台喂入口的过渡板上，将搅龙伸缩杆送来的作物由输送槽内输送平皮带均匀地输送到脱粒滚筒，进行脱粒和分离。

(3) 脱粒与清选装置

该装置是收割机的重要组成部分，其处理能力的大小决定了收割机的工作效率，其工作状态的好坏又直接影响收割机的脱粒、清选等性能指标。

该装置一般采用下置式轴流式双滚筒脱粒，采用了二次脱粒（也有的采用单滚筒一次脱粒）、二次清选分离方式，采用高效弓齿脱粒滚筒、耐湿脱粒滚筒，并采取扩大脱粒、清选室容积等措施，又因只有作物穗部被送入脱粒部而大大地减少了复脱、分离、清选的处理工作量。各种有利条件极大地增强了脱粒部的处理能力，大幅度提高了清洁度和减少了破碎率，装入袋中的谷粒几乎不含任何杂质和米粒。采用自动控制脱粒深浅装置。自动调节穗头进入滚筒的最佳位置，最大限度地减少了茎秆的夹带损失。

脱粒清选装置主要有脱粒、清选及茎秆处理三大部分。

脱粒清选装置的工作过程：作物由夹持喂入链夹持，穗头部分被带入滚筒腔内，在滚筒脱粒弓齿的连续梳刷和冲击下脱粒干净。脱净后的茎秆排出机外。脱下来的籽粒及短小禾屑、杂质等由凹板筛筛孔下落，在下落过程中，受到风扇的清选作用。次粒从次粒口吹出，轻杂物、禾屑、尘土等则由集尘斗排出机外，只有净籽粒落到籽粒输送搅龙，再由扬谷器进至粮箱。不能通过凹板筛和副滚筒的长禾屑，由副滚筒排尘口排出机外，部分夹杂籽粒受振动筛分离后，落到脱粒室内进行二次清选分离。

脱粒装置主要包括主、副滚筒、凹板筛、压草板、喂入链及脱粒室盖等，其功能是经装有弓齿的主脱粒滚筒及复脱滚筒的二次脱粒，将谷粒从穗头脱下，并使尽可能多的谷粒从凹板筛孔漏下，以减轻清选装置的负荷。脱粒方式有根据穗头的位置分上脱式和下脱式两种，一般采用脱粒效果好的上脱式。

①脱粒滚筒：滚筒是脱粒装置的关键部件，喂入端有一段截锥体，便于作物从轴向喂入。脱粒滚筒上有涡轮箱及各种齿等零件，不同的齿起不同的作用。梳整齿斜置于筒体的喂入端，将喂入时交错的茎秆梳理整齐，引导作物进入滚筒以便脱粒。脱粒齿（弓形齿）的作用是脱粒，板齿是用来减少飞溅和夹带的损失，击禾板与滚筒铰接，靠其离心力将夹杂在茎秆中的籽粒抖落出来并进一步进行脱粒，减少夹带损失。

②副滚筒：副滚筒设在主滚筒的上方，副滚筒的作用是将断穗上来脱净的少数籽粒进行再次脱粒，以提高脱粒质量，减少损失，并将短茎秆和断穗排出机外。

③凹板筛：位于滚筒下方，作用是将籽粒和碎茎秆分离出来，以利于清选装置清选。

④喂入链：夹持喂入链主要由夹持链、夹持台、弹簧等零部件

组成，配置在滚筒的侧边，夹持链和夹持台配合夹紧作物，使其沿滚筒轴向喂入脱粒滚筒。

⑤脱粒室盖：脱粒盖上装有导板和挡板，用来控制被钉齿梳刷下的断穗、籽粒碎草等在滚筒内的轴向流动速度，减少籽粒排出损失。

清选装置主要包括主风扇、吸引风扇、振动筛、各种搅龙、扬谷器、粮箱等。其功能是将脱粒后的谷物籽粒从杂余中分离出来，最大可能地降低杂余，得到清洁的谷物并送入粮箱。在提高清洁度的同时，需注意减少损失和降低破碎率。

①主风扇：位于凹板筛下面，它的作用是将轻杂物吹出机外，使得干净的籽粒落到籽粒输送搅龙。

②吸引风扇：当电机带动叶片转动时，空气一边随叶轮转动，一边随轴向推进；当空气被推进后，原来占有的位置形成局部低压，促使外面的空气由吸入口进入，从出口排出。

③振动筛：根据物料与杂质粒度的不同，物料在筛面上发生离析现象。且物料在筛面上产生剧烈跳动，容易松散，有利于筛去小杂质，而且筛孔不易堵塞，筛分效率和生产率较高。

④各种搅龙、扬谷器、粮箱：输送合抱存籽粒。

茎秆处理装置主要包括排草链、切草机等，其功能是按农户要求对脱粒完的茎秆进行切碎还田或成条整齐铺放。

4. 操纵控制系统

操纵控制系统主要由电气、液压、操作系统三部分组成。

(1) 电气系统

主要由发电机、蓄电池、启动电机、调节器、指示仪表、控制开关、灯光照明、喇叭、导线等各种电路元件组成。

(2) 液压系统

主要由油泵、油箱、液压阀、管路、油缸等组成。

通过 HST 主变速箱，即可实现控制收割机的行走速度，实施前进、倒退和停车，并实现无级变速。割台升降油缸，使割台具有足够的上升高度和适当的工作位置。转向油缸，实现收割机的左右转向。一般配置的转向系统具有手动、液压二级控制，可靠地保证了收割机的转弯质量与行驶安全。

(3) 操纵系统

主要由主操纵手柄、副变速操纵手柄、脱粒深度手动调节开关、割台离合器手柄、脱粒离合器手柄、油门手柄、脚踏制动器等组成。

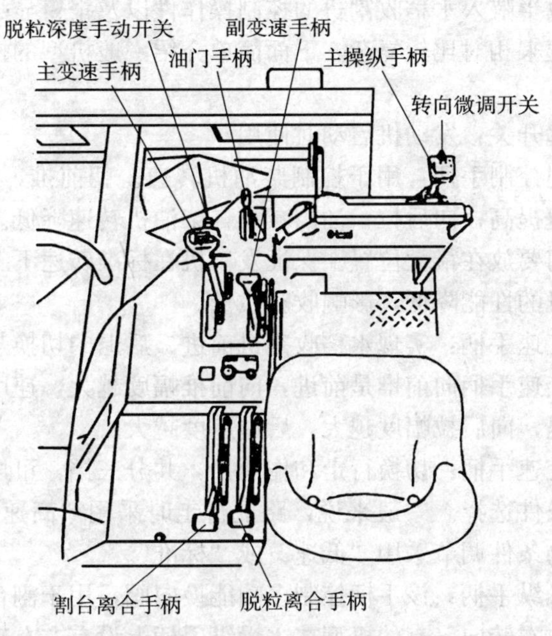

水稻收割机操纵控制系统的组成

自走履带式半喂入水稻收割机普遍采用了高可靠性的机电液一体化技术，能有效防止故障发生并延长使用寿命。在操纵控制上采用液压无级变速单手柄装置操作及各种自动控制装置，实现模拟人工的自动化控制，在易发生故障或人工难以监测到的重要的工作部位装有先进的自动控制装置，且这些自控装置在仪表盘上能自动报警，部分实现了自动监测和控制，减轻了人的劳动强度。单操作手柄可同时控制收割机割台的升降或改变行走方向，微调开关更能体现转向的灵活性。

一般来说，传动机构把柴油机的动力经分动箱分三路输出：第一路经V带传给行走离合器，行走离合器带动行走变速箱，再带动驱动桥主链轮和履带，使收割机前进或倒退；第二路经联轴节与主离合器相联，带动脱粒机及整个工作部件；第三路带动油泵，经操纵阀液压控制割台升降及行走转向。

大多数半喂入水稻收割机的控制操作件以及报警显示装置比较多，使用起来相对比较复杂。下面简单介绍一般机型的操作和显示装置。

①钥匙开关：发动机启动时使用。

②油门控制手柄：用于控制柴油机转速。朝前推，油门加大，柴油机转速提高；向后拉，油门减小，柴油机转速降低。在田间工作时，油门要放在最大位置。保证发动机在标准转速下工作，否则会使收割机的性能降低，影响收获质量。

③主变速手柄：实现水稻收割机前进、后退的切换与变速，可实现无级变速手柄向前推是前进，向前推幅度越大，速度越快；向后拉是后退，向后拉幅度越大，后退速度越大。

④副变速手柄：切换行走和作业挡，共分三挡，可以根据使用的目的和条件选择。一般来说，路上行走时采用“高速”，田间作业时按作物条件调节采用“低速”或“标准”。

⑤主操纵手柄：该手柄控制多功能换向阀，用于割台升降及水稻收割机左右转向。有的机型在主操纵手柄上设有左右转向微调开关，对方向进行细小的修正。手柄轻轻扳动，水稻收割机慢慢左右转弯。因此，使用主操纵手柄可以实现慢转弯。

⑥脱粒离合器手柄：控制脱粒机的动作和停止。

⑦割台离合器手柄：控制割台的动作和停止。为了与脱粒离合器连动，当割台离合器处于“合”的位置时，脱粒机同时动作。当只需进行脱粒时，将割台离合手柄置于“离”的位置。

⑧送尘调节手柄：用于调节主滚筒室内的茎秆流动速度。

⑨脱粒深度开关：调节作物的喂入深度，保持作物穗部与滚筒

之间处于最佳位置的装置。进口机型一般都有脱粒装置深度自动调节装置，并有控制开关供用户选择是自动调节还是手动调节，当选择“手动”开关时，“手动”开关优先起作用。

⑩发动机室锁止手柄：打开发动机室时使用。

⑪停车制动器手柄：用于驻车制动。

⑫作业灯开关：用于晚上田间收割作业。

⑬喇叭按钮：用于提醒人员与车辆。

⑭水温指示：发动机冷却水温升高异常时，仪表水温指针指到红区。

⑮机油压力指示灯：如果发动机润滑油压力过低时灯亮，应立即停机检查。

⑯充电指示灯：正常情况应该是发动机未启动时灯亮，启动后灯灭。如果发动机运转时灯亮，就表明发电机向蓄电池充电，应检查维修。

⑰预热指示灯：钥匙开关转到并保持在“预热”位置，预热指示灯亮，预热后灯灭。

⑱二次报警指示灯：当合上脱粒离合器后，如二次垂直谷粒搅龙发生堵塞或其他原因，造成二次垂直谷粒搅龙转速降低到规定值以下时，二次报警指示亮，蜂鸣器同时鸣叫。

⑲转速表：显示发动机的实际转速和工作小时。

⑳燃油表：当指针指到红区时，应准备加燃油。

㉑割台升降锁住手柄：当割台升降锁住手柄处于锁住位置时，主操纵手柄只能左右扳动，而不能前后扳动，即只能实现左右转向，而不能实现割台升降；反之，主操纵手柄既能左右扳动，又能前后扳动，即联合收割机既能实现左右转向又能实现割台升降。

三、水稻收割机的产品规格与技术参数

我国生产水稻收割机的厂家很多，品牌主要有久保田、洋马、东洋、井关、富来威、福田雷沃、碧浪、太湖、福尔沃、天时等。

1. 久保田农业机械（苏州）有限公司

该公司是由日本最大的农业机械制造商——株式会社久保田和日本丸红集团共同出资成立的日商独资企业，是一家集开发、制造、销售和服务于一体的综合性农机制造商。

主要生产 PRO208、PRO488、PRO588i、PRO788、PRO888GM 等半喂入式水稻收割机和 PRO788 全喂入水稻收割机。

久保田半喂入水稻收割机具有以下特点：

①完善的脱粒系统：采用更长脱粒筒及多重筛选方式，减少谷粒损失；通过加长脱粒筒及扩大清选室容积，现在可进行更高效、更精确的收割作业。再筛选螺旋杆齿可进一步减少谷粒带柄率，并且由再筛选竖直输送螺旋杆送回筛选箱，从而防止潮湿作物引起堵塞。

②破碎率低的二次处理系统：采用通过再筛选螺旋杆齿进行谷物的二次处理，比常见的主、副脱粒筒二次脱粒方式，脱净率更高，提高了谷物的品质。

③可调整脱粒间隙：通过前后、上下调整脱粒筒与脱粒滤网之间的脱粒间隙，可有效避免脱不净损失，延长零部件使用寿命。

④脱粒深浅控制：脱粒深浅根据收割作物高度和微调脱粒深度手柄由传感器随意自动控制，也能通过主变速手柄上的开关进行手动调节。

⑤可更换脱粒滤网：由钢琴丝制成的格栅状脱粒滤网可以更好地对潮湿作物进行脱粒，实现更低的谷物损失和更长的使用寿命。网本身可以更换。

⑥可再利用秸秆：稻草从近地面处被切割，经脱粒后排出，可综合利用或切割成段（长 50 毫米）散落于田中，切碎的秸秆留在田中便于耕作和作为肥料。

⑦圆盘大直径：使用寿命延长的陶瓷刀片切草器，采用高耐久性的圆盘陶瓷刀片能有效防止秸秆堵塞，延长使用寿命。

⑧双排输送排草链：位于茎秆茎、穗两端的输送链条均匀，平稳地排出秸秆。

⑨效率高，损失少：即使倒伏作物扶禾器也有足够的高度顺利扶起，此外，在收割易掉粒作物和倒伏作物时，可提高三挡扶禾速度，以供选择。

⑩宽阔的收割幅度：1 450毫米的收割宽度确保在田间进行可靠的收割作业。

⑪扶禾导板：菱形导禾板与弹性导杆有机组合，提高了收割三麦等低产稀疏作物状态下的适应性。

⑫输送链条：收割部使用寿命更长的送草链条，脱粒部使用经久耐用的传输链条。

⑬电磁阀和控制杆：在电磁液压泵的协助下，该控制杆可以同时控制收割机的上下移动。同时该控制也可以改变水稻收割机的行走方向。

⑭一杆控制 HST：久保田首创的行走系统（静液压传动），让您仅用一个手柄控制前进、后退，同时可调节正常收割和高产量、潮湿作物、湿烂田块收割及行走情况下的行驶速度。同时，容量增大的 HST 比以往操作更省力。

⑮控制面板上增加了一个新的报警灯，用于指示再筛选竖直输送螺旋杆处的谷物堵塞。使用这种新报警灯，可有效防止水稻收割机损坏或减少故障发生。

⑯舒适的操作：方便的操作手柄、位置良好的驾驶员座椅以及清晰的收割视野能最大限度地减轻操作强度，确保平稳操作。

⑰可独立更换的带轮：为了降低维修成本和节省时间，每个带轮可独立更换。

⑱湿田中具有超强牵引力：宽幅履带能够在湿地上比以往任何时候更加平稳工作。450 毫米履带也可供选择。

⑲大功率，低油耗：48PS 型直喷式柴油发动机动力采用立式水冷 4 缸 4 冲程直喷式柴油发动机系统，比常规球型柴油发动机以更少的燃料提供更大输出功率和启动扭矩。宽广的防尘盖板可以保护发动机室免受灰尘的侵扰，并提高其耐高温的能力。采用铝制的散热器，和传统的铜制散热器相比，可以有效地提高冷却效果。

⑳易于维护，使用安全：主要部件如脱粒筒、筛选箱、发动机室、脱粒滤网、割刀和切草器都能迅速打开并快速维修保养。紧靠出粮口的泡沫防护靠垫确保安全装粮。

网址：http：//www.kubota.com.cn/

PRO208 半喂入水稻收割机

PRO488 半喂入水稻收割机

PRO588i 半喂入水稻收割机

PRO788 半喂入水稻收割机

PRO888GM 半喂入水稻收割机

PRO688Q 全喂入水稻收割机

久保田半喂入水稻收割机的主要技术参数（1）

型号			PRO208（4LBZ-105）	PRO488-CN4-S50
尺寸		全长（毫米）	3240	4150
		全宽（毫米）	1590	1900
		全高（毫米）	1760	2200
重量（千克）			980	2220
发动机		型号	D902-E3-CKMS1	V2203-M-DI-E2-CKMS1
		型式	立式水冷 3 缸 4 冲程柴油发动机	立式水冷 4 缸 4 冲程直喷式柴油机
		排量（毫升）	898	2197
		额定功率/转速 （千瓦/转/分钟）	14.6/2900	35.3/2700
		燃油	0 号柴油（高等级）	0 号柴油（高等级）
		油箱容量（升）	24	50
		启动方式	启动马达	启动马达
		蓄电池(伏/安时)	12/36	12/52
行走部	履带	宽度×接地长度（毫米）	360×1190	400×1300
		中心距离（毫米）	780	970
		平均接地压力（千帕）	11.2	21.4
		变速方式	静液压无级变速（HST）	静液压无级变速(HST)
		变速挡次	无级	无级　副变速 3 挡
	行走速度	前进（米/秒）	标准：0～0.80； 行走：0～1.20	低速：0～0.86； 标准：0～1.22； 行走：0～1.65
		后退（米/秒）	标准：0～0.80； 行走：0～1.20	低速：0～0.86； 标准：0～1.22； 行走：0～1.65
	转向方式		电磁液压式	电磁液压式
收割部		收割行数（行）	2	4
		收割宽度（毫米）	1050	1450
		割刀宽度（毫米）	1000	1436

（续）

型号			PRO208（4LBZ-105）	PRO488-CN4-S50
收割部		割茬高度范围（毫米）	35～150	35～150
收割部		脱粒深度控制系统	自动/手动	自动/手动
收割部		适应作物高度（全长）（毫米）	650～1300	低速：0～0.86 标准：0～1.22 行走：0～1.65
收割部		倒伏适应性（度）	顺割低于85，逆割低于70（麦低于45）	顺割：低于85，逆割：低于70（麦低于45）
收割部		收割变速	2级（低速、高速）	3
脱粒部	脱粒系统		下脱式、单筒、轴流式	下脱、单筒、轴流式
脱粒部	脱粒筒	直径×宽（毫米）	390×600	424×800
脱粒部	脱粒筒	转速（转/分钟）	539	505
脱粒部	二次输送方式		螺旋搅龙	螺旋搅龙
脱粒部	筛选方式		摇动、鼓风、吸收	鼓风、吸引、分离筒、摇动筛选式
卸谷部	筛选方式		漏斗式	漏斗式
卸谷部	集谷箱	容量升	130（约2.6袋）	200（约4袋）
卸谷部	集谷箱	卸粮口（个）	2	3
切草长度（毫米）			75	50毫米（切草刀：齿形圆盘陶瓷）
报警灯和设备		再筛选竖直输送螺旋杆处谷物堵塞	装备	装备
报警灯和设备		茎秆堵塞	装备	装备
报警灯和设备		集谷箱装满	装备	装备
报警灯和设备		水温	装备	装备
报警灯和设备		发动机油压	装备	装备
报警灯和设备		燃油油位	装备	装备
报警灯和设备		发动机转速	装备	装备
作业效率（亩*/小时）			1.2～2.8	3～6

* 亩为非法定计量单位，15亩=1公顷。

久保田半喂入水稻收割机的主要技术参数（2）

参数名称			技术参数	
型号			4LBZ-172（PRO788）	4LBZ-172B(PRO888GM)
区分			集谷箱	粮仓
结构型式			履带自走式半喂入型	履带自走式半喂入型
外形尺寸	长度（毫米）		4615	4615
	宽度（毫米）		2100［工作状态：2685］	2100［工作状态：2265］
	高度（毫米）		2295	2415
整机质量（千克）			2900（结构质量） 3027（使用质量）	3350（结构质量） 3477（使用质量）
发动机	生产企业		日本久保田株式会社	
	型号		V3300DI-TE2-CC	V3800DI-TE2-CC
	型式		立式水冷 4 冲程涡轮增压柴油发动机	
	排量（毫升）		3318	3769
	输出功率/转速（千瓦/转/分钟）		57.4/2400	64.7/2400
	使用燃料		优质柴油（0 号）	优质柴油（0 号）
	油箱容量（升）		74	74
	启动方式		电启动	电启动
	蓄电池（伏、安时）		12/80	12/80
行走部	履带	接地长（毫米）	1640	1670
		中心距离（毫米）	1155	1155
		规格［节距（毫米）×节数（节）×宽（毫米）］	90×50×450	90×52×500
		平均接地压力(千帕)	19.3	19.7
	变速方式		机械式变速＋液压无极变速（HST）	
	变速级数		前进无级、后退无级（副变速各 3 级）	
	行走速度（米/秒）	前进	［副变速］低速：0～1.06； 中速：0～1.50；高速：0～2.04	
		后退		

（续）

参数名称			技术参数	
行走部	制动器形式		湿式摩擦片式	湿式摩擦片式
	转向方式		刹车单边转向式	刹车单边转向式
	最小离地间隙（毫米）		190	220
割台	收割行数（行）		5	5
	割幅（毫米）		1720	1720
	割刀宽度（毫米）		1690	1690
	收割装置形式		往复式动刀（Ⅵ型）	往复式动刀（Ⅵ型）
	割茬高度范围（毫米）		35～150	35～150
	脱粒深浅调节方式		自动、手动	自动、手动
	适应作物范围（毫米）		650～1300	650～1300
	倒伏适应性（度）		85（顺割），70（逆割）	85（顺割），70（逆割）
	变速级数（级）		行走副变速同步 3 级＋扶禾 3 级	
脱粒部	脱粒方式		下脱、单筒、轴流式	
	脱粒筒	直径×宽度(毫米)	ϕ 424×1000	ϕ 424×1000
		转速（转/分钟）	505	505
	处理筒（1）	直径×宽（毫米）	ϕ 240×100(2 号处理筒)	ϕ 240×100(2 号处理筒)
		转速（转/分钟）	1225	1225
	处理筒（2）	直径×宽(毫米)	ϕ 140×800（扩散筒）	ϕ 140×800（扩散筒）
		转速（转/分钟）	920	920
	凹板筛型式		格栅式	格栅式
	清选风扇	方式	轴流式	轴流式
		直径（毫米）	ϕ 380	ϕ 380
		个数（个）	1	1
	筛选方式		振动筛、风选、吸引、分离筒	振动筛、风选、吸引、分离筒
	筛选板	宽度×长度(毫米)	800×1650	800×1650

（续）

<table>
<tr><th colspan="4">参数名称</th><th colspan="2">技术参数</th></tr>
<tr><td rowspan="9">脱粒处理部</td><td rowspan="6">粮仓规格</td><td colspan="2">排粮方式</td><td rowspan="6">—</td><td>搅龙传送式</td></tr>
<tr><td colspan="2">粮仓容量（升）</td><td>1500(30 袋)(1 袋约 50 升)</td></tr>
<tr><td rowspan="4">卸谷器</td><td>旋转范围（度）/旋转方式</td><td>255（左旋转）/电动马达</td></tr>
<tr><td>升降范围（度）/升降方式</td><td>0～47.6（水平）/液压式</td></tr>
<tr><td>排出高度（毫米）</td><td>2000～4900</td></tr>
<tr><td>排出长度（毫米）</td><td>2700～3900</td></tr>
<tr><td rowspan="3">集谷箱规格</td><td colspan="2">接粮方式</td><td>人工接粮</td><td rowspan="3">—</td></tr>
<tr><td rowspan="2">集谷箱</td><td>容积（升）</td><td>500（10 袋）</td></tr>
<tr><td>接粮口（个）</td><td>3</td></tr>
<tr><td rowspan="2">秸秆处理部</td><td colspan="3" rowspan="2">茎秆切碎器形式</td><td colspan="2">悬挂式</td></tr>
<tr><td colspan="2">切刀/散草切换式
（切刀切断长度：60 毫米；切断刀：陶瓷刀刃）</td></tr>
<tr><td rowspan="4">其他装置</td><td rowspan="3">自动化装置</td><td colspan="2">脱粒深浅自动控制装置</td><td>装备</td><td>装备</td></tr>
<tr><td colspan="2">自动车体水平控制装置</td><td>—</td><td>装备</td></tr>
<tr><td colspan="2">发动机自动熄火装置</td><td>装备</td><td>装备</td></tr>
<tr><td colspan="3">报警装置</td><td colspan="2">燃油、充电、油压、水温、谷满、负载、
2 号搅龙堵塞、收割/排草堵塞</td></tr>
<tr><td colspan="4">纯小时工作产率（亩/小时）</td><td colspan="2">6～10（干田水稻时）</td></tr>
<tr><td colspan="4">燃油消耗量（千克/亩）</td><td colspan="2">1～2</td></tr>
</table>

2. 洋马农机（中国）有限公司

主要生产 Ee-60、Ce-2M、Ce-1M、LBZJ-77B（Ee-60）、4LBZJ-140D（AG600）、4LBZJ-140C（Ce-2M）、4LBZJ-140B（Ce-1M）、4LBZG-77B（Ee-60）等半喂入收割机。

网址：www. yanmar. cn

Ee-60 半喂入收割机

半喂入水稻收割机
4LBZJ-140D（AG600）

半喂入水稻收割机 Ce-2M

半喂入式水稻收割机
4LBZJ-77B（Ee-60）

半喂入水稻收割机 Ce-1M

半喂入收割机
4LBZJ-140B（Ce-1M）

3. 江苏东洋机械有限公司

江苏东洋机械有限公司（原江苏东洋收割机有限公司）是我国第一家生产高性能收割机的中韩合资企业，也是一家集农机开发、制造、销售和服务为一体的综合性农机制造企业，主要生产HL6060型半喂入式水稻收割机。该收割机具有如下特点：

①采用韩国大宇60马力直喷式水冷四缸柴油发动机。

②采用超长超宽双脱粒筒及二次筛选，减少谷粒损失。采用可控制排尘量的手柄，拥有可拆卸长短筋筛网，使脱粒效果更佳；加长加宽的震动筛，筛片角度五挡可调。

③超宽、超长的震动筛，筛片角度手动五挡调节装置，保证作物的清洁。

④主、副滚筒具有稻麦两种速度，适合不同作物脱粒需要。

⑤大直径的加长主脱粒筒，拥有内外两组切禾刀，充分保证脱粒性能，并减轻负荷。

⑥可调的主风扇风力、震动筛筛片角度，稻草的切碎和散落，可在驾驶室方便操作，实现高精度脱粒清选。

⑦脱粒深浅装置根据收割作物高度自动调整，也可通过主变速手柄开关手动进行调节。

⑧长达1400～1500毫米的收割宽度，确保可靠有效的收割作业。

⑨独有的快速排草装置，大幅度降低割台堵塞，维护和保养更加方便。

⑩双驱动割刀设计，着力均匀，减少了震动，提高了收割效率。

⑪视野开阔，乘坐舒适，视线覆盖整个工作过程，操作更安全。

⑫高强度压铸铝质行走齿轮箱：全新设计思路，高强度的齿轮箱；转向更方便、更灵活；三挡变速、性能好、速度快。

⑬独特的平衡轮结构，使穿越田埂和装卸车更加平稳、安全。

⑭综合的液压操作手柄，操作更灵活控制割台升降、改变收割

机行走方向。

⑮排草流畅整齐，配有堵塞报警装置。

⑯大直径190毫米的高强度刀片能有效防止秸秆堵塞，延长使用寿命。

⑰无需工具即可拆卸的盖板，使清扫、保养更加方便和高效。

⑱在驾驶操控面板上，设有自动的安全报警装置，一旦出现排草、水温、机油、粮仓、蓄电池充电异常，能够迅速识别具体故障部位。

⑲秸秆脱粒后排出，可保留综合利用或切成长度为5厘米段散落于田中，切碎的秸秆还田作为肥料。

网址：www.jstym.com

HL6060C型半喂入式水稻收割机的外形

HL6060C型半喂入式水稻收割机的主要技术参数

参数名称		技术参数
机体尺寸	长×宽×高（毫米）	4500×230×2280
	机体重量（千克）	2910
发动机	名称	DB33-ELMAC
	型式（启动方式）	水冷式4冲程4缸柴油机
	排量（毫升）	3268
	额定功率/转数（千瓦/转/分钟）	44.1/2600
	燃油箱容量（升）	65

（续）

参数名称			技术参数
行走部分	履带（宽×长）（毫米）		450×1520
	履带中心距离（毫米）		1000
	平均压强（千帕）		21
	变速方式		液压无级变速+副变速3挡
	行驶速度	前进（米/秒）	0～2.0
		后退（米/秒）	0～2.0
割台	变速挡数		2挡变速
	切割宽度（毫米）		1400～1500
	切割高度（毫米）		50～150
	割台升降方式		电子液压
	进料深浅调节方式		手动或自动
	倒伏适应性（度）		85（顺割），70（逆割）
卸粮方式			漏斗3个
收割能力（亩/小时）			3.6～7.5

4. 井关农机（常州）有限公司

该公司是一家集生产、销售、服务于一体的综合性农机制造商。主要生产4LBZ-145C（HF558）、HF608型半喂入水稻收割机。该公司的半喂入水稻收割机主要有如下特点：

①舒适的操作。

②大功率（41.2～44.1千瓦），低油耗涡流室式四缸柴油发动机，发动机空气滤清器采用二层式构造。

③作业速度快，1.37～1.65米/秒（最大2.05米/秒）。

④自动控制脱离深浅。

⑤散热器的冷却采用不易堵塞的机翼形状，吸气面积增大133%。

⑥完美的二次脱粒和二次清选采用敞开式的排尘筒出口提升了效率。

⑦具有自动报报警系统。

网址：http：//www. iseki-cz. com. cn

HF608 型半喂入水稻收割机

4LBZ-145C（HF558）型半喂入水稻收割机

4LBZ-145C（HF558）型半喂入水稻收割机的主要技术参数

项目			参数
外形尺寸	全长（毫米）		4400
	全宽（毫米）		1980
	全高（毫米）		2380
最小离地间隙（毫米）			180
整机质量（千克）			2660
配套发动机	型号		E4DD-VA
	形式		立式水冷 4 冲程 4 缸涡流式柴油发动机
	排气量（毫升）		2835
	额定功率/额定转速（千瓦/转/分钟）		41. 2/2400
	燃料箱容量（升）		53
	启动方式		电动马达式
行走部	履带	宽×接地长（毫米）	400×1445
		中心距离（毫米）	1010
		平均接地压（千帕）	≤24

（续）

行走部	变速方式		液压无级变速（HST）
	行驶速度（千米/小时）	前进	低速：0～2.84；高速：0～4.93；行走：0～6.33
		后退	低速：0～2.73；高速：0～4.68；行走：0～5.86
收割部	收割行数		4行
	割幅（毫米）		1450
	收割装置形式		往复式切割
	割刀宽（毫米）		1441
	割刀型式		Ⅵ型
	变速挡数		扶禾变速：3挡
	收割高度范围（毫米）		35～150
脱粒筛选部	脱粒深浅调节方式		电动式（自动，手动并用）
	脱粒方式		双筒下置轴流式
	振动筛箱宽×长度（毫米）		660×1625
谷粒处理部	谷粒处理方式		漏斗袋接
	漏斗容量（升）		200
	吐出口数		3口
	接粮方式		人工接粮
切草器	切碎方式		圆盘式切草器
	切碎长（毫米）		80
诸装置	警报装置		自动装置异常，发动机油，电瓶充电，水温，收割堵塞，粮满，脱粒离合器堵塞，排草堵塞
	自动化装置		自动脱粒深浅装置
	安全装置		收割堵塞，发动机紧急停止，发动机启动安全开关，割台锁定
	其他装置		动力转向装置，安全监视，传感器检查
适应作物全长（毫米）			650～1200
倒伏适应度（度）			85（顺割），70（逆割）
纯工作小时生产率（亩/小时）			3.75～6
每公顷燃油消耗量（千克/亩）			0.84～1.77

5. 南通高来威农业装备有限公司

主要生产浦田牌 4LBZ-145 和 4LBZ-1480 半喂入水稻收割机。其产品具有以下特点：

①选用立式直列四冲程水冷柴油机，拥有 44.1 千瓦的强大功率，确保持续稳定收割及实现更高效的收割作业。

②HST 液压无级变速系统工作可靠。

③采用 HST 液压无级变速方式，变速范围大，响应速度快，提高了系统工作的可靠性。

④采用更长脱粒筒及多重筛选方式，实现高精度的筛选，减少谷粒损失。

⑤方便的操作手柄、位置良好的驾驶员座椅，最大限度地减轻操作强度，确保平稳操作。

⑥主要部件如脱粒筒、筛选箱、发动机室、脱粒滤网、切草器都能迅速打开，节省了检修时间，增加了收割作业时间。

网址：www. ntfcw. com

浦田牌 4LBZ-145
半喂入水稻收割机

浦田 4LBZ-1480
半喂入水稻收割机

浦田牌半喂入水稻收割机的主要技术参数

参数名称		技术参数	
型号		4LBZ-145	4LB-1480
机体	长×宽×高（毫米）	4230×2000×2200	454017802270
	重量（千克）	2510	2250

（续）

参数名称		技术参数	
发动机	型号	4L68	DB33 立式水冷 4 循环 4 缸柴油机
	功率/转速 （千瓦/转/分钟）	40/2600	44/2700
	启动方式	电启动	电启动
	燃油牌号	0 号柴油	0 号柴油
行走部分	履带规格（宽×节距） （毫米）	400×90	400×1300
	履带中心距（毫米）	950	1000
	接地压力（千帕）	≤24	≤24
	变速方式	液压无级变速（HST）	液压无级变速
	变速挡次	无级×副变速三挡	无级×副变速三挡
	转向方法	液压式	液压式
	行走速度（米/秒）	低速：0～0.86；标准： 0～1.22；行走：0～1.65	前进：0～1.75 后退：0～0.89
收割部分	割幅（毫米）	1450	1480
	切割行数	4	4
	割茬高度（毫米）	50～150	35～150
	适应作物高度范围 （毫米）	700～1300	650～1400
	割台升降方式	液压式	单手柄液压式
	倒伏适应性	顺割≤85°；逆割≤70°	顺割：85°；逆割：70°
脱粒部分	脱粒方式	轴流式二次脱粒	轴流下脱式
	筛选方式	鼓风、吸引、分离筒、 振动筛选	鼓风、摇动
	二次输送方式	螺旋搅龙	螺旋搅龙

（续）

参数名称		技术参数	
卸谷部	卸谷方式	漏斗式	行走部副调速同时调整3挡，扶禾器调速3挡
	出粮口数	3	3
	集谷箱容量（升）	200（4袋）	约4袋
报警装置		二次搅龙、排草堵塞、切草堵塞、机油	—
作业能力（亩/小时）		2.5～5	2.5～5

6. 无锡联合收割机有限公司

主要生产4LBZ-145（TH-3）、4LBZ-145C（TH600）、TH680等太湖牌半喂入水稻收割机，其产品主要特点如下：

①发动机：马力大、效率高、油耗低，高位进风口，更安全、可靠。

②可靠行走系统：独特可靠的自制变速箱，大直径支重轮与平衡轮相结合，过坡、埂更平稳、安全。

③适应更广的收割系统：扶禾装置三挡变速、三节辅助导轨调节，更适合倒伏、易掉粒作物收割。

④超大超强的脱粒系统：超长的主滚筒加分离滚筒，高速作业时脱粒能力更强；超强型的栅格式凹板筛，具有更好的适应能力和更强耐久性；超大容量的清选室加三重风道清选，更适合高产作物收割和更强大的处理能力；采用新工艺的输送搅龙，使用寿命更长；活动挡板加分离滚筒，夹带损失率更低；加强型的脱粒传动系统，收割作业更可靠；双排输送排草链，能均匀、平稳地排出茎秆。

⑤高效的切碎器：大直径圆盘刀片，更强的切碎处理能力。

⑥可靠的操作系统：单手柄控制集成阀转向升降，结构简单，方便可靠；强大和全面的报警系统，帮助迅速处理突发事件。

网址：www.wxsgj.com

35.3 千瓦

4LBZ-145 型半喂入水稻收割机

44.1 千瓦

4LBZ-145C 型半喂入水稻收割机

TH680 型半喂入水稻收割机

几种太湖牌半喂入水稻收割机主要技术规格

型　式			4LBZ-145（TH-3）	4LBZ-145C(TH600)	TH680
结构形式			自走式、半喂入	自走式、半喂入	自走式、半喂入
外形尺寸（长×宽×高）（毫米）			3980×1850×2380	4380×1850×2400	4130×1850×2380
质量（千克）			2200	2680	2350
配套发动机	名称		柴油发动机	柴油发动机	柴油发动机
	型号		4A220C-CH1（韩国大同）	4A220DITC-1（韩国大同）CZ4102Q	4L88
	功率/转速（千瓦/转/分钟）		35.3/2800	44.1/2800	50/2800
	启动方式		电启动	电启动	电启动
	燃油种类		优质0号柴油	优质0号柴油	优质0号柴油
割台	割幅（毫米）		1450	1450	1500
	作物高度适应范围（毫米）		650～1250	650～1350	650～1250
脱粒机	主滚筒	转速（转/分钟）	560	520	560
		直径×长度（毫米）	Φ420×710	Φ420×910	Φ424×810
	副滚筒	直径×长度（毫米）	Φ140×900	—	Φ140×900
		清选方式	主风扇、吸引风扇、振动筛并用	二吹一吸、振动筛并用	主风扇、吸引风扇、振动筛并用
履带宽×接地长（毫米）			400×1400	425×1525	400×1400
履带中心距（毫米）			940	925	915
平均接地压力（千帕）			19.6	19.6	19.6
最小离地间隙（毫米）			175	200	175
变速挡次			无级×副变速3挡	无级×副变速3挡	无级×副变速3挡
行走速度（米/秒）			低速0～0.86；标准0～1.22；行走0～1.65	—	低速0～0.67；标准0～1.30；行走0～2.21

（续）

型　式	4LBZ-145（TH-3）	4LBZ-145C(TH600)	TH680
割台升降方式	单手柄液压式	单手柄液压式	液压式
接粮方式	人工接粮	人工接粮	麻袋接取
纯工作小时生产率（亩/小时）	3～6	4.5～7.5	3～6
燃油消耗量（克/千瓦・小时）	≤272	≤272	≤272
适应作物倒伏角（°）	顺割＜85，逆割＜65	顺割＜85，逆割＜65	顺割＜85，逆割＜65
总损失率（%）	≤2.5	≤2.5	≤2.5
含杂率（%）	≤1.0	≤1.0	≤2
破碎率（%）	≤0.5	≤0.5	≤0.5

7. 江苏沃得农业机械有限公司

江苏沃得农业机械有限公司是一家集研发、生产、销售和服务于一体的大型专业农业机械生产制造商，主要生产半喂、全喂履带式水稻收割机。其主产品主要特点有：

①选用产品具有液压无级变速，喂入深浅调节，负荷显示和自动报警等功能。

②行走采用液压无级变速加变速箱三挡幅变速，速度调节范围广。

③进口液压无级变速器（HST 变量泵排量 0～28 毫升/转）配置。

④采用进口齿轮、花键轴、皮带、轴承等零件。

⑤履带采用 400×90×46。

⑥悬挂式轮系，组合密封系统。

⑦秸秆筛网间隙、清选风力强度可调。

⑧配有秸秆切碎、平铺、堆放机构。

⑨可选配进口发动机、割台总成、脱粒总成。

网址：http：//www. worldnyjx. com/products/

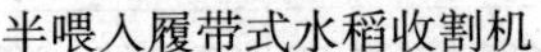
半喂入履带式水稻收割机

全喂入履带式收割机 4LZ-2. 5A

沃得履带式水稻收割机的主要技术参数

参数名称		参　数　值	
型号		4LZ-2. 5A	—
结构形式		全喂入履带式	半喂入履带式
整机尺寸（工作状态）	全长（毫米）	4630	4340
	全宽（毫米）	2696	1780
	全高（毫米）	2460	2270
	整机质量（千克）	2420	2450
发动机	型号	4L88	498A 或常柴 4L88
	形式	立式直列四冲程增压柴油机	立式直列四冲程增压柴油机
	功率（千瓦）	52	46（498A）、51. 5（常柴 4L88）
	转速（转/分钟）	2700	2800
	变速箱类型	机械转向＋液压无级变速（HST）	机械转向＋液压无级变速（HST）
行走部分	履带规格［节距（毫米）×节数（节）×宽（毫米）］	90×46×400	90×46×400
	轨距（毫米）	1000	1000
	离地最小间隙（毫米）	240	240

（续）

参数名称		参数值	
收割部分	割幅（毫米）	2000	1450～1500
	喂入量（吨/小时）	9	—
	割台升降方式	液压	液压
脱粒部分	脱粒方式	双滚筒	双滚筒
	主滚筒尺寸（毫米）	550×1295	550×1295
	副滚筒尺寸（毫米）	550×648.5	550×648.5
	筛选方式	双层振动筛、吹式离风心机往复振动方式	鼓风、摇动、全宽吸入筛选式
卸谷方式		漏斗双出口（人工接粮）	漏斗双出口（人工接粮）
作业效率（亩/小时）		3～7	4～7
适合作物		水稻、小麦、油菜	水稻、小麦

8. 福田雷沃国际重工股份有限公司

主要生产 4LB-150（BA1500/BA1503）、4LZ-1.2（DH138）、4LZ-1.5（DA168/DA180）、4LZ-2A（DB200）、4LZ-2A（DC200）、4LZ-2E（DE200）、4LZ-2G（DG200）、4LZ-3（DC220）、4LZ-3.5（DF288）、4LZ-3.5（DF290）、4LZ-3（DC238）、4LZ-3（DE238/DE258）等谷神牌水稻收割机。

谷神半喂入水稻收割机是通过整合国内外成熟技术开发的新产品，是在成功开发出自走式小麦机和全喂入水稻机基础上，利用国外技术开发的半喂入水稻机，主收水稻，兼收小麦。

半喂入水稻收割机主要特点：

①配备国外名优发动机，功率储备大。

②喂入深浅自动可调，适应性强。

③采用竖直螺旋杆齿式复脱器，脱净率高，破碎率低。

④加强型底盘机架，可靠性高。

⑤前后风机二次清选，清选质量好，籽粒更干净。

⑥茎秆处理功能全，切碎效果好。

⑦水箱进风面积大，发动机工作环境好，寿命长。

⑧采用国外技术，零部件全球采购，整机可靠性高。

http：//www. fotonlovol. com/group/products/

雷沃谷神 4LB-150
半喂入水稻收割机

雷沃谷神 4LZ-1. 2（DH138）
全喂入水稻收割机

雷沃谷神 4LZ-2A（DC200）
全喂入水稻收割机

雷沃谷神 4LZ-3（DC238）
全喂入水稻收割机

雷沃谷神 4LB-150 半喂入水稻收割机的主要技术参数

参数项	参 数 值
型号	4LB-150（BA1500/BA1503）
长×宽×高（毫米）	4340×1780×2270
整机质量（千克）	2180

（续）

参数项	参数值
发动机型号	4A220C-CH 立式水冷
发动机型式	4 循环 4 缸柴油机
额定功率（千瓦）	35.3
履带宽度×长（毫米）	400×1300
轨距（毫米）	1000
变速方式	静液压无级变速（HST）
收割行数	4
割幅（毫米）	1450
割茬高度范围（毫米）	35～150
脱粒深度控制	微电脑控制
收获作物高度（毫米）	650～1400
脱粒方式	下脱、单筒、轴流式
粮箱容积（升）	200（4 袋）
切草长度（毫米）	50
报警灯和设备	自动化装置：微电脑控制、发动机负荷检测、谷物装满检测、自动供给深浅控制、自动脱粒深浅控制、发动机停止

9. 现代农装株洲联合收割机有限公司

主要生产碧浪牌 4LBZ-150 型半喂入水稻收割机，和 4LZ-1.0、4LZ-1.2、4LZ-1.5、4LZ-1.8、4LZ-2.0、4LZ-2.8 型全喂入水稻收割机。

碧浪牌半喂入水稻收割机的特点：

①选配 498 水冷柴油 61 马力发动机、配置液压无级变速、喂入深浅调节、符合现实和自动报警等装置。

②采用平面回转式扶禾器割禾，具有运转平稳、振动小、可靠性高的特点。

③底盘可靠性好，通过性强。

④割茬低、茎秆能条（堆）放、切碎还田。

⑤操作维修方便。

碧浪牌全喂入水稻收割机的主要特点：是根据丘陵地区作业的特点而开发生产的新型全喂入水稻收割机。采用弹性拨指偏心拔禾轮，Ⅲ型护刃器，带伸缩杆的横向输送搅龙、强力平胶带粑齿式中间输送，以及选用标准齿轮泵，自动回位滑阀和柱式液压缸为割台升降装置，选用轴流钉齿式脱粒滚筒，同凹板筛、风扇双层振动筛、搅龙、两出口小粮箱形成脱粒清选工作部件。能一次完成割、送、脱和清选的联合作业。其总损失率、籽粒含杂率等指标均有了很大的提高，使用可靠性和水田通过性好，适于丘陵稻麦主产区及边远地区农户使用。

网址：www. zhulianji. com

4LBZ-150 半喂入水稻收割机

4LZ-1.0 型全喂入水稻收割机

4LZ-2.0、1.8 型全喂入水稻收割机

碧浪系列履带式水稻收割机主要技术参数

参数名称	参　数　值						
型号	4LZ-1.0 全喂入	4LZ-1.2 全喂入	4LZ-1.5 全喂入	4LZ-1.8 全喂入	4LZ-2.0 全喂入	4LZ-2.8 全喂入	4LBZ-150 半喂入水稻收割机
作业效率（亩/小时）	1～3	2～4	2.5～6	3～7	4～8	5～10	3～7
机体尺寸（长×宽×高）（米）	4×1.75×2.4	4.4×1.7×2.7	4.5×2×2.4	4.5×2.2×2.7	4.4×2.3×2.7	4.6×2.6×2.7	4.3×1.85×2.1
重量（千克）	1300	1880	1950	2200	2550	2680	2320
发动机型号	2105	490	490	495	495（可配498）	4102	498BT
履带宽（毫米）×齿距（毫米）×节数	280×90×46	350×90×46	350×90×46	350×90×46	350×90×46	400×90×48	400×90×45
割幅（米）	1.28	1.36	1.6	1.8	1.95	2.28（可配2.5）割台	1.45
滚筒形式	振动、鼓风、二次处理	振动、鼓风、二次处理	振动、鼓风、二次处理	振动、鼓风、二次处理	振动、鼓风、二次处理	振动、鼓风、二次处理	下脱轴流梳刷式、吹、吸风振动筛选式
接粮方式	小、双出口	小、双出口	小、双出口	三出口小粮箱（可配大粮仓）	大粮仓	大粮仓自卸	小、双出口
适应作物高度（毫米）	500～1200	500～1200	500～1200	500～1200	500～1200	500～1200	500～1200
总损失率（%）	≤3	≤3	≤3	≤3	≤3	≤3	≤3
含杂率（%）	≤2	≤2	≤2	≤2	≤2	≤1.8	≤1
破碎率（%）	≤2	≤2	≤2	≤2	≤2	≤1.8	—

四、水稻收割机故障表现的一般征象

水稻收割机是由许多零部件组成的复杂系统，在使用中受到机械、电、物理、化学等各种应力的作用，受到自然环境、土壤等多种因素的影响，还受到驾驶人员、维修人员等人为因素的制约，水稻收割机出现故障是在所难免的。

故障是指零件之间的配合关系破坏、相对位置改变、工作协调性破坏，造成水稻收割机出现功能丧失或性能失常等现象。

诊断和排除水稻收割机的故障并不神秘。因为水稻收割机的故障有其变化规律和特征，只要掌握其内在的因素和变化条件，就能迅速准确地判断和排除水稻收割机的故障。

当水稻收割机出现故障时，它的技术性能会发生较大变化。如动力性下降，即水稻收割机的牵引能力或对外输出的功率下降；经济性下降，即水稻收割机的燃料和润滑油的消耗量增加；可靠性下降，指水稻收割机在生产中的技术故障增多，有的时候甚至会形成事故隐患。

水稻收割机的某一部件、总成或整机技术状态变坏，直接影响整机的正常工作，即说明发生了故障。水稻收割机的各种故障总是通过一定的征象（或称形态）表现出来的，一般具有可听、可见、可嗅、可触摸、可测量的性质。

1. 作用反常

水稻收割机的各个系统分别起着不同的作用，各系统的作用均正常时，整机才能正常工作。当某系统工作能力下降或丧失，使水稻收割机不能正常工作时，即说明该系统作用反常。例如，启动机不转、发动机功率不足、机油压力过低、离合器分离不清、变速箱挂挡或脱挡困难、液压升降失灵、漏插、漂秧等。

2. 声音反常

声音是由物体振动发出的。因此，水稻收割机工作时发出的规律的响声是一种正常现象，但当水稻收割机发出各种异常响声（如敲击、排气管放炮声、爆震和摩擦噪声）时，即说明声音反常。

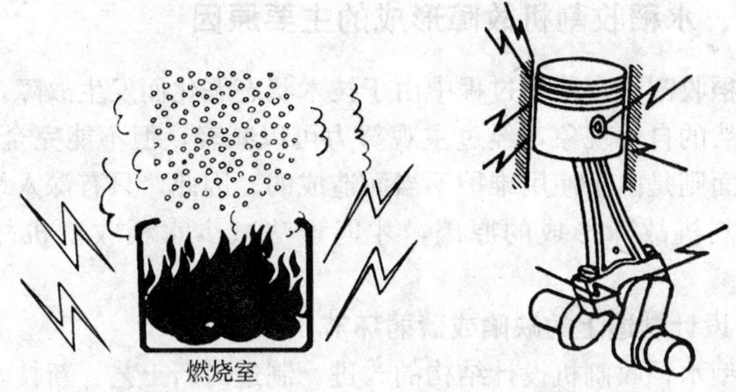

3. 温度反常

水稻收割机正常工作时，发动机的冷却水、机油，变速器的润滑油，液压系统的液压油等温度均应保持在规定范围内。当温度超过一定限度（如水温或油温超过95℃，与润滑部位相对应的壳体表面油漆变色、冒烟等）而引起过热时，即说明温度反常。

4. 外观反常

即水稻收割机工作时凭肉眼可观察到的各种异常现象。例如，冒黑烟、白烟、蓝烟，漏气、漏水、漏油，零件松脱、丢失、错位、变形、破损等。

5. 气味反常

发动机燃烧不完全、摩擦片过热或导线短路时，会发出刺鼻的烟味或烧焦味，此时即表明气味反常。

6. 消耗反常

水稻收割机的主燃油、液压油、冷却水和电解液等过量的消耗，或油面、液面高度反常变化，均称为消耗反常。

以上几种反常现象，常常相互联系，作为某种故障的征象，先后或同时出现。只要稍稍留心，上述故障症状都是易于察觉的，但是成因却是复杂的，又往往是重大故障的先兆，所以遇到上述情况时，要及时处理。

五、水稻收割机故障形成的主要原因

水稻收割机在使用过程中由于技术状态恶化而发生故障，一方面是必然的自然现象，经过主观努力可以减轻，但不能完全防止；另一方面则是由于使用维护不当而造成的。因此，只有深入地了解水稻收割机故障形成的原因，才能设法减少水稻收割机故障的发生。

1. 设计制造上的缺陷或薄弱环节

新型水稻收割机设计结构的改进，制造时新工艺、新技术和新材料的采用，加工装配质量的改善，使水稻收割机的性能和质量有了很大的提高，也的确减少了新机在一定作业里程内的故障率。但由于水稻收割机结构复杂，各总成、组合件、零部件的工作情况差异很大，不可能完全适应各种运行条件，使用中就会暴露出某些薄弱环节。

2. 配件制造的质量问题

随着水稻收割机配件消耗量的日趋增长，配件制造厂家也越来越多。但由于他们的设备条件、技术水平、经营管理各有不同，配件质量就很不一致。尽管配件的质量正在改善提高，但这仍然是分析、判断故障时不能忽视的因素。

3. 燃、润料品质的影响

合理选用燃、润料是水稻收割机正常行驶的必要条件。由于水稻收割机的田间使用条件十分恶劣，所以对润滑条件要求较为严格。如果润滑油（脂）等不合格，就会影响正常润滑，使零件磨损加剧。因此，使用不符合水稻收割机规定的燃、润料，也是故障的一个成因。例如，柴油发动机在冬季选用凝固点高的柴油，是供油系发生故障和柴油机不能启动的主要原因；不采用专用柴油机机油是发动机早期磨损的因素等。

4. 田间条件的影响

水稻收割机在不同的水田作业时，其传动系统、行走系统、制动系统、送秧机构和栽植机构等均会受到水田泥土的浸入，使其内部润滑不良，增加零件磨损，引起有关部位的故障。若经常在山区小田块作用，地头转弯频繁，使传动、制动部分工况的变动次数多、幅度大，而往往导致早期损坏。

5. 管理、使用、保养不善

因管理、使用保养不善而引起的故障占有相当比重。柴油发动机如使用未经滤清的柴油；新机或大修后的水稻收割机不执行走合规定，不进行走合保养；田间作业不注意保持正常温度、装秧不合理或超载，等等，均是引起水稻收割机早期损坏和故障发生的原因。

6. 安装、调整错乱

水稻收割机的某些零件（如正时齿轮室的齿轮、曲轴、飞轮，变速箱内的齿轮，空气滤清器和机油滤清器的滤芯及垫圈等）相互间只有严格按要求位置的记号安装，才能保证各系统正常工作。若装配记号错乱，位置装倒或遗漏了某个垫片、垫圈，便会因零件间的相对位置改变而造成各种故障。

水稻收割机的各调整部位（如气门间隙、轴承间隙、离合器间隙），使用中必须按要求规范调整，才能保证各系统在规定的技术条件下工作。若调整不当，便会发生各种故障。

7. 零件由于磨损、腐蚀和疲劳而产生缺陷

相互摩擦的零件（如活塞与缸套、曲轴轴颈与轴承等），在工作过程中摩擦表面产生的尺寸、形状和表面质量的变化，叫做磨损。磨损不但改变了零件的尺寸形状和表面质量，还改变了零件的配合性质，有些零件的相对位置也会发生改变。在正常情况下，工作时间越长，零件因磨损而产生的缺陷越多，故障也会增多。由此可见，磨损是产生故障的一个重要根源。

腐蚀主要由金属和外部介质起了化学作用或电化学作用所造成，其结果使金属成分和性质发生变化。水稻收割机上常见的腐蚀是锈蚀、酸类或碱类腐蚀及高温高压下的氧化穴蚀等。氧化主要是指橡胶、塑料类零部件受油类或光、热的作用而失去弹性、变脆、破裂。

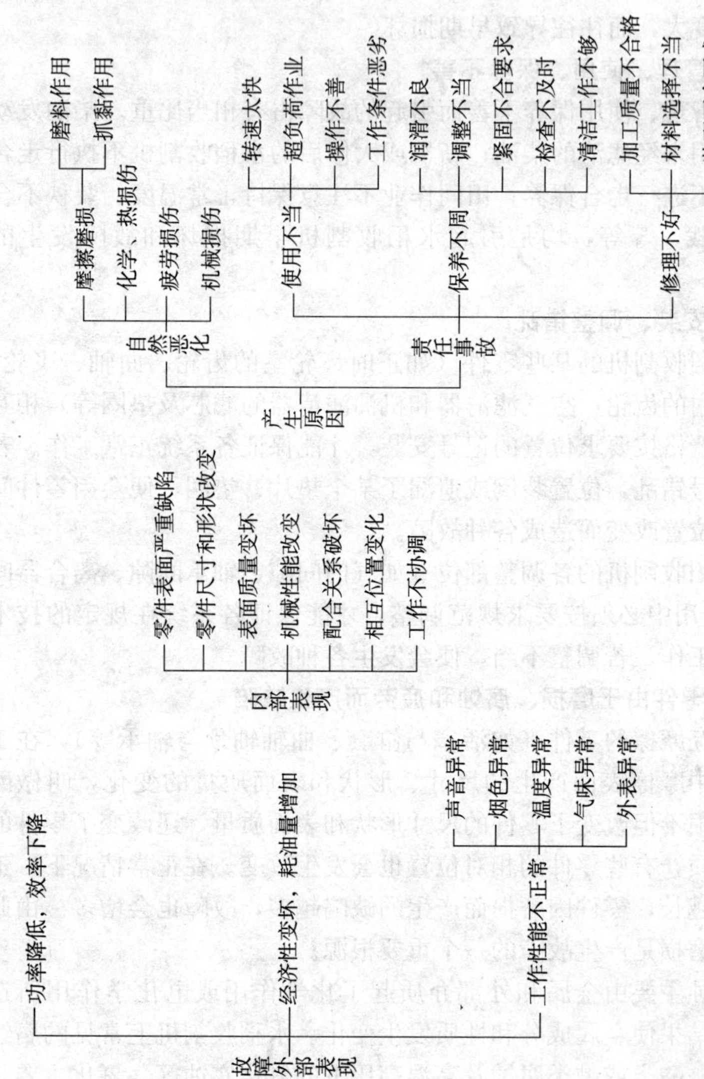

水稻收割机以动机故障形成的各种原因

零件在交变载荷的作用下，会产生微小的裂纹。这些裂纹逐渐加深和扩大，致使零件表面出现剥落、麻点或使整个零件折断，这种现象称为疲劳损坏。水稻收割机中的某些零件主要就是因疲劳而损坏的，如齿轮、滚动轴承和轴类等。

由慢性原因（如磨损、疲劳等）引起的故障，一般是在较长时间内缓慢形成，其工作能力逐渐下降，不易立即察觉。由急性原因（如安装错误、堵塞等）引起的故障，往往是在很短时间内形成的，其工作能力很快或突然丧失。

六、水稻收割机故障诊断的基本方法

水稻收割机故障诊断包括两个方面，即先用简便方法迅速将故障范围缩小，而后再确定故障区段内各部状态是好是坏。下面介绍几种常用的故障诊断方法。

1. 隔除法

部分地隔除或隔断某系统、某部件的工作，通过观察征象变化来确定故障范围的方法，称为隔除法。一般地说，隔除、隔断某部位后，若故障征象立即消除，即说明故障发生在该处；若故障征象依然存在，说明故障在其他处。例如，某灯不亮时，可从蓄电池处引一根导线直接与灯相接，若灯亮，说明开关至灯的线路发生了故障。

2. 试探法

对故障范围内的某些部位，通过试探性地排除或调整措施，来判别其是否正常的方法，称为试探法。进行试探性调整时，必须考虑到恢复原状的可能性，并确认不至因此而产生不良后果，还应避免同时进行几个部位或同一部位的几项试探性调整，以防止互相混淆，引起错觉。

3. 比较法

将怀疑有问题的零部件与正常工作的相同件对换，根据征象变化来判断其是否有故障的方法，称为比较法。换件比较是在不能准确地判定各部技术状态的情况下所采取的措施，但应尽量减少盲目拆卸对换。

4. 经验法

主要凭操作者耳、眼、鼻、身等器官的感觉来确定各部技术状态好坏的方法，称为经验法。此方法对复杂故障诊断速度较慢，且诊断准确性受检修人员的技术水平和工作经验影响较大。常用的手段有：

（1）听诊

根据水稻收割机运转时产生的声音特点（如音调、音量和变化的周期性等）来判断配合件技术状态的好坏，称为听诊。水稻收割机正常工作时，发出的声音有其特殊的规律性。有经验的人，能从各部件工作时所发出的声音，大致辨别其工作是否正常，当听到不正常的声音时，会有异常的感觉。

（2）观察

即用肉眼观察一切可见的现象，如运动部件运动有无异常，连接件有无松动，有无漏水、漏油、漏气现象，排气是否正常，各仪表读数、排气烟色、机油颜色是否正常等，以便及时发现问题。

（3）嗅闻

即通过嗅辨排气烟味或烧焦味等，及时发觉和判别某些部位的故障。这种方法对判断水稻收割机的电气系统短路和离合器摩擦衬片烧蚀特别有效。

（4）触摸

即用手触摸或扳动机件，凭手的感觉来判断其工作温度或间隙等是否正常。负荷工作一段时间后，触摸各轴承相应部件的温度，可以发现是否过热。一般地说，手感到机件发热时，温度在40℃左右；感到烫手但不能触摸几分钟，则在50～60℃；若一触及就烫得不能忍受，则机件温度已达到80～90℃。

5. 仪表法

使用轻便的仪器、仪表，在不拆卸或少拆卸的情况下，比较准确地了解水稻收割机内部状态好坏的方法，称为仪表法。

第二章 水稻收割机的使用

一、操作部件的识别

1. 操作手柄的识别

水稻收割机的操作手柄主要有主操纵手柄、转向微调开关、脱

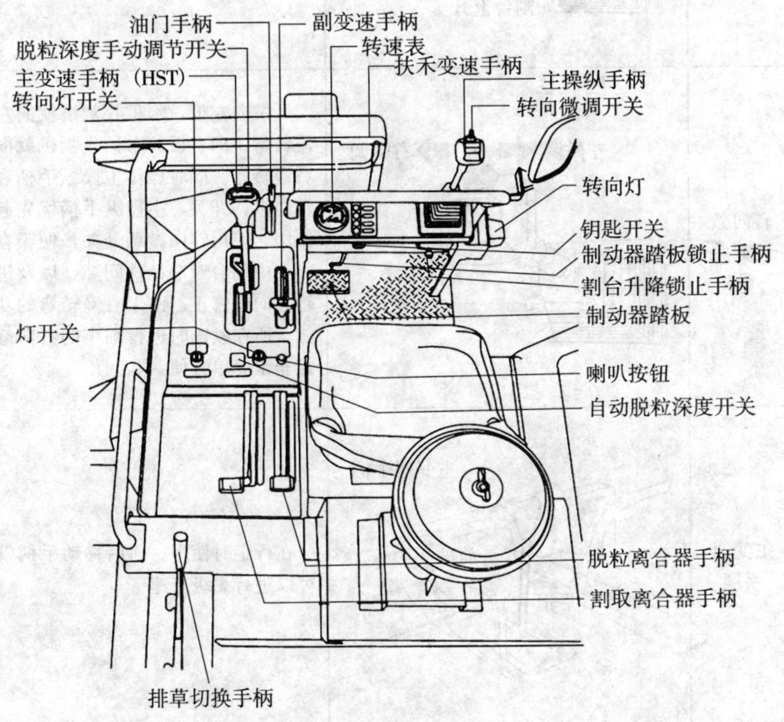

水稻收割机各操纵手柄的布置位置

粒深度手动调节开关、油门手柄、割取离合器手柄、脱粒离合器手柄、扶禾变速手柄、排草切换手柄、送尘调节手柄、主变速手柄、副变速手柄、制动踏板、踏板锁止手柄等。

水稻收割机各操纵手柄的形状与功用

手柄名称	图　形	主要功用
主操纵手柄	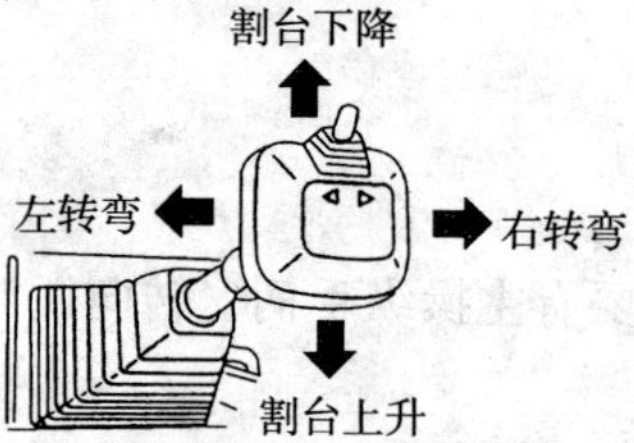	不启动发动机，将钥匙开关打到“开”，然后将手柄向前推，割台下降。启动发动机后，将手柄向前推，割台下降；向后拉割台上升；向左扳，水稻收割机左转弯；向右扳，水稻收割机右转弯。
转向微调开关	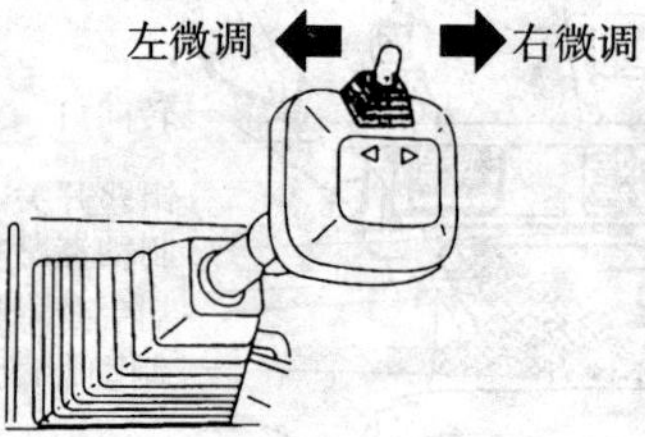	开关向左扳，水稻收割机就向左慢转弯，向右扳，水稻收割机就向右慢转弯。同时操作主操纵手柄和转向微调开关，主操纵手柄优先起作用。使用转向微调开关，便于在作业中割台对准植株间隙，以及进行方向的修正。由于有慢转弯的功能，所在收割时进行细小的方向修正非常简单方便。
主变速手柄	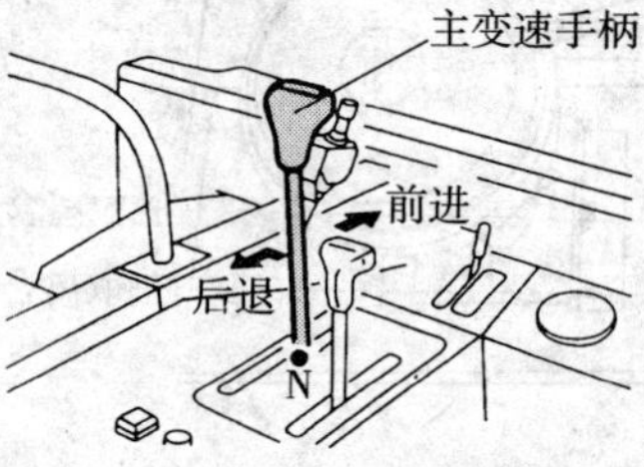	在行走时使用。前后移动手柄就可以进行无级变速。

（续）

手柄名称	图　形	主要功用
副变速手柄	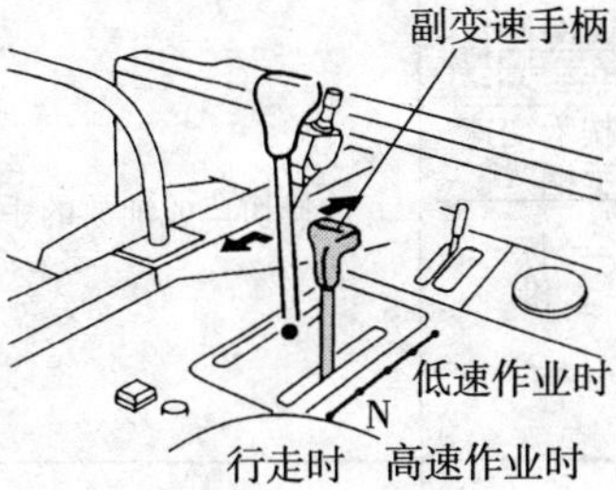	在行走时使用。前后移动手柄就可以进行无级变速。根据使用目的和条件，选择“低速”、“高速”和“行走”三挡的行走速度。
油门手柄	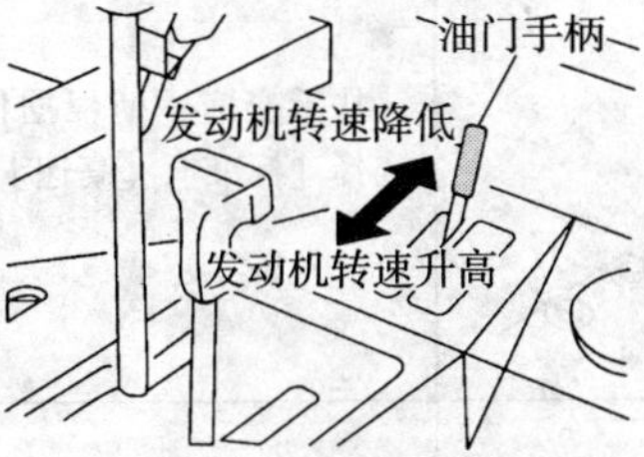	用来调节发动机的转速。手柄往后拉，发动机转速升高，往前推，发动机转速降低。
割取离合器手柄	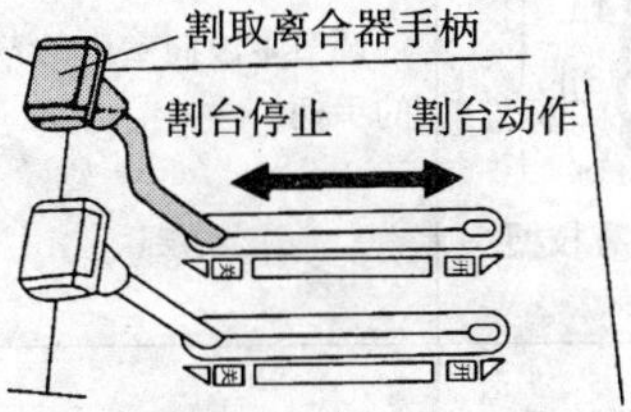	将割取离台器手柄扳到“开”的位置，然后将土变速手柄往前推，割台就动作，扳到“关”的位置就停止。由于与脱粒离台器连动，当脱粒离台器手柄在“关”的位置时，割台也同时停止。
脱粒离合器手柄	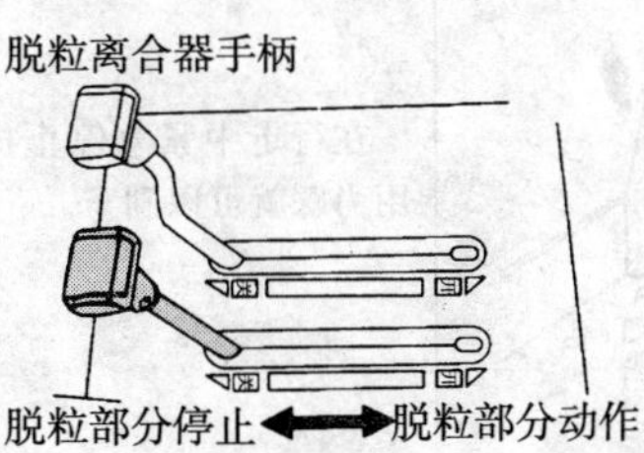	将手柄扳到“开”的位置，脱粒部分就动作。扳到“关”的位置就停止。

（续）

手柄名称	图　形	主要功用
扶禾变速手柄		选择切草或铺放的手柄。
排草切换手柄		扶禾变速手柄根据作物的条件，选择［标准］、［高速］位置。
送尘调节手柄		调节主滚筒室内的草屑流动速度的手柄。
制动踏板		在行走中紧急停止机体时使用。用力踩就可以刹车。

（续）

手柄名称	图　形	主要功用
制动踏板锁止手柄	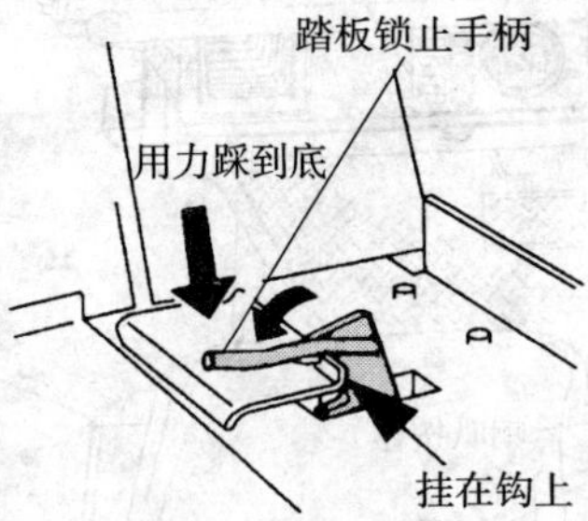 踏板锁止手柄 用力踩到底 挂在钩上	完全停止机体使用。踩下制动器踏板，然后挂上踏板锁止手柄。需要解除时，将制动器踏板踩到底，锁止手柄就松开解除了（踏板锁止手柄自动回到前面）。
割台升降锁止手柄	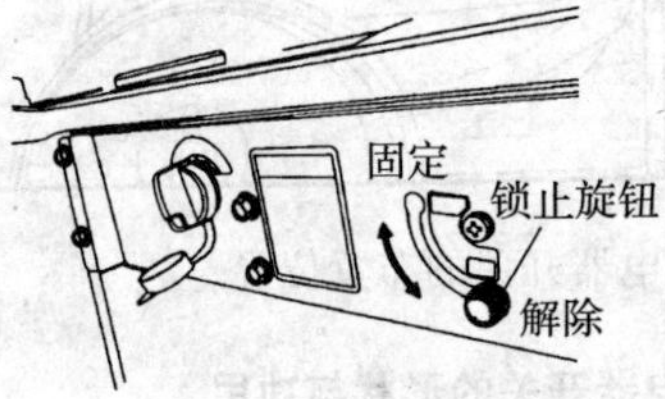 固定 锁止旋钮 解除	可以固定主操纵手柄。在需固定割台位置时使用。使用“锁定”功能，可将割台固定在某一位置。使用“解除”功能，可解除对割台的锁定。
发动机室锁止手柄	 发动机室锁止手柄 解除（打开时） 打开 发动机室盖	打开发动机室时使用。

2. 电器开关的识别

水稻收割机上的电器开关主要有钥匙开关、灯开关、喇叭开关、转向灯开关、脱粒深度自动开关等。

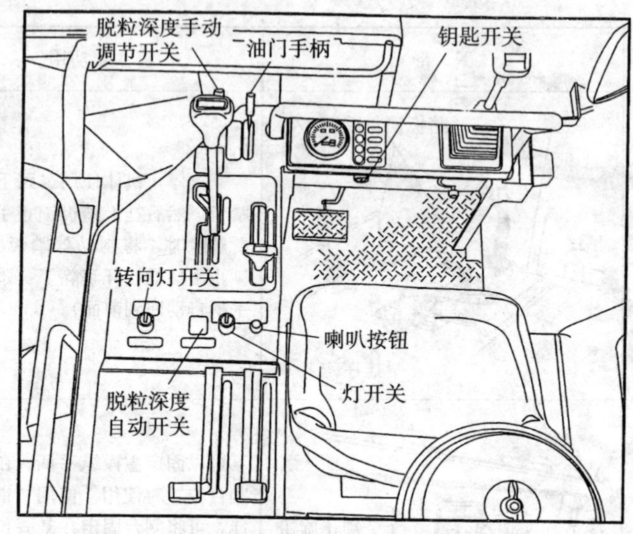

水稻收割机电器开关的布置位置

水稻收割机电器开关的形状与功用

开关名称	图 形	功 用
钥匙开关	关 开 预热 启动	“关”，电流切断（拔出钥匙）。 “开”，各电器件开关有电流流过，发动机停止时，组合仪表板的油压灯和充电灯亮。 “启动”，启动马达旋转，发动机启动，发动机一旦启动，手立刻放开钥匙。钥匙自动回到“开”位置。 “预热”，启动辅助装置通电，使寒冷条件容易启动。
灯开关	灯开关 开灯 关灯 转向灯开关 自动脱粒深度	将钥匙开关扳到“开”的位置，将开关往左旋，所有的作业灯同时点亮。

（续）

开关名称	图　形	功　用
喇叭开关	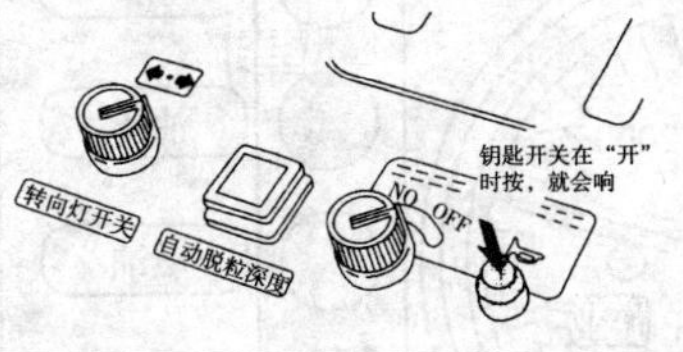	将钥匙开关扳到“开”的位置，按喇叭按钮，喇叭就会响。
转向灯开关	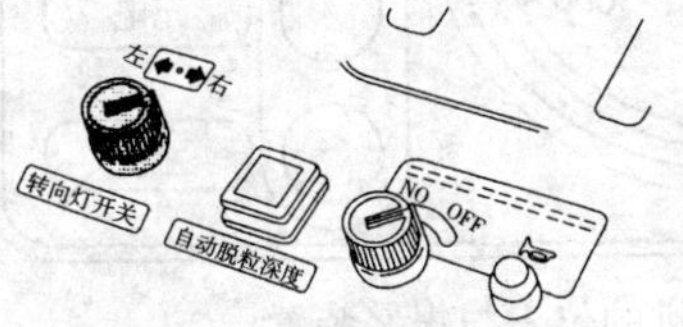	向右打开时，右侧转向灯工作；向左打开时，左侧转向灯工作。
脱粒深度自动开关	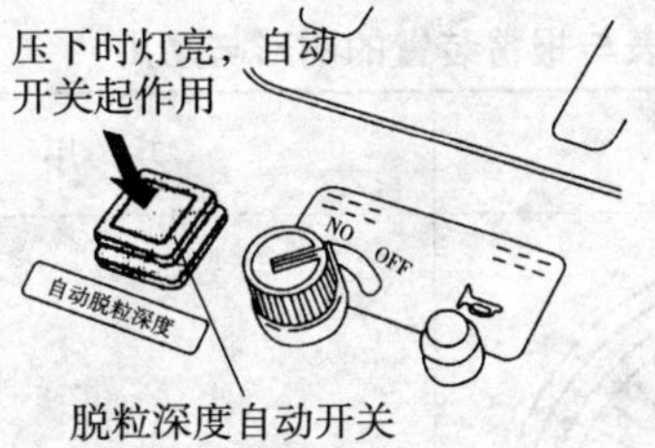	在自动控制脱粒深度时使用，将脱粒离台器手柄割取离合器手柄扳到“开”的位置，按脱粒深度自动开关，灯就亮，自动控制脱粒深度。
脱粒深度手动开关	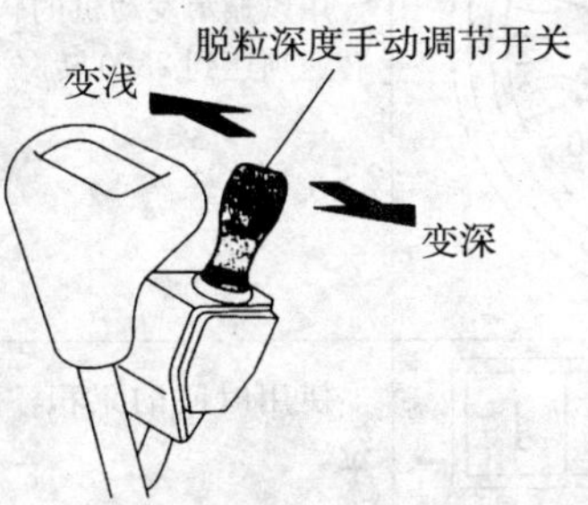	脱粒深度手动调节开关在调节脱粒深度时使用。将开关往左扳，脱粒深度就变浅。往右扳，脱粒深度就变深。 自动脱粒深度开关与手动调节脱粒深度开关同时作用，手动调节脱粒深度开关优先起作用。

3. 仪表与报警装置的识别

水稻收割机的仪表主要有转速器和计时器，报警装置主要有水温报警、机油压力报警、充电报警、燃油报警、二次搅龙阻塞报警、排草报警、辅助输送报警、纵输送汇流部报警。

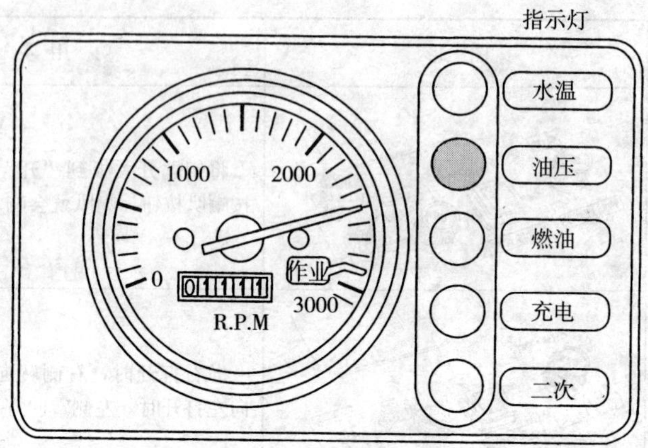

水稻收割机的仪表与报警装置

水稻收割机的仪表与报警装置的图形与功用

名称	图 形	功 用
发动机转速表	1000 2000 0 3000 R.P.M 作业 000000	用以显示发动机的转速，作业时转速须达到 2800 转/分。
计时器	0 1 1 1 1	使用时间的累积，以小时为单位。
水温报警	水温	灯亮且蜂鸣器响表示发动机冷却水温度过高，需停机检修或添加冷却水。
油压报警	油压	灯亮表示发动机机油压力过低或油量不足，需停机检修或添加机油。

（续）

名称	图　形	功　用
充电报警	充电	灯亮表示充电系统有故障，不能充电，需停机检查充电系统。
燃油报警	燃油	灯亮表示燃油不足，只剩下 12 升，需添加。
二次报警	二次	灯亮且蜂鸣器响，表示二次搅龙阻塞，即低于规定转速，需停机检查排除。
排草报警	—	蜂鸣器响，表示排草装置阻塞，需停机检查。
辅助输送报警	—	蜂鸣器响，表示辅助输送装置阻塞，需停机检查。
纵输送汇流部报警	—	蜂鸣器响，表示纵输送汇流部发生阻塞，需停机检查排除。

二、道路驾驶

1. 发动机的启动

（1）常温冷车启动

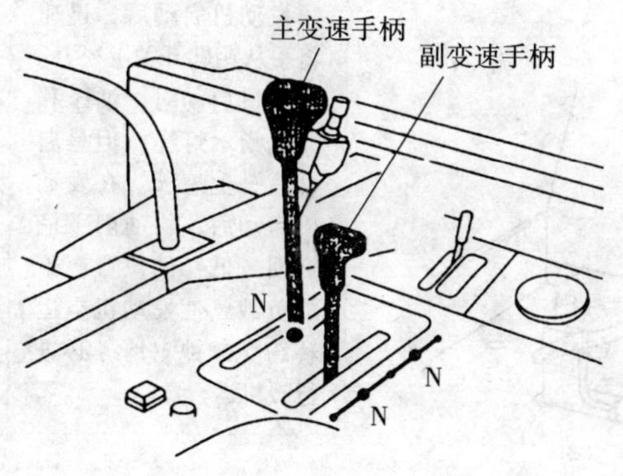

主变速手柄和脱变速手柄扳到"N"位置。

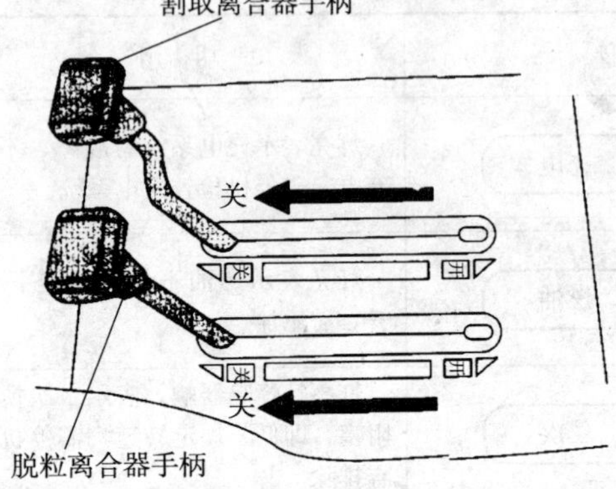

脱粒离合器手柄和割取离合器手柄扳到“关”位置。“开”的位置的话，发动机就无法启动。

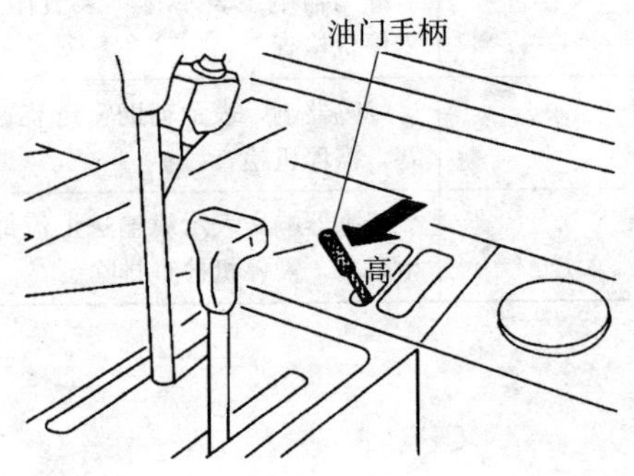

油门手柄拉到“高”的位置。

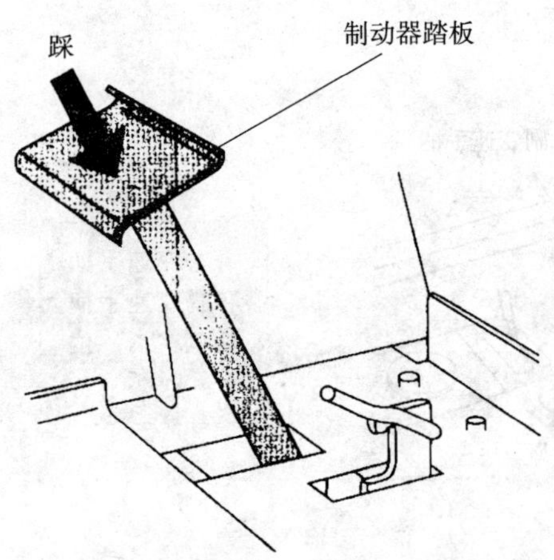

发动机启动后，迅速将手从钥匙开关上松开。发动机启动时，油压和充电指示灯亮，但是启动后马上熄灭。在发动机启动后，将油门手柄扳回“低”的位置，不加负载，使发动机空运转约 5 分钟（请务必进行暖机运行）。

发动机启动时消耗大电流，所以绝对不要连续使用 10 秒钟以上（在 10 秒钟内不能启动时，将开关关上，等 1 分钟以上，再进行启动操作）。在发动机运转中，绝对不要将钥匙开关转到“启动”的位置。这样会损坏水稻收割机。

（2）低温冷车启动

当气温低于 5℃时，应进行预热启动发动机。

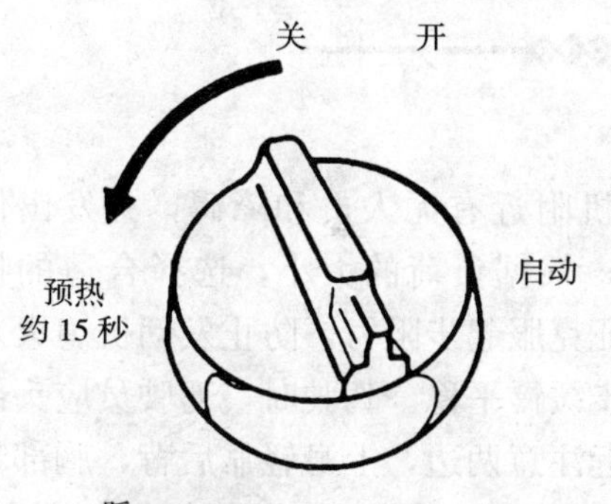

发动机启动后，迅速将手从钥匙开关上松开。发动机启动时，油压和充电指示灯亮，但是启动后马上熄灭。在发动机启动后，将油门手柄扳回“低”的位置，不加负载，使发动机空运转约 5 分钟（请务必进行暖机运行）。

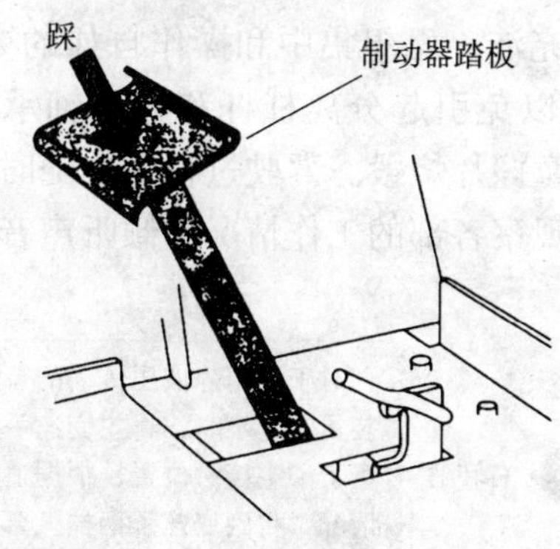

预热后迅速将制动器踏板踩到底，将钥匙开关转到“启动”的位置。

预热时消耗大电流，所以绝对不要连续使用 20 秒钟以上。在

20 秒钟内的预热不能启动发动机时，将开关转到“关”的位置，等 1 分钟以上，再重复预热。

将启动开关先拧到“预热”位置 15～20 秒，然后再将启动开关扳回至“启动”位置（带减压的柴油机可先减压然后再将启动开关扳至“启动”位置），发动机即可启动。

启动过程中发动机的磨损量较大，为减小磨损，对长期停放的水稻收割机启动前最好先转动曲轴数十转，以使润滑油即时流到润滑表面。另外，启动时油门不宜过大，以免空转转速过高，加剧磨损。发动机启动后应使发动机低速空转数分钟，待油压显示正常，水温升高（50℃左右）后，水稻收割机方可起步。

2. 起步

起步前，先检查水稻收割机附近有无人员和障碍，并发出信号。起步时，切断离合器动力，根据负荷的大小，选择合适的挡位，控制好发动机的油门（保证克服起步阻力，防止发动机熄火），然后柔和地接台离合器，使起步缓慢平稳。驾驶时，驾驶员应头部端正，两眼向前平视，看远顾近注意两边，上身轻靠后背，胸部略挺，两膝分开，始终保持精力充沛、思想集中和操作自如的姿态。不应把脚搁在离合器踏板上，以免引起分离杠杆和分离轴承的磨损，甚至引起离合器的打滑或摩擦片烧毁。驾驶过程中应随时注意各仪表的读数是否正常，仔细观察各部的工作情况和倾听声音。当出现异常时，应立即停车检查。

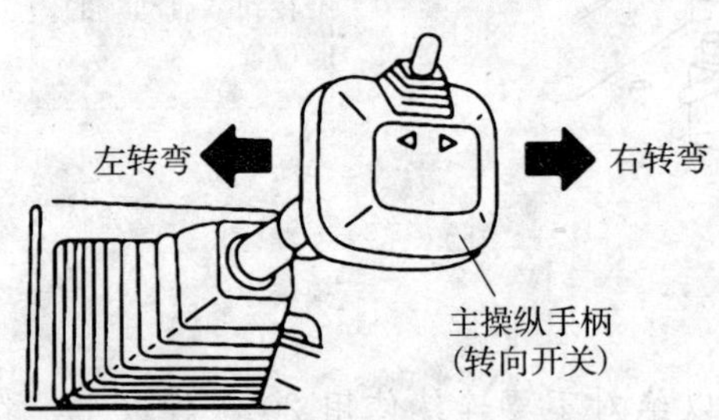

对于采用静液压传动的行走装置，起步时，将主变速手柄置于“空挡”位置，根据道路情况，将副变速手柄挂上合适的挡位，加大发动机的油门，将主变速手柄慢慢向前推动，水稻收割机即可行走。

3. 转向

轮式水稻收割机转向时，转向盘应与车速配合好，要做到及时转及时回，敏捷平衡，灵活自如。转急弯时，须适当降低车速，力求和缓地转弯，并照顾到水稻收割机后部的回转，严禁高速急转弯，以免发生翻车事故。在地面松软，转小弯较困难时，可在低速下利用单边制动来帮助转向（注意：水稻收割机在正常路面行驶时，切不可单边制动）。在视线不良的弯道行驶时，应做到减速、鸣号、靠右行。

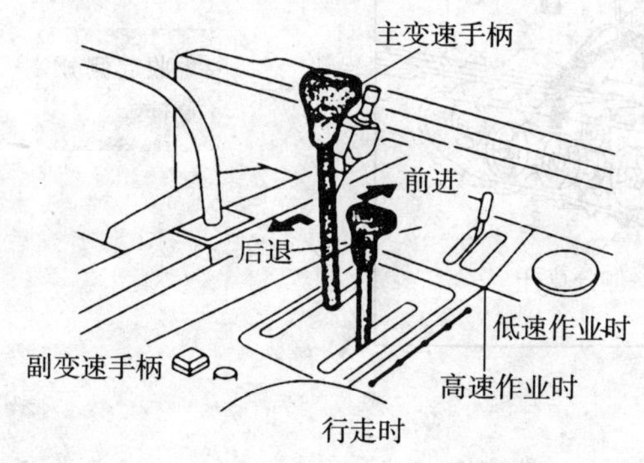

履带式水稻收割机转向时，只要扳动转向手柄，切断履带驱动轮一边的动力，即可实现合收割机的转向。

从“前进”转换为“后退”，或者从“后退”转换为“前进”，都必须在水稻收割机完全停下来以后进行，否则会造成水稻收割机的损坏。

（1）将主操纵手柄或转向微调开关打向转向的一侧，机体向该方向转向。主操纵手柄操作时，倾斜角度不同，转向力与角度也不同。若将主操作手柄急速打到底的话，水稻收割机会急速转向，造成翻车、人员坠车等危险。

（2）严禁急转弯，否则将造成履带的损伤。

（3）当水稻收割机超过跳板或卡车的接缝时，重心会突然发生变化，请注意安全。

4. 行驶

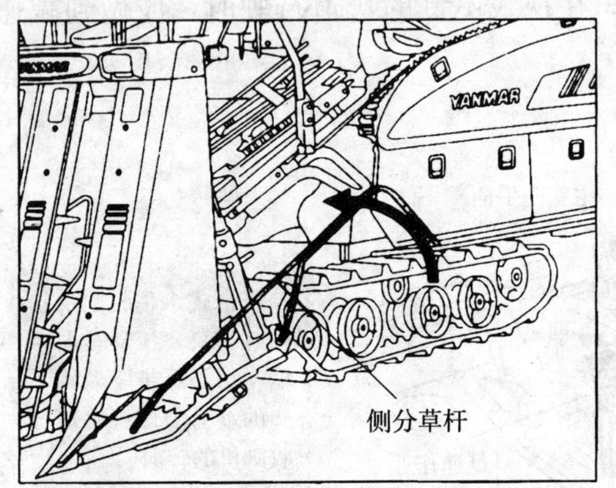

收起侧分草杆。

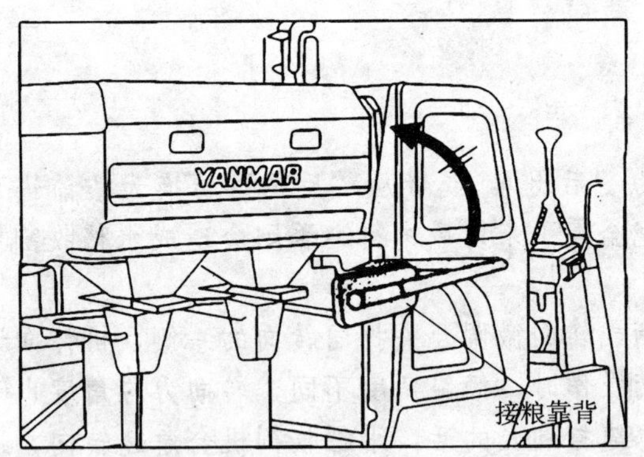

将接粮靠背向上面折起来，收好。

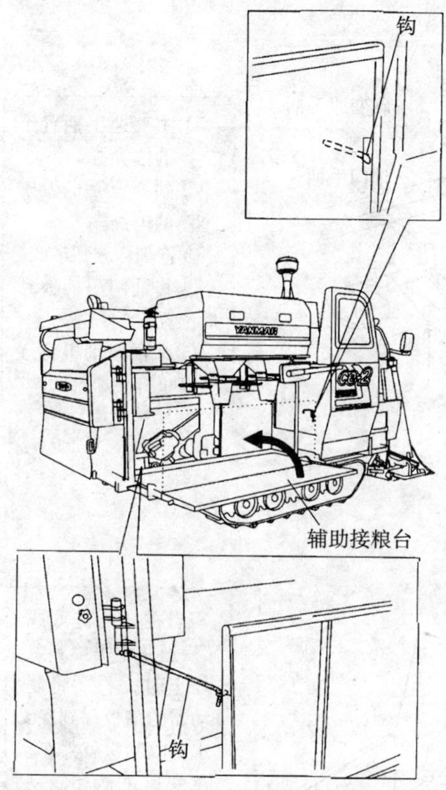

将辅助接粮台收起来，请用前后的钩子固定辅助收粮台。

将脱粒离合器手柄和割取器手柄扳到“关”的位置。

将发动机的转速提高到2800转/分。

提升割台。

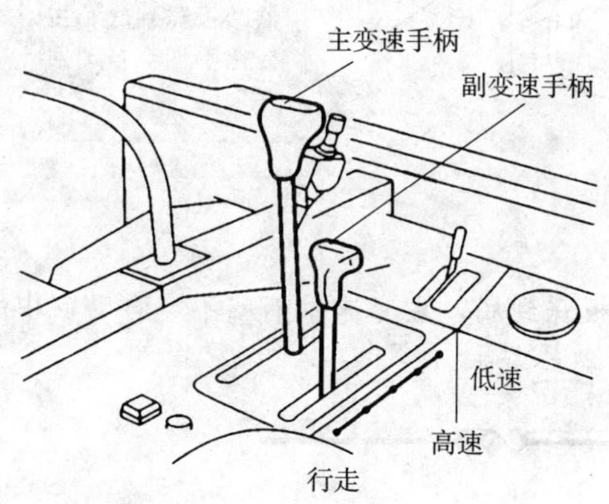

将主变速手柄扳到“N”的位置，将副变速手柄扳到合适的位置。

在起步前，注意前后左右，将主变速手柄慢慢前推，渐渐提高速度。

5. 停车

(1) 常规停车

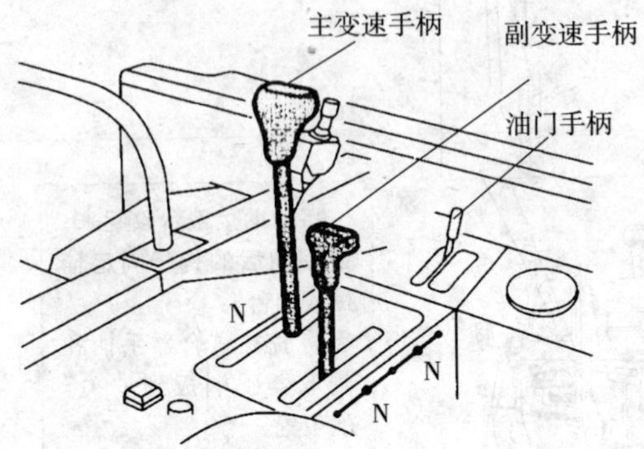

①主变速手柄置于"N"的位置。

②副变速手柄置于"N"的位置。

③将割台放到最低。

④将油门手柄扳到低位置。

⑤水稻收割机将逐渐停止行驶。

(2) 紧急停车

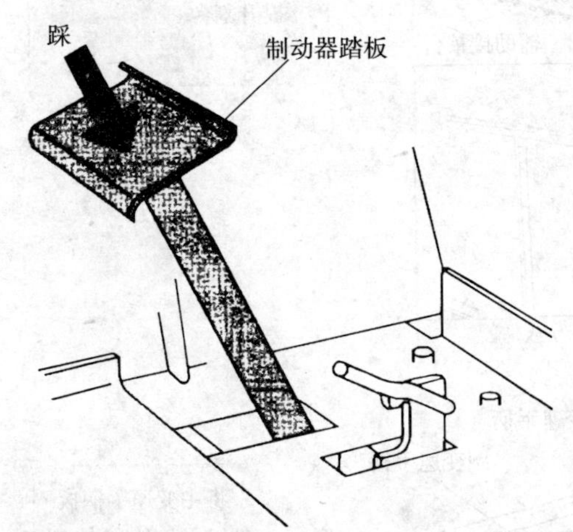

当在"前进"或"后退"中需要紧急停车时，只要将制动器的踏板踩到底，水稻收割机就停车。主变速手柄和制动器踏板联动，制动器踏板踩到底，主变速手柄会自动回"N"位置。

专家提示

如果不把制动器的踏板踩到底，主变速手柄就不会自动回中立"N"位置，水稻收割机会继续行走。

6. 熄灯

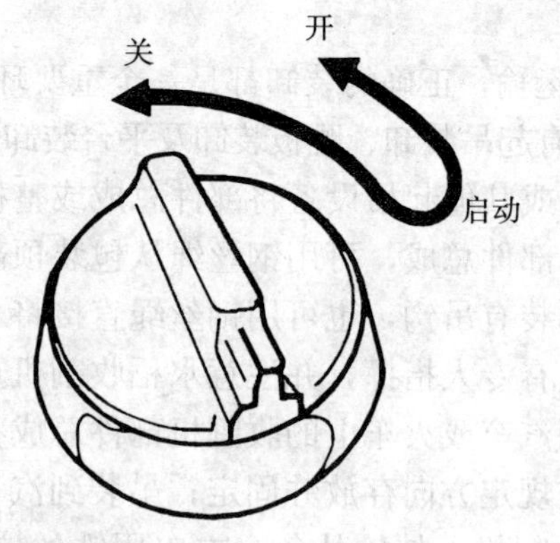

当水稻收割机停车后，将钥匙开关转到“关”的位置，发动机就立即熄火。

7. 驻车

当离开水稻收割机时，应驻车，即将踏板锁止手柄踩下。

8. 装车运输

为适应跨区作业的需要，履带式水稻收割机往往需要装车运输。正确、安全地完成水稻收割机装车运输是驾驶员的一项基本技能。

（1）装车运输的种类

装车运输的种类有汽车运输和火车运输两种。汽车运输是目前最主要的运输方式，其特点是机动灵活、迅速，便于直接运送，可以深入农村、山区。火车运输则有货运量大，速度快，不受气候和季节影响，适用于远程运输。

（2）装车方式

无论是汽车运输还是火车运输，正确的装卸都是一个重要环节。水稻收割机装卸车的方式一般有起吊装卸、跳板装卸及平台装卸等。

①起吊装车：是指用吊车或其他起吊设备将部件总成或整机吊起运送到车辆上。经过包装的部件总成，可用钢丝绳从包装顶部直接吊起，部分水稻收割机顶部装有吊钩，也可用钢丝绳直接将水稻收割机整机吊起；吊装时，应有专人指挥，并注意水稻收割机重心的变化，要防止倾斜；吊装到汽车或火车上的收割机部件总成存放不能倾斜、横放、倒置，应按规定方向存放并固定；吊装到汽车或火车上的收割机整机，应将收割机上挂钩从各个方向用铁丝拉紧，以免在运输过程中撞坏。

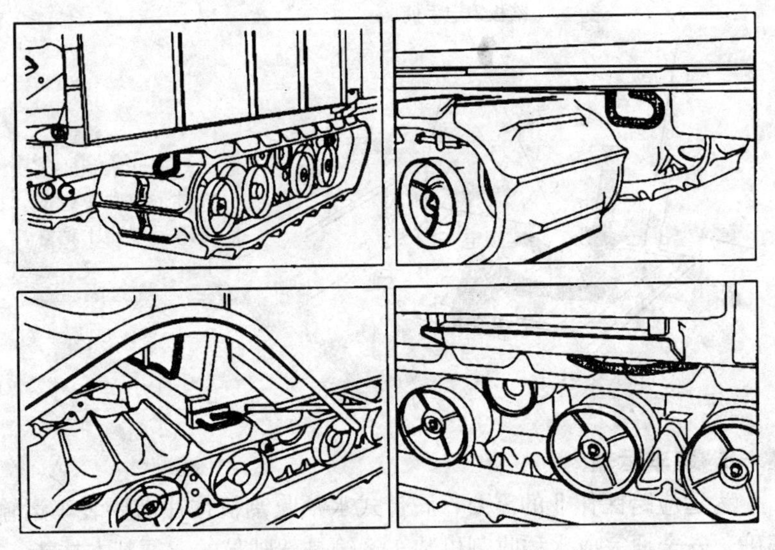

（1）用牢固的绳子将水稻收割机的挂钩与车厢固定好，锁定水

稻收割机的制动器的踏板。否则，卡车突然刹车或转弯时，水稻收割机会滑动，甚至侧翻，造成意想不到的伤害事故。

（2）水稻收割机与卡车固定好后，请确认各面板固定可靠，并拿下驾驶台踏板，防止运输时意外脱落。

②跳板装车：跳板装车是指利用跳板将水稻收割机从地面开到运输车辆上，该方法不需起吊设备，只需制作两块符合标准的跳板，装车不受地点的限制。装车时，选择一块周围没有危险的平坦场地。将装卸用卡车的驻车制动器刹住，用车轮卡块将轮子卡死；按水稻收割机的履带间距将跳板放稳、挂牢；装车时一人负责指挥，一人用低速挡将收割机慢慢从跳板上开至运输车辆上。在装卸车时要注意履带式水稻收割机在跳板上只能直线行驶，不允许变方向，原则上，装车时前进，卸车时后退。装好后应锁定水稻收割机制动踏板，并将水稻收割机固定好。

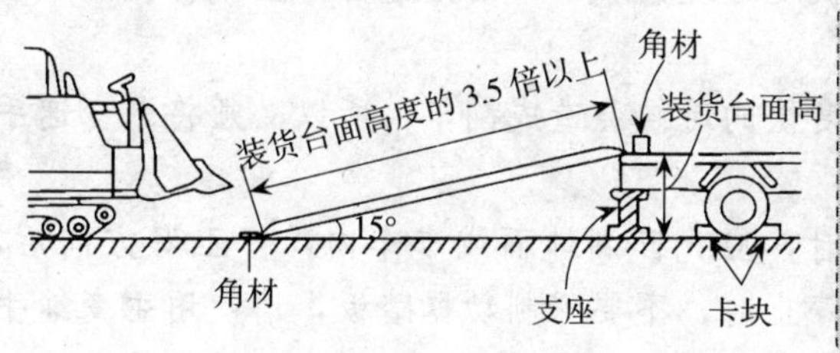

卡车拉上停车制动器，用卡块将车轮卡住，跳板的长度应用车厢高度的3.5倍，跳板的两端放入角材。

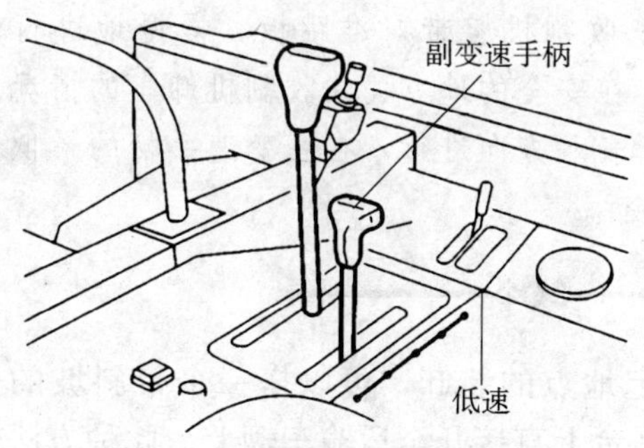

水稻收割机的操作与道路行走一样。

将副变速手柄扳到“低速”位置。

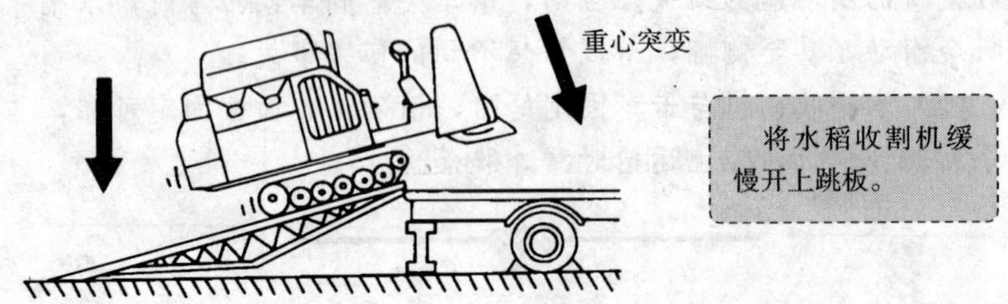

(1) 在跳板上绝对不能改变移动方向。如果改变移动方向，履带可能超越跳板，造成翻车。

(2) 请选择附近没有危险物、平坦、平衡的地方进行装卸。

(3) 跳板的钩子必须确实钩住，不要使装货台面之间产生高度差。

(4) 为防止意外，水稻收割机的正前方和正后方请不要站人。

(5) 当水稻收割机超过跳板和卡车的接缝时，重心会突然发生变化，请注意安全。

(6) 特别是在速度快的时候会造成翻车，所以必须将副变速手柄放在“低速”挡。

(7) 在改变方向时，应先回到地面或卡车内，修正好方向后，再重新装。在跳板上停止时，不要踩制动器踏板，请使用主变速手柄操作。

(8) 卸机时，一定要把收割机履带对准跳板，慢慢地进行卸车。人不要坐在收割机上，在安全的地方关注收割机卸车的情况。

(9) 装卸车按照下表所表示方向进行，在主变速手柄的最低速度（“N”～“1”）慢慢进行。

③平台装车：对于固定地点的装卸，可以搭一个带斜坡的平台，将水稻收割机从斜坡平台上直接开至运输车辆上。此种方法较

跳板装卸更加安全方便，但装卸地点受到平台地点的限制。

三、田间作业

为了使水稻收割机能安全有效地进行作业，提高生产效率，在水稻收割机下田作业之前，应勘察田块的条件和作物的状态是否适应水稻收割机收割，并对收获作业进行合理的组织。

1. 作业前的准备

（1）制定作业计划

收获作业的季节性很强，对某一地区来说，收获期一般都较短。为了完成收获作业，取得良好的技术经济效益，一定要按照农业生产的要求和自然条件，合理地组织生产，制订收获作业计划，做到心中有数。作业计划的内容主要是明确水稻收割机担负的收割面积、每块田的作业日期、预计每天的作业量、完成全部收割任务的日期、作业质量要求和地块转移路线等。

掌握适宜的收割日期对收获效率和作业质量十分重要。收割过早，籽粒发软，茎秆潮湿发青，不仅会使故障多，效率低，损失大，破碎率高，而且收获的粮食品质差，千粒重减小，影响收成；收割过迟，穗头下垂，茎秆倒伏，籽粒易脱落，使收获困难，损失增大。由于水稻收割机一次完成收割与脱粒，不能利用作物的后熟作用，因此收割时间一般要比人工收割要晚一些。对于小麦，在蜡熟期的末期和完熟期初期收割最合适；对于水稻，一般在黄熟期和完熟期初期收割最合适。当然，每块田的具体收割日期还应考虑天气因素、劳力安排、地块转移等因素。

（2）驾驶员技术准备

半喂入水稻收割机虽然作业性能优良，但它对驾驶员与作业环境的技术要求相对较高。驾驶员必须经过生产厂家、经销商或农机管理部门的正规技术及操作培训，通过系统的理论学习和实际操作，提高收割技术和排除故障的能力。使用前一定要详细阅读产品说明书，严格按照操作规程及机械的设计要求来进行收割，提高收割质量。

（3）道路准备

为使水稻收割机安全顺利地进行作业和转移地块，在正式作业前，应对水稻收割机行走的道路进行查看。查看道路宽度能否通过，在道路中间和路旁有无影响水稻收割机行走的障碍物、凹坑、树枝等，若有，应清除、填平。确实不能清理的障碍物要做出明显的标志，提醒驾驶员注意。在选择水稻收割机行走的道路时，应尽量避开狭窄、坡陡的路段。

（4）田块准备

田块准备的目的是为水稻收割机入区作业和正常收割打下基础，使水稻收割机能高效、优质、安全、低耗进行工作。田块准备的主要内容是填平影响收割机行走作业的田埂、沟渠、洞穴、凹坑，清除田间的土堆、树桩、石块、竹杆等。对难以清理的障碍，应做出明显的标志。除此之外，还应了解和查看田块的大小、形状，作物的品种、高矮、成熟日期、单位面积产量和倒伏程度，土壤潮湿程度或泥脚深度。为方便水稻收割机下地、转弯、卸粮，如田埂较高，应用人工或水稻收割机将田头、四角、田埂边、卸粮道等处的作物收割，以减少水稻收割机作业时的空行程。

①作物高度：

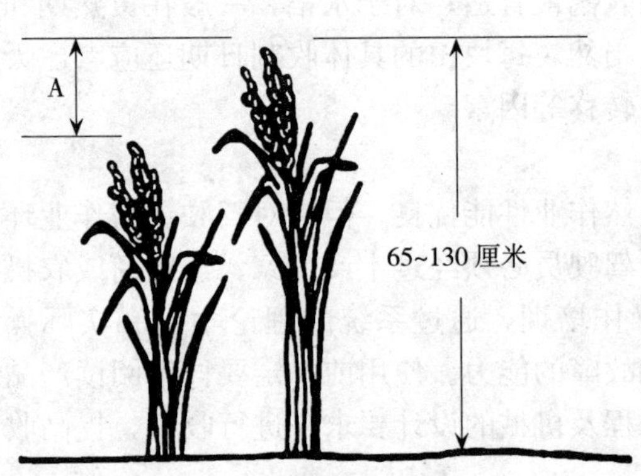

适合的作物高度为65～130厘米。

作物高度超过130厘米时：割茬尽可能留的高一些。

作物高度小于65厘米时：将分禾器前端尽可能放低，并快速地收割，脱粒深度打到最深也会出现脱粒不干净现象。

作物穗幅差A应小于25厘米，否则会出现脱粒不干净现象。

②谷物含水率：作物的干燥状况不良，清选会恶化，清在充分干燥后收割。雨后作物未干燥或露水大时，不能收割。正常谷粒含水率 15%～26%。

③作物病虫害：作物有病虫害时，脱粒清选较困难，如脱粒时滚筒室有异声，请降低收割速度。

④水稻收割期：

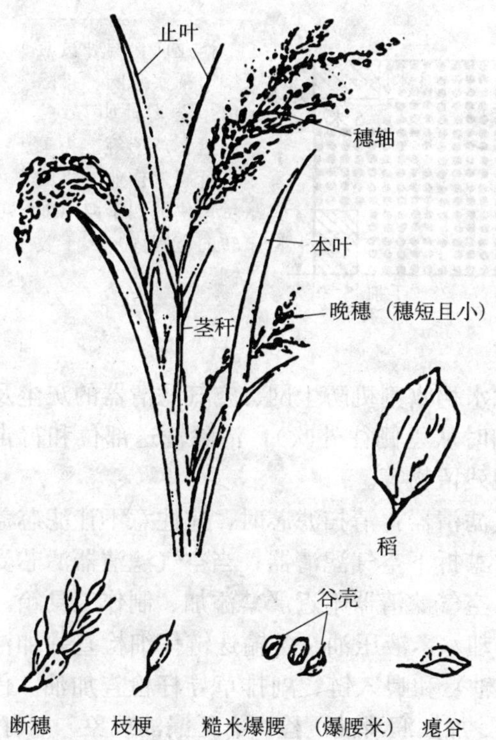

几乎所有的稻粒都变黄，穗轴的一半以上变黄。用联台收割机收割时，立稻状态下，止叶、本叶、茎秆变黄。水分少时，脱粒机的功率损失和谷粒损失较少。

过早收割，青米、枝梗多，收成减少，收割时易引起夹带损失。过迟，出现倒伏、发芽、断穗，收获时爆腰米增多，损失增加。

⑤泥脚深度：

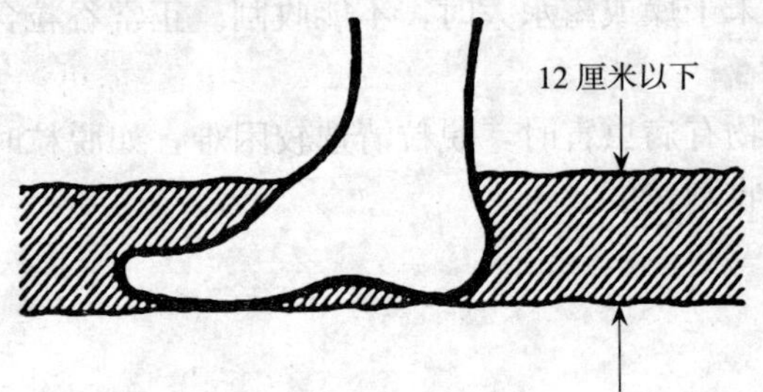

泥脚深度小于 12 厘米时，即使上限没过脚背的田块，都可有效作业，但不要在上次形成的履带印迹上通过。

⑥人工辅割：

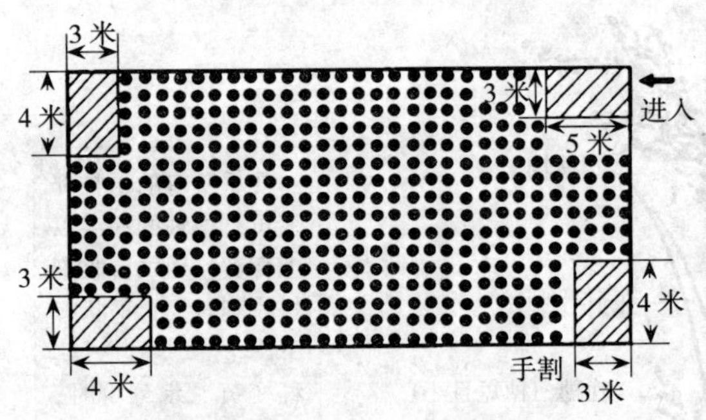

作业前，驾驶员应绕田视察几圈，排除田中杂物，如石块、钢盘、芦苇等。为了进行高效作业，将图示田块的四个角（能转向范围内）人工收割。

（5）水稻收割机准备

清洁整机：包括清除水稻收割机防尘网、空气滤清器的灰尘及杂草，清扫散热器（清扫时从里侧往外吹），清除输送部位和行走部位的泥土、杂草及其他残留物等。

每日需多次清扫空气滤清器：清扫滤芯时，应注意不让滤芯盖金属部分变形；下雨时严禁拆下空气滤清器；当空气滤清器滤芯受潮时，严禁运转发动机；空气滤清器附近严禁添加、制作工具箱。

检查发动机机油、冷却水、液压油：各输送链仔细检查并加注润滑油；对压草板弹簧（轴）和喂入链、副排草导杆检查加油。仔细检查所有的轴承、齿轮，加注润滑油。检查有无漏油现象，如有，必须查明原因并进行修理。漏油状态下，严禁使用水稻收割机。

按说明书对收割机进行全面检查：确认各调节部位，检查各紧固件是否松动，各零部件是否变形或磨损。如发现异常，应立即修理，修理好后才能开始作业。

①行走机构：仔细检查变速箱的各齿轮、传动轴、轴承等磨损情况。特别应注意转向齿轮与转向轴的配合间隙，早期的磨损可通过观察离合器壳体上是否有摩擦片的磨擦印痕判断间隙是否过大，磨擦严重的应及时更换转向齿轮，以免引起转向离合器壳破裂。对于变速箱上的各骨架油封、变速箱纸垫要做到每次拆装每次更换，确保密封有效，不出现渗漏现象，使变速箱能以良好的工作状态投入到收割作业中。

由于支重轮轴承负荷大、易损坏，且一旦损坏很快就会伤及支架上的轴套，修理比较麻烦，因此要认真检查支重轮，张紧轮及各轴承组的磨损情况，如有异常，不管是否达到使用期限都要及时更换。另外，需要特别注意驱动轮的磨损情况，因为驱动轮的磨损过大会直接导致履带的损坏。

检查履带的张紧度以及有否损伤。橡胶履带使用更换期限按规定是 800 小时，但由于履带价格较高，一般都是坏了才更换，平时使用中应多注意防护。履带太紧，水稻收割机功率损失大，履带磨损加剧，履带节距拉大，易引起带体龟裂，影响履带的使用寿命；履带太松，水稻收割机行走时会发生跳齿现象，且易脱轨，既影响转向，又影响正常行驶。

履带的更换方法：用千斤顶顶起水稻收割机机架，松开履带张紧装置，将履带套进由驱动轮、支重轮、平衡轮、托带轮、导向轮等组成的行走机构中，然后张紧履带。张紧履带时一定要掌握好履带的松紧程度。

履带张紧度的标准：水稻收割机用千斤顶顶起时，调节为10～15 毫米，即要达到第三支重轮与履带之间的垂直距离为 10～15 毫米。

检查底盘机架是否焊接良好。

②割台装置：注意检查分禾器有无变形，调整分禾器位置。左右两端的分禾器尖应与割刀最外边的定刀尖对齐，使左右两端分禾器尖的距离等于割幅，中间的一个分禾器尖应正对水稻收割机前

方，并且保持左、右分禾器高度一致。这样，可以从两个方面提高脱粒质量：一是避免了分禾器两端附近的作物因斜割而长度变短，致使被送去的脱粒作物长短不一，从而使作物的穗部无法取齐而脱粒不净：二是避免了因喂入量过大而导致割台输送堵塞、脱粒不净、滚筒堵塞、夹带损失过大等一系列的问题。

检查扶禾器是否安装牢靠、链节磨损是否超限、扶禾指是否磨损过大需要更换等。可以通过张紧弹簧调整链条张紧度。若需更换、重新安装扶禾链，在安装时须先装中间，再装两头，并使每根的链节头处在基本相同位置，拨指等距离错开，再保持链节头在同一位置高度装上两边的链条，且使拨指与中间链条拨指错开 15 厘米左右。安装完成以后，应使扶禾链上下链轮在同一回转平面上，扶禾指能在其轨道的规定位置处伸缩。

检查拨禾星轮轮齿是否完好，方向是否正确，拨禾星轮啮合位置是否正确，与上、下防缠罩的间隙是否合适，转动是否灵活；压禾弹簧位置正确，固定可靠。

注意检查割刀曲柄和曲柄滚轮，磨损太大时会因割刀行程改变而受冲击，影响切割质量，应及时更换。

认真检查割刀：检查切割器动刀杆头连接螺栓是否松动、割刀间隙是否符合规定要求。如果动、定刀片间隙过太，则水稻收割机作业时会割不断稻秆，割刀会将稻秆连根拔起致使堵刀。动刀片与定刀片的间隙一般为 0.1～0.4 毫米。调整后的间隙也不能过小，用手应可推动刀杆，动力杆应滑移平顺，无卡滞现象。检查割刀刀片是否缺损，如果缺损严重或产生上翘变形应及时更换，以免其切割的作物比正常切割的作物长度短，而使被送去的脱粒作物长短不一，从而使作物的穗部无法取齐而导致脱粒不净，也避免因输送紊乱而造成的堵塞。

检查各夹持输送链条、导轨：检查、调整链条张紧度，对导轨的过度磨损进行必要的修复，以保持必要的夹持力，避免卡草现象。若链条张紧不够或导轨的磨损导致两者间隙过大，引起夹持力不够，作物在输送中不能与链条保持垂直而发生倾斜，使作物穗部倾斜，作物穗部就会倾斜进入脱粒室，造成脱粒不净。

检查其他各部件的间隙是否符合规定要求、紧固情况是否良好。

检查割台升降是否正常。

③中间输送装置：注意检查夹持链条的张紧度，保证各零件完好、各部件配合良好，转动平稳、不打滑。

④脱粒清选装置：仔细检查各联接件的螺钉、螺母是否松动，如有松动，须拧紧。

检查脱粒滚筒的各类滚筒齿、凹板筛阿钢丝、滚筒壁有否磨损或断裂。如有磨损，则仔细查看磨损的程度，当磨损到极限尺寸时应及时更换，保证正常的脱粒间隙。以免脱粒间隙过大，导致漏脱，使得脱粒效果下降；如果脱粒弓具有弯曲，则应予以修正；如有断裂，必须拆换。

检查凹板筛网压条及喂入链台上压条的磨损情况，以保迁脱粒弓齿与压条的重叠量（一般约 10 毫米），使作物经喂入链夹持输送通过压条时，能使作物上抬碰上脱粒弓齿，以避免漏脱而造成脱粒不净。

检查切禾刀锋利程度，必要时进行修复或更换。因为当切禾刀磨损时会导致进入滚筒内的长茎秆不能被及时切断，出现滚筒缠草现象，引起滚筒工作负荷过大而不能正常脱粒。

在拆卸检查谷粒竖直输送螺旋杆和二次筛选输送螺旋杆时，如发现磨损太大则要更换，有条件的可堆焊修复后再用。

⑤操纵控制系统：半喂入水稻收割机一般都采用机电液一体化技术，所以电气、液压系统的工作正常是保证变速箱正常工作的前提条件。

仔细检查电路接线是否牢固、电量是否充足、电气元件是否能正常工作，如有故障应及时排除或更换。感应器部件如有被秸秆杂草缠堵的应予清除。

检查各操纵装置的功能是否正常，如离合器、制动踏板自由行程是否适当，仪表板各指示灯、转速表的指示是否正常等。将主变速操纵杆置于空挡位置，各工作离合器置于分离位置，手油门处于中间位置。

仔细检查油路系统，给整机各运行部件注油，添加好柴油机油、液压油、润滑油、水等。检查转向和割台升降是否灵活，行走无级变速是否可靠。

水稻收割机在作业过程中，液压转向系统一旦出现故障，不仅机车行驶安全得不到保障，还会严重影响作业效率。因此，不得随意拆卸液压转向器，若必须拆卸时，一定要注意清洁，千万不要划伤结合表面。在拆卸时，先将人力转向单向阀的钢球取出，然后再取出阀套和阀芯，以免钢球掉入进油孔与阀套环槽之间，卡坏阀套的表面。装配时，切勿使污物进入阀内，并且在零件表面上涂以干净的新机油，装配阀套和阀芯时要平衡对正，不要相互碰撞，以免损坏零件。

在安装联动器时，要注意联动器与转子的正确装配关系，即联动器外花键上的记号对准转子内花键上的记号，没有记号时，应使联动器上端的拨销槽中心线对正转子的齿凹中心线，防止联动器与转子之间相互装错，致使配油阀不能按转子泵的吸排油规律来实现泵油。

液压系统在装配和维护保养时应注意保持清洁度，油箱、管道等部件应定期清洗，严格控制灰尘污染。正确选用液压油，严禁混入机油等其他油脂。系统中注意空气的排放，空气是引起液压震动的主要因素。排除空气的方法：可在油缸的接头处将螺纹松退1～3圈，启动发动机，使液压泵工作，观察液压泵出油口处溢出的油，若没有气泡，就将螺母拧紧，然后操纵升降手柄使割台升降，当割台升降到最高和最低两极限位置，油缸进油口螺母处溢出的液压油均没有气泡时，将螺母拧紧。

检查液压控制元件是否能正常工作，如有故障应及时排除或更换。注意检查液压、驱动皮带、液压油管的磨损及老化程度，必要时及时更换，以防水稻收割机出现行走无力甚至无法移动的现象而妨碍收割作业。

⑥传动系统：检查离合器是否在标准技术状态（即接台动力后不打滑，传递动力可靠，分离动力彻底，换挡轻便，无打齿现象）。

检查各传动皮带轮、传动链轮、张紧轮有否松动或损伤，运动是否灵活可靠，着重检查转速高的链轮、带轮。

检查皮带和链条的张紧度是否合适，要能确保动力可靠、有效地传递。机具作业时，传动带、链条过松是不对的，但过紧也是错误的。

因为皮带是靠摩擦力传动的，不可避免地存在皮带与皮带轮之间相对滑动，造成滑转、损失功率，这也是一种过载保护措施。皮带越松，滑转越多，功率损失越大；皮带张紧度越大，滑转越小，功率损失就越小。但张紧度过大又会使传动轴受径向力加大，从而加剧皮带磨损，降低使用寿命，严重时还会使传动皮带弯曲、断裂。确定皮带张紧度的方法是：手指在皮带中部用力压下，其挠度为 10～20 毫米为宜，随两传动轴中心距离的增大取较大值。

链条传动不存在滑转，但张紧度过小将造成冲击载荷较大，易断链节；张紧度过大，又会增大对轴和轴承的附加力，易造成轴颈弯曲和链节断开。正确的张紧度应是用力拉动链条中部，应当有 20～30 毫米的挠度。

仔细检查轴有否弯曲变形、轴承间隙是否符合要求、轴与轴承的同定及各轴转动情况，特别注意轴承上的顶丝的坚固情况。割台和脱粒机构有部分轴承组比较难拆装，所以在保养期间应注意检查，有异常的应于以更换，以免作业期间损坏而耽误农时。

（6）水稻收割机试运转

试运转又称磨合。试运转的目的是通过一定的时间，在不同转速和负荷下的运转，使新的或大修过的水稻收割机相对运动的零件表面进行磨合，并进一步对各部分检查，排除可能产生故障和事故的因素，为收获期的正常作业，保证其使用寿命，打下良好的基础。

各种型号的水稻收割机有各自的试运转规程。试运转各阶段时间的长短，各生产厂家的规定也彼此相差颇大。

但就试运转的步骤而言，大致是相同的，一般分为四个阶段进行，即发动机空运转、带机组试运转、行走空载试运转和带负荷试运转。

①发动机空运转：按使用说明书规定顺序启动发动机。启动后，使发动机怠速运转 5～10 分钟，观察发动机运转正常后，使发动机保持在1 000～1 200转/分钟，待水温达到 50℃以上后，再将发动机转速逐步提高到额定转速，进行空运转 10～20 分钟。

发动机空运转时，要仔细倾听有无异响，观察有无漏油、漏水、气现象，检查水温表、机油压力表、机油温度表、电流表等的指示是否正常。如有故障，立即停车排除。

②带机组试运转：用手转动传动皮带轮或脱粒滚筒，使整个工作部件转动。若各工作部件都正常，则启动发动机，在其低速时接合传动离台器，并逐步增大转速至发动机标定转速，在标定转速下运转规定的时间。在运转期间每隔 20～30 分钟停车一次，检查各轴承处发热情况及各部紧固螺钉的紧固情况。若在机组试运转期间发现异常，要及时查明原因，予以排除。

③行走空载试运转：水稻收割机行走空载试运转，应从低速挡开始，然后逐步增加行走速度。在每一挡位行驶时，都定时升降收割台和拨禾轮，操纵离合器、变速杆、转向器和制动器。注意倾听各部位特别是行走装置、变速箱等各传动部位有无异响，查看有无漏油和过热等现象。经过规定时间的运转后，水稻收割机工作若正常，可接着进行带负荷试运转。

④带负荷试运转：带负荷试运转应在地势平坦、作物直立、无杂草的田地进行。带负荷试运转的原则：发动机在最大油门标定转速下进行，水稻收割机的负荷由小到大逐步增加。作业幅宽由半幅开始，行走速度由低速逐步加快，同时逐步加大喂入量，直到额定喂入量。在整个带负荷试运转过程中，应注意观察各部分的工作情况，倾听各部分的声音，查看各传动带（链）的张紧度，检查固定螺栓、螺母的紧固情况，测试各轴承的温度，发现问题及时解决。

试运转结束后，应对水稻收割机进行一次全面技术保养，更换润滑油，清洗滤清器。

2. 正常条件下收割

水稻收割机进入田间作业之前，首先要根据田块条件、道路条件欲水稻收割机的结构特点，选择好进入田块的地点及水稻收割机作业路线，并正确开好割道，然后再选择合适的作业方法进行收割。

（1）进入田块的方法

水稻收割机的结构不同，作业的方向也不同。卸粮台在左侧的水稻收割机，考虑到卸粮的方便，要求沿顺时针方向收割（右转弯作业），即收割时水稻收割机的左侧靠已割区，沿田块的左边开始收割。相反，卸粮台在右边的水稻收割机则要求进行左转弯收割。

水稻收割机进入田块作业，一般从田块的一角进入。对于左转弯作业的水稻收割机，田块的右角进入，沿地块的右边收割；对于右转弯作业的水稻收割机，则从卧块的左角进入，沿地块的左边收割。

少数田块受道路条件的限制，水稻收割机不能从正常地点下田作业，可选择容易下田的地点，先用人工或收割机先割出一块可调头的空地，待水稻收割机进入田块可调头后，再按正常路线进行作业。

（2）开割道

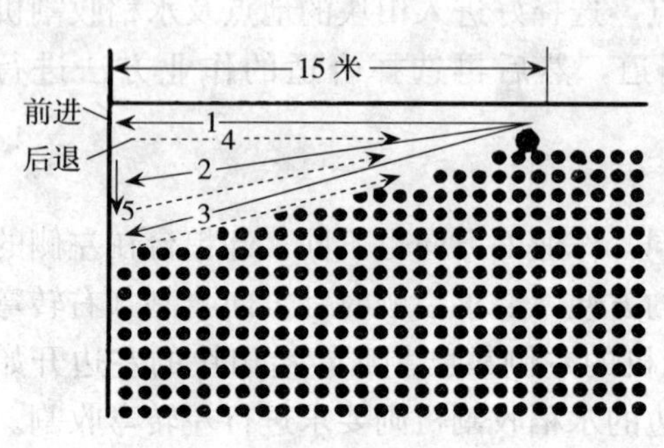

水稻收割机从田块的右角开始，沿着田块的右边割一趟。割到头后，倒退10～15米，然后斜着割出第二趟。按同样方法割第三趟，直至水稻收割机可以转弯为止。用同样方法，把田块的四周及转角处的作物都割掉，然后水稻收割机就可以正常作业了。这种方法不需人工开割道，只需将水稻收割机难于收割到的作物用人工收割。

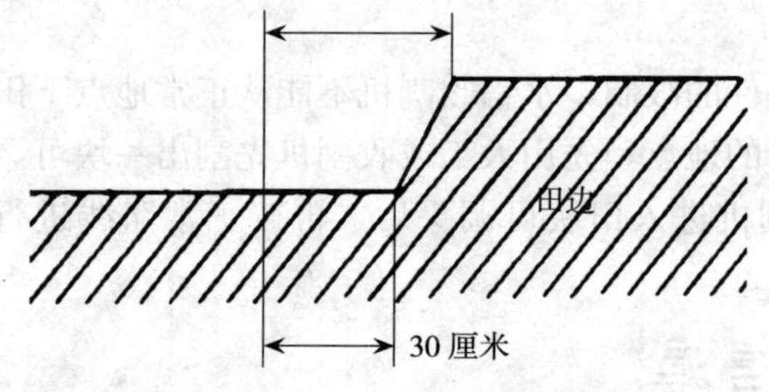

从田边开始30厘米内用人工收割。

要注意的是，斜割过程中，水稻收割机应走直线，切忌边转弯边作业，以避免左侧分禾器刮倒水稻和左侧后轮压倒水稻。规划较整齐的田块，可以把几块田连接起来开出割道，割出割道后再分区收割，这样可以提高收割效率。

开割道时，水稻收割机都是靠近田埂作业，要注意及时提升割台，防止分禾器、切割器等插入田埂，造成机具损坏。操作技术还不熟练的驾驶员开割道时，四周的一圈尽量用切草机将秸秆切碎或将稻草搬到田埂上，否则已割秸秆易被卷入割台，引起堵塞。

(3) 确定割取方向

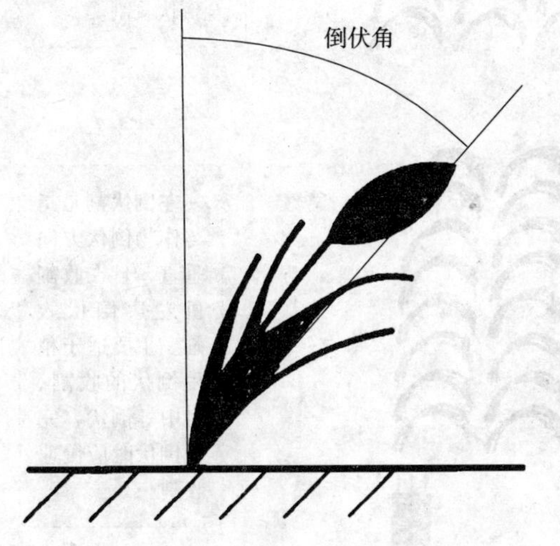

根据作物倒伏角大小来确定割取的方向。倒伏角是指作物倒伏时与竖直方向的夹角。割取方向一般有顺割、逆割、左倒伏割、右倒伏割4种方式。

①顺割：

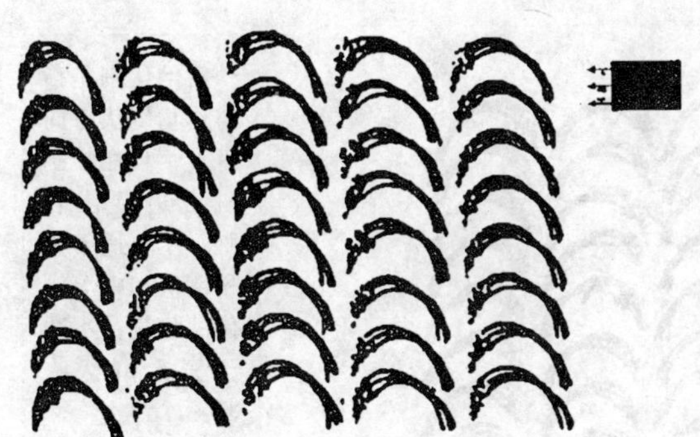

顺割是指与作物倒伏方向一致的割取。主要适于稍稍倒伏作物，也可适于中等倒伏或完全倒伏收割。

②逆割：

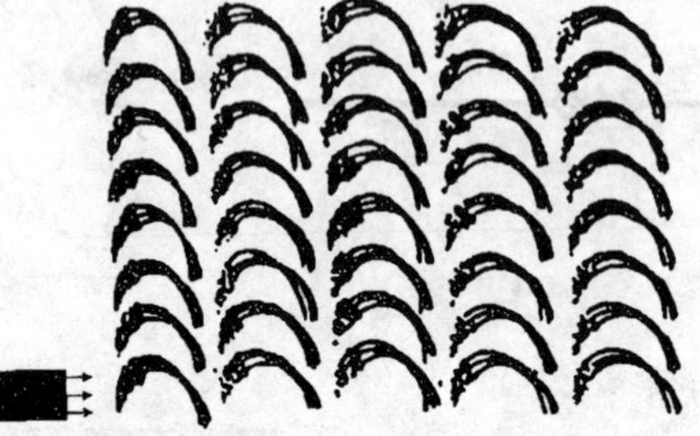

逆割是指与作物倒伏方向相反割取。主要适于稍稍倒伏和中等倒伏作物收割，不适于完全倒伏收割。

③左倒伏割：

左倒伏割是指与作物倒伏方向垂直，且在收割机左边倒伏收割。主要适于稍稍倒伏的收割，对中等倒伏、完全倒伏时应慢速收割。

④右倒伏割：

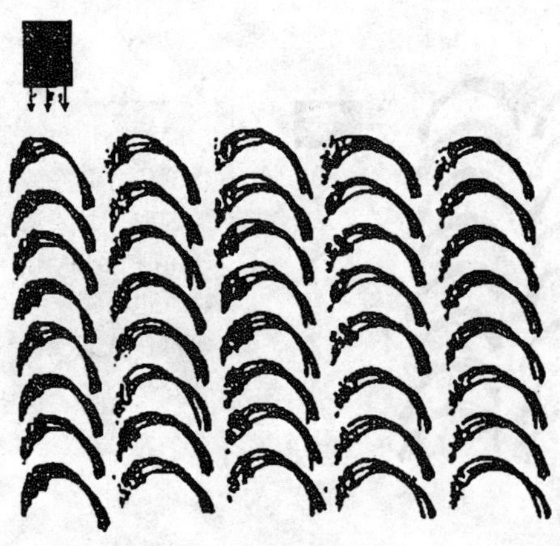

右倒伏割是指与作物倒伏方向垂直，且在收割机右边倒伏收割。主要适于稍稍倒伏和中等倒伏的收割，不适于完全倒伏收割。

倒状作物的割取方向

割取方向 \ 倒的程度	完全倒状	中等倒状	稍微倒状
①顺割	△	○	★
②逆割	×	△	△
③左倒伏割	△	△	○
④右倒伏割	×	△	△

注：★—适合收割　○—注意收割　×—收割困难　△—注意慢慢收割

（4）收割方法

割道开好后，为提高作业效率，应根据田块的大小、作物情况、土壤湿度等选择合适的作业方法。常用的作业方法有四边收割法和两边收割法两种（以左转弯收割为例）。

①四边收割法：

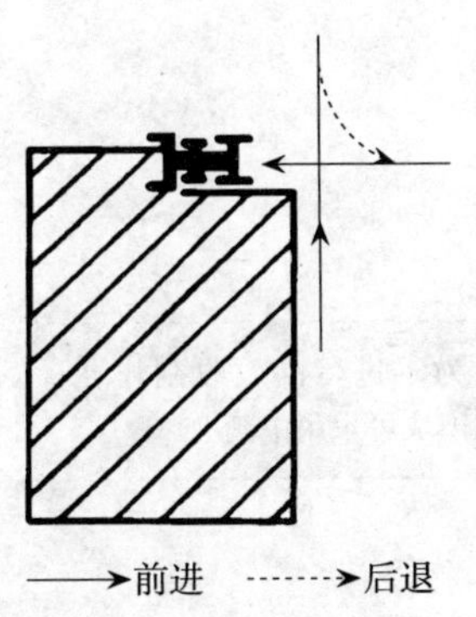

当二趟收割到头后，升起割台，继续前进至后轮或履带将要离开割区时，立即向左约 45 度转弯，待水稻收割机转过一段距离后，再一边倒退一边向左转弯，使水稻收割机转过 90 度。当割台正对割区时，停车，挂上前进挡，放下割台，再继续收割。这样一圈接一圈地收割，直至作物收完。对于长度和宽度相差不多的田块，用这种作业方法收割，生产的效率较高，水稻收割机空行程少。

②两边收割法：

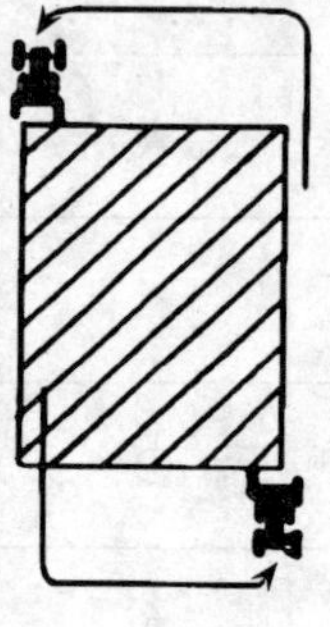

纵向两边收割法

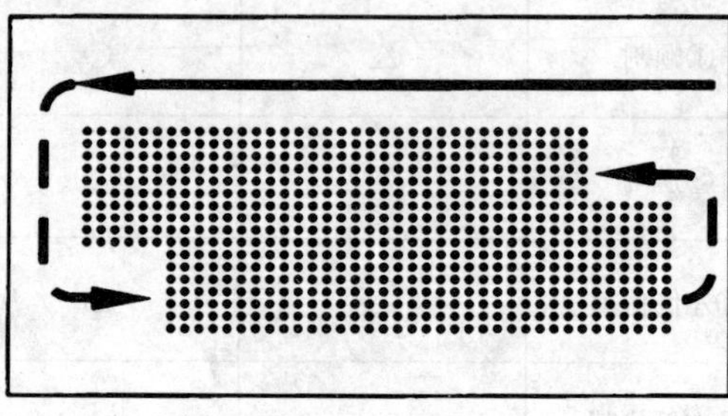

横向两边收割法

这是一种常见的作业方式，尤其适于狭长田块。作业时先用四边收割法将田块两头开出 3~4 行宽的割道，以后只沿田块的长方向收割，水稻收割机割到地头后，绕过已割的田头至另一侧收割。用这种方法作业，机组虽然走了横向空行程，但不用倒车，因而对于狭长田块，时间利用率高，生产效率也比较高。

③特大田块：

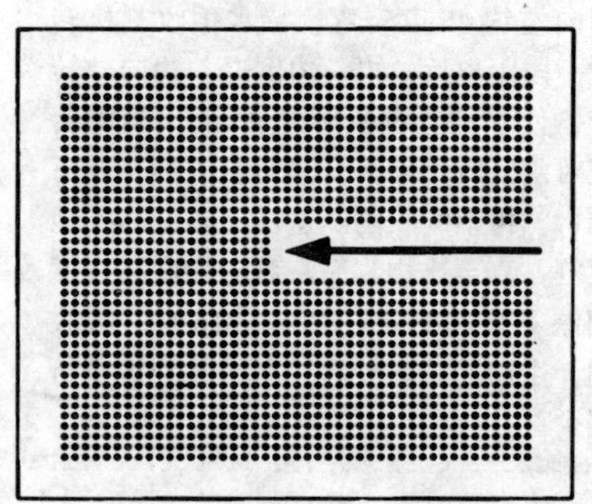

为了进行高效收割作业，大田块可采用中割。

（5）作业步骤

进入田块后，降下割台，使分禾器的前端下降到离地面 5～10 厘米的高度。

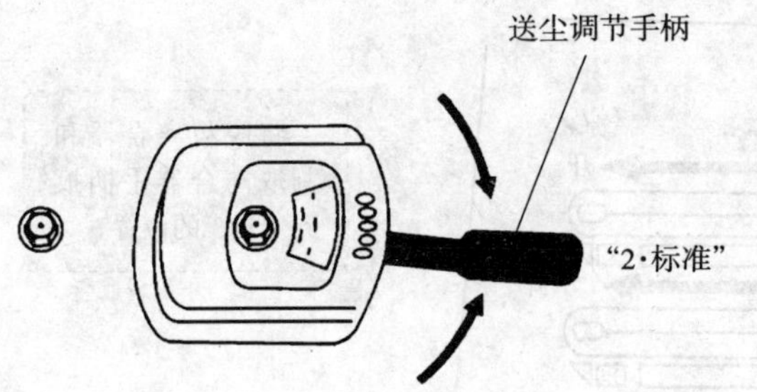

将送尘手柄扳到“2·标准”的位置。

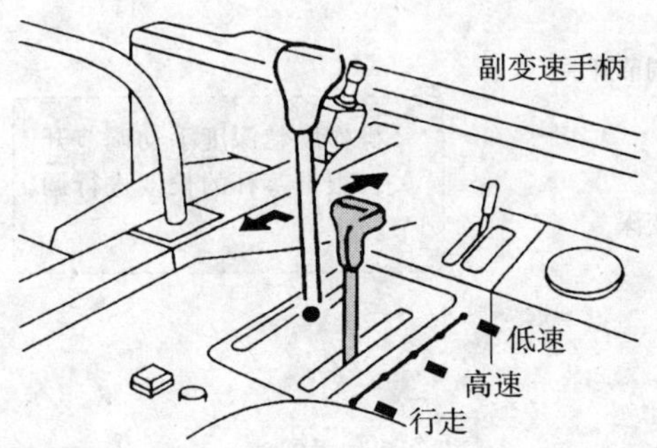

将副变速手柄根据作物的条件扳到“高速”或“低速”的位置。

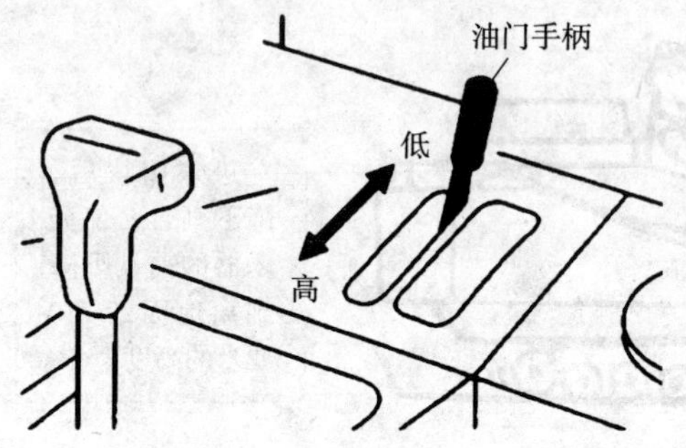

调节油门手柄，使发动机转速表的指针指向“作业”位置（2 800转/分）。

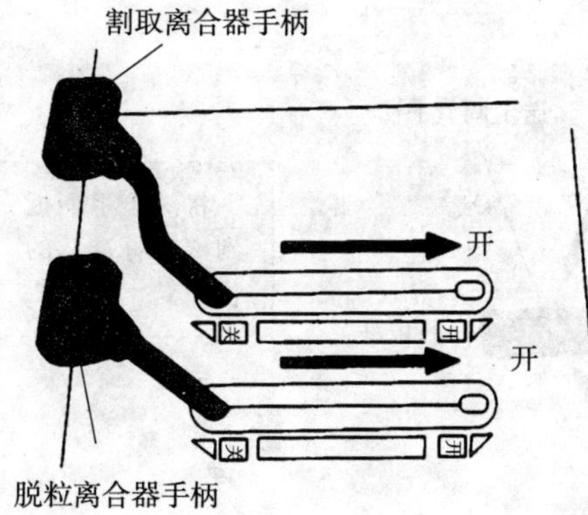

将脱粒离合器和割取离合器手柄扳到“开”的位置。

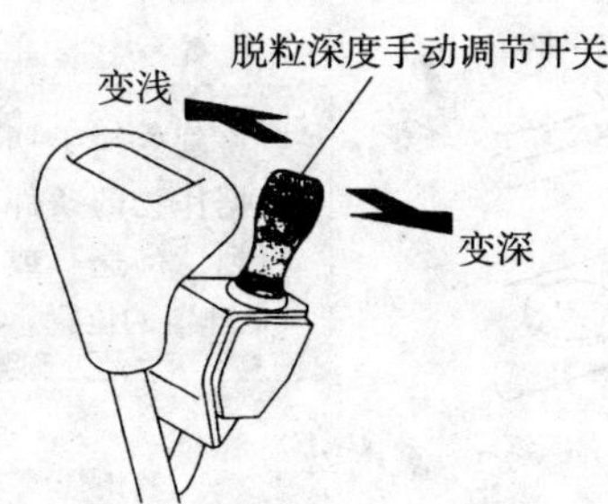

操作脱粒深度手动调节开关，根据茎秆的长度进行调节。

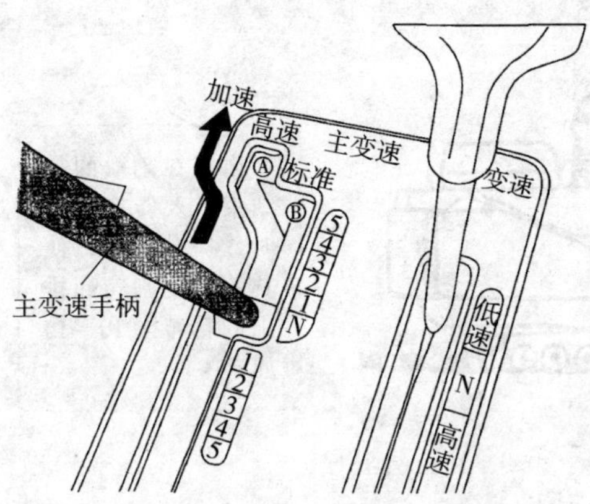

将主变速手柄从“1 速”的位置，慢慢向前推，开始收割。

当作物开始进入脱粒室入口后，操作脱粒深度手动调节开关，使穗头始终处于脱粒深度指示标志的位置。

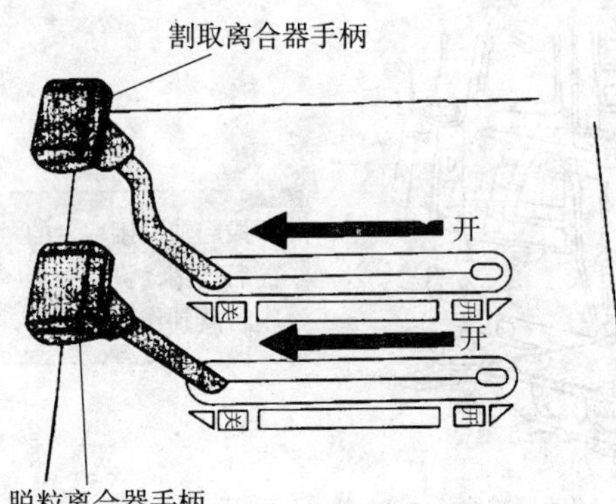

割完以后，将割取离合器手柄扳到“关”的位置，等到出粮口不再出粮后，将脱粒离合器的手柄扳到“关”的位置，关闭发动机。

（6）转行

当正在割取的行结束，要转换方向时，提升割台，使其不碰到割茬和排出的稻草（10～15厘米）。

在转弯时，不要断开脱粒离合器或降低发动机转速。因为脱粒部分作物的处理还在继续进行。

作物产量较高时，急转弯有可能出现 3 次抛撒增多，此时请降低转弯速度。

作业中，移动及转向时，请注意田埂，否则会发生翻车或机械损伤等意外事故的发生。

（7）粮袋的更换方法

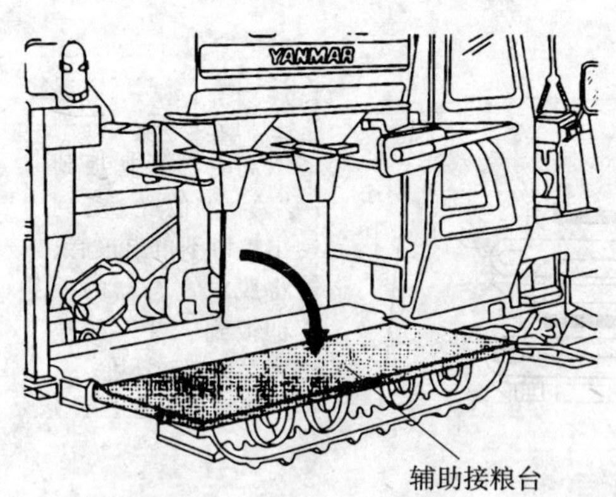

拔起辅助接粮台的前后插销，将辅助接粮台放到作业位置。

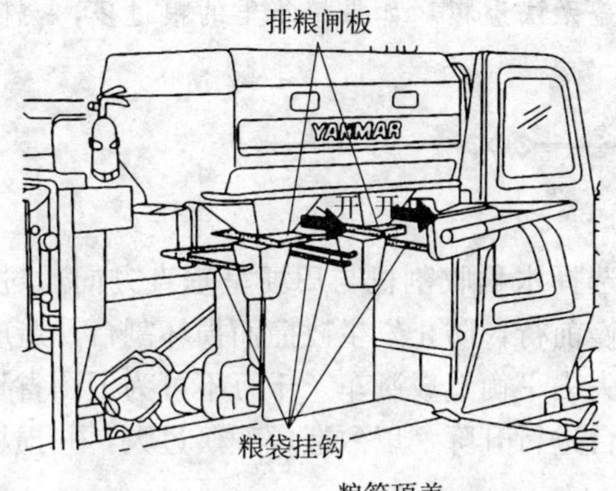

在粮袋挂钩上挂上20～30个粮袋。

在各排出口装上1个粮袋。

将排粮闸板拉到“开”的位置。

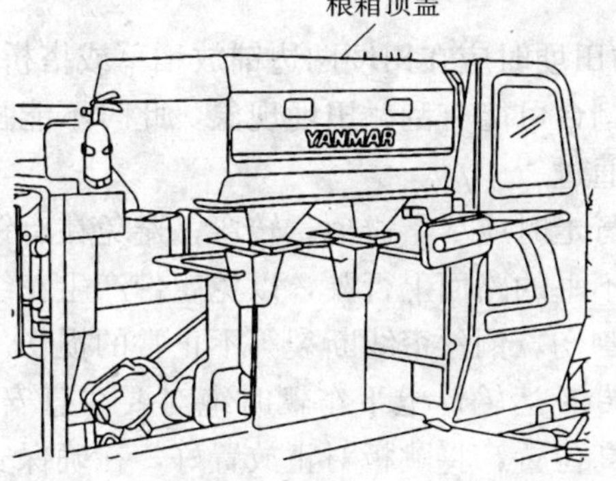

当各粮袋和粮箱都装满后，会自动将粮箱顶盖打开，将粮溢出。

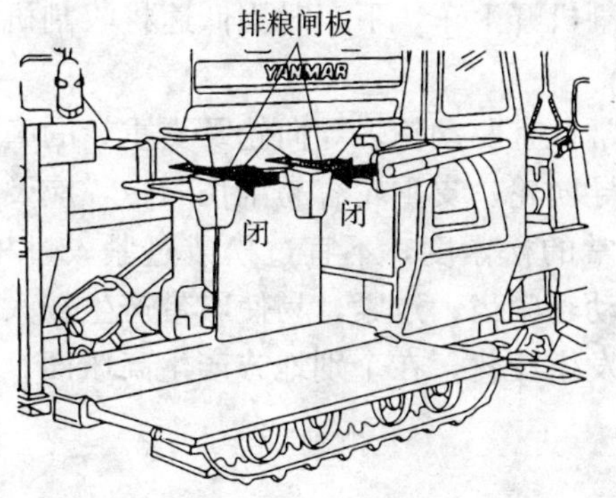

当粮袋里的粮满了以后，将排粮闸板推到“闭”的位置，更换粮袋。

在作业时，请经常注意粮箱中的粮量，另外，请不要在粮箱顶

上堆积物品，防止粮箱顶盖无法溢粮。如果粮箱里的粮过多，会使提升搅龙堵塞，造成故障。

(8) 田间转移

①田埂较小时，可以选择水稻收割机与田埂呈垂直方向通过，将割台升到最高位置，缓慢前行，防止发生碰撞而损坏割台，造成割台的变形，同时也要防失去平衡造成翻车。千万不可为了图省事而直接通过田埂，不对割台进行升降，以致造成颠簸过大，并损坏切割刀片。

②跨越高于10厘米的田埂时应在田埂两边铺放稻草或搭桥板。

③如果坡埂较大，收割台可能有刮碰田埂现象，此时不能强行通过，必须将田埂铲平后通过。

④在砂石路上短距离行走时应尽量避免急转弯；避免在有锐利突起的石块、钢筋等凹凸不平的路面上行驶，以免履带产生花纹损伤、芯铁折断、履带边缘割伤、铜丝帘线断裂等不正常的损伤。

⑤长距离转移时应用专车运输，上下车辆时绝对要注意安全。上车时必须将割台升到最高位置，将跳板对正放置好，在确保安全的情况下，然后用低速将收割机开上车，下车时用低速将收割机倒下车。

在作业中过程中，应经常检查驱动轮、导向轮及支重轮的磨损情况。磨损严重的驱动轮、导向轮、支重轮容易刮伤履带，应及时更换。经常保持橡胶履带正常的松紧度，不宜过松或过紧。过松，易使履带脱轨，导向轮、驱动轮骑齿；过紧，易使履带产生较大的张力，导致履带伸长，节距发生变化，在个别地方产生高压面，造成芯铁和驱动轮加速磨损。

半喂入履带式水稻收割机田间作业操作要领：

(1) 水稻收割机进入田块前，将侧分草杆拉到作业位置，放下接粮台，将粮食排出闸板拉到“开”的位置，在接粮袋挂钩上挂上粮袋，将水稻收割机开至与田埂垂直位置（田埂较高时，须将田埂挖平或使用跳板）。

（2）调试好水稻收割机（送尘调节手柄扳到“标准”的位置、副变速手柄根据作物的条件扳到“高速”或“低速”的位置、排草手柄放到“切草”或“排草”位置）。

（3）降下割台，使分禾器的前端下降到离田块表面5～10厘米的地方。

（4）将油门手柄调到使发动机转速表的指针指向“作业”的位置。

（5）将脱粒离台器和割取离合器手柄扳到结合的位置。

（6）将主变速手柄慢慢向前推，使水稻收割机开始收割。

（7）当作物开始进入脱粒口后，操作脱粒深度手动调节开关，使穗头处于脱粒深度指示标志的位置。

（8）作物全部割完后，将割取离合器手柄扳到分离的位置。

（9）等到出粮口不再出粮后，将脱粒离合器手柄扳到分离的位置。

（10）减小油门，关闭发动机。

3. 复杂条件下的收割

（1）收割高秆大密度水稻

①收获高秆大密度作物时，易引起作物输送的紊乱和输送的堵塞，为此必须适当提高割茬高度。如输送效果仍不够理想，应适当降低作业速度或适当减小割幅。

②高秆大密度作物茎秆较长，脱粒负荷较大，必须适当减小脱粒喂入深度，并调整脱粒室导流板角度，适当减少穗头在脱粒室滞留的时间。

③收获高秆大密度作物如清选负荷较大，可适当调大筛片的开度，加大风扇的风量。

（2）收割稀矮水稻

①收获稀矮作物时，部分谷粒不易脱净，因此收获时必须尽可

能降低割茬高度，并将脱粒深度调节手柄调至最深位置。

②为提高作业效率，保证输送的效果，可适当提高作业速度。

③为保证良好的清选效果，可适当减小筛片的开度。

（3）收割倒伏水稻

①适当降低水稻收割机的行驶速度。

②在田块平整的情况下，尽量降低割茬高度，以割刀不碰到地面为前提。

③对于半喂入水稻收割机，为提高分禾器的分禾效果，还可改变大小分禾器与地面的角度，使分禾器尖向下。调整时只需改变分禾器螺栓的安装位置即可。

④收割倒伏严重的作物时，采用普通作业方法收割质量不理想时，可采用单向收割法。对于半喂入水稻收割机宜采用顺向收割或左倒向收割（水稻收割机收割时作物倒向水稻收割机的左方），但需要说明的是，半喂入水稻收割机收获严重倒伏的作物时，采用顺割效果较好。

⑤半喂入水稻收割机收获严重倒伏的作物，收获效果不理想时还应适当减小割幅。

倒伏作物的收割控制

<table>
<tr><th rowspan="2">工作条件（作物的状态）</th><th colspan="2">变速手柄的位置</th></tr>
<tr><th>副变速手柄</th><th>主变速手柄</th></tr>
<tr><td>1. 直立
2. 半倒状的状态
3. 在扶禾部分、茎秆上浮多的时候或者输送不整齐的时候</td><td>高速</td><td rowspan="3">从“N”起步，进行收割作业，根据茎秆输送状态，以及发动机马力的余地，从“1”到“5”、逐渐提高速度。</td></tr>
<tr><td>4. 全倒状的时候
5. 在田埂边沿作业时</td><td>低速</td></tr>
<tr><td>6. 长距离回转</td><td>行走</td></tr>
<tr><td>7. 装卸车</td><td>低速</td><td>从“N”到“1”的微速发动机额定转速。</td></tr>
</table>

（4）收割低洼潮湿田块水稻

在低洼潮湿田块作业时，水稻收割机易下陷，行走阻力大，收割时要注意以下几点：

①作业前应先下地检查一下地块的泥脚深度（体重 60 千克的人脚步所下陷的深度），一般田的四个角泥脚深度较大，应重点检查。通过检查，在确保水稻收割机在田间不会下陷的情况下，水稻收割机方能下地作业。

②应适当提高割茬的高度（割茬较高时，水稻收割机通过性能较好）。

③及时卸掉粮箱里的粮食，以减轻水稻收割机的质量。

④水稻收割机在走到田块较湿的地方时，要尽量使水稻收割机不压在上一次履带或轮胎走过的印迹上，也不要使水稻收割机在潮湿地方停留过久。

⑤田块地头较湿时（特别是水稻收割机拐弯处），应特别注意水稻收割机的下陷，要尽量在割茬地上行走，要拐大弯，不要急转弯。一旦发现水稻收割机有打滑的迹象，应及时将水稻收割机退回，让水稻收割机从旁边绕过，千万不可强行通过。

⑥水稻收割机陷在地里不能行走，需用绳子将水稻收割机拖出时，应将绳子系在使水稻收割机不会变形的地方（水稻收割机挂钩或不会变形的底盘大梁上），而不应将绳子系在水稻收割机的割台机架上。

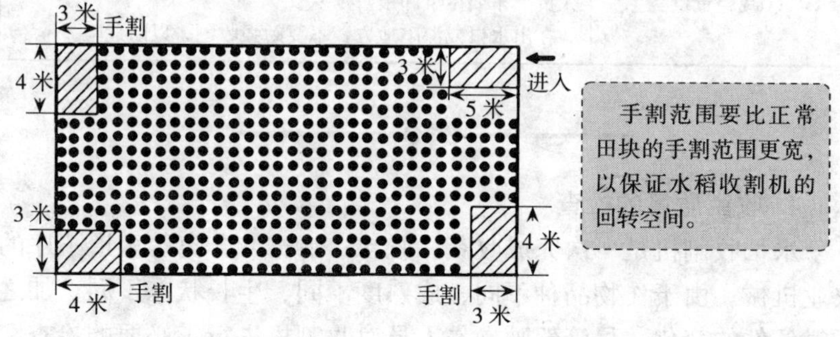

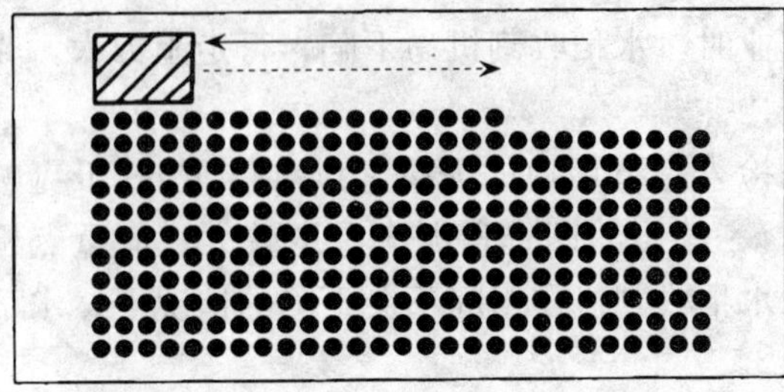

采用前后双向收割法，尽量减少压地次数，提高通过性。

在湿烂田收割水稻时，应注意以下操作要点：

操作要点	收割状态	
①收割速度	副变速	低速或高速
	主变速	尽量降低
②防止机器倾斜	避免倾斜田块； 不要急速转向； 不要急加速。	
③收割走向	先“硬田”后“湿田”，防止损坏田块，使机体下沉，避免同一位置多次转向、碾压（加大转弯半径）。	
④减轻重量	避免草屑卷入（避免碾压作物及泥土）减轻机体（辅助人员下车或尽早卸粮）； 在出水口或深陷地方，不要勉强收割，以防危险。	

4. 收割质量的检查

水稻收割机是一次完成收获、脱粒、清选、分离等多道工序的农业机械。由于作物品种不同、成熟度不同、生长状态不同，加之天气条件的变化，尽管驾驶操作人员对收割机进行了必要的检查和调整，然而因收获质量而引起的纠纷仍时有发生。因此加强对收获质量的检查十分必要。

(1) 水稻收割作业质量要求

使用半喂入水稻收割机收获时一般应满足下列农业技术要求：

①割茬要低：割茬越低越好，以利免耕少耕等后续作业。

②谷物破碎率要低：一般要求在0.5%以下，便于贮藏谷物、提高种子的发芽率。

③谷物含杂率要低：一般要求在3%以下。

④总损失要小：收小麦时不大于3%，收水稻时不大于2.5%。

(2) 收割质量指标与检查方法

①总损失率：水稻收割机在收获作业过程中各部分籽粒损失的质量之和与收获籽粒总质量的百分比。水稻收割机总损失由割台损失、脱粒损失、分离损失和清选损失等组成。测定总损失率的方法有多种，比较简单的方法是在水稻收割机收割后，选几个点，每点面积为1平方米，捡拾此面积内掉落的谷粒及未脱净的谷粒，取平均值，然后算出每亩落粒损失量，再减上自然掉粒损失，即为籽粒损失量。一般每克籽粒数小麦为22粒，水稻为25粒，大麦为22粒，由此折算出籽粒损失克数，再估计每亩产量（克）。每亩损失的克数与每亩估计的产量（克数）之比即为总损失率。

②含杂率：水稻收割机脱粒和清选后籽粒中含颖壳、秸秆等杂物的百分比。

$$含杂率=\frac{样品中杂物质量}{样品总质量}\times100\%$$

③破碎率：从出粮口接取一定质量的样品，从中选取出破碎籽粒的质量和样品籽粒总质量的比值。

$$破碎率=\frac{破碎籽粒质量}{样品总质量}\times100\%$$

破碎率的简易检查法：在出粮口任意取出100个谷粒，选出破碎谷粒数，即可算出破碎率。

(3) 收割损失举例

例 1：某一水稻收割机在收割时的谷粒损失率为 4%，通过对水稻收割机各部的正确调整，可以把谷粒损失率降到 1%～2%，按平均亩产 500 千克，每小时收割 4 亩作物，一天工作 10 小时计算，一天收割 40 亩作物。

损失率 4%时　500 千克×4%×40 亩＝800 千克（正常收割）

损失率 2%时　500 千克×2%×20 亩＝400 千克（各部调整较好时）

---

400 千克（每日可减少谷粒损失量）

※按每千克 1.5 元计算减少损失 600 元

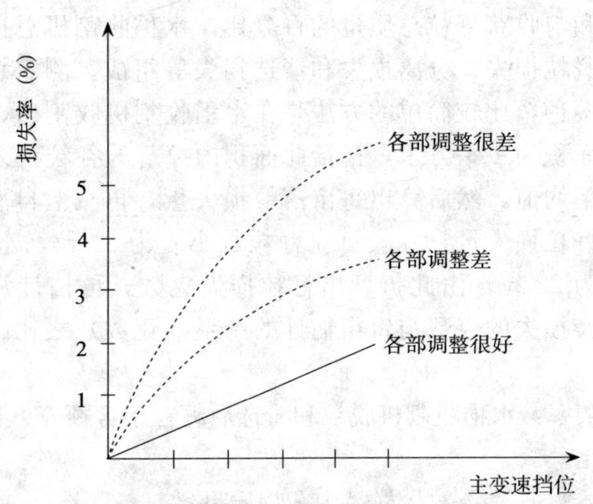

各部分调整状态与收割损失的关系图

例 2：又如某一水稻收割机在高速收割，各部调整一般的情况下，谷粒损失率为 4%时，通过降低收割速度，各部的合理调整，可以把谷粒损失率降到 1%～2%。

每日作业时间	收割面积	损失率	损失量
10 小时(4 亩/小时)	40 亩	4%	800 千克(正常收割)

$11\frac{3}{7}$小时（3.5 亩/小时） 40 亩　 1.5%　 300 千克（降低收割速度）

500 千克（每日可减少谷粒损失量）

※每千克 1.5 元计算，可减少损失 750 元

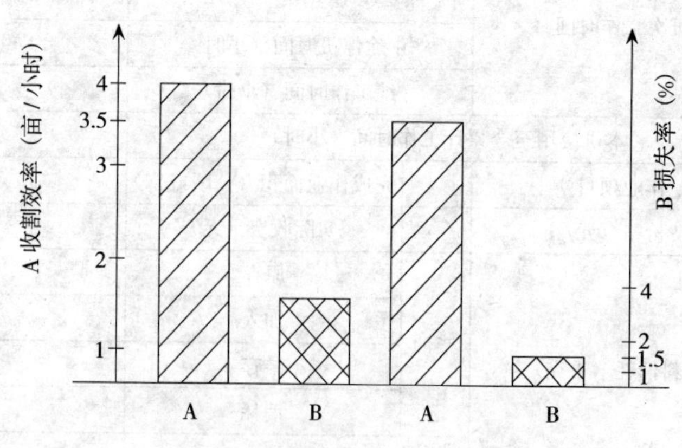

收割速度与收割损失的关系图

5. 填写工作日记

水稻收割机应由专人负责使用管理。但在收获作业过程中，为充分发挥水稻收割机的使用效率，一台水稻收割机往往由 2～3 名驾驶员交替操作。为便于水稻收割机的使用与管理，驾驶员换班作业时，应做好交接手续。水稻收割机交接的主要内容包括水稻收割机的技术状况和当班作业情况。

驾驶员换班作业或一天作业结束后应填写工作日记。它是记录水稻收割机每天的作业情况和水稻收割机技术状态的原始资料，是进行经济核算，做好维修保养计划的重要依据。工作日记填写内容应包括作业项目、工作时间、完成作业面积、柴油和润滑油消耗、作业质量、实际收费、机车技术状态、事故和故障等。要求做到准确、及时，当班记录。交接班时，应作为一项重要交接内容。

联合收割机工作日记

______年____月____日　　　　　　　　　　　　　　　　　　驾驶员______

<table>
<tr><td>服务单位或农户</td><td colspan="3"></td></tr>
<tr><td rowspan="4">班次工作时间</td><td colspan="2">开始</td><td></td></tr>
<tr><td colspan="2">结束</td><td></td></tr>
<tr><td colspan="2">中途停机时间（小时）</td><td></td></tr>
<tr><td colspan="2">纯工作时间（小时）</td><td></td></tr>
<tr><td colspan="3">本机使用至今累计工作时间（小时）</td><td></td></tr>
<tr><td>作业项目</td><td></td><td>完成作业面积（公顷或亩）</td><td></td></tr>
<tr><td>收费价格（元/亩）</td><td></td><td>实际收费（元）</td><td></td></tr>
<tr><td rowspan="5">油料消耗（千克）</td><td rowspan="4">柴油</td><td>原存</td><td></td></tr>
<tr><td>加入</td><td></td></tr>
<tr><td>结存</td><td></td></tr>
<tr><td>消耗</td><td></td></tr>
<tr><td colspan="2">润滑油消耗</td><td></td></tr>
<tr><td>保养内容</td><td colspan="3"></td></tr>
<tr><td>记事</td><td colspan="3"></td></tr>
</table>

注：1. 纯工作时间＝结束时间－开始时间－中途停机时间。

2. 1公顷＝10 000平方米；1公顷＝15亩；1亩≈666.67平方米。

四、检查与调整

1. 发动机的检查与调整

（1）气门间隙的检查与调整

①气门间隙：为了使气门在任何情况下甚至在柴油机过热时都能紧密关闭，必须在气门冷态时预留一定的余隙，以使气门及其传动组件等受热膨胀时，气门仍能密闭，这一余隙即为气门间隙。

②气门间隙的检查：不同机型的气门间隙是由经验和试验确定的。由于排气门温度高于进气门，所以排气门间隙一般略大于进气门间隙0.05毫米。柴油机出厂时虽已调整好，但在柴油机工作过

程中，气门间隙由于配气机构各零件磨损、机件受热、锁紧螺母松动及汽缸垫更换等因素的影响会经常发生变化，所以要定期检查。发现柴油机工作异常时也要首先想到检查气门间隙。

几种常见柴油机的气门间隙数据（单位：毫米）

机　型	冷态气门间隙	
	进气门	排气门
ZH1110	0.30～0.40	0.40～0.50
SD1125/1130	0.30～0.40	0.35～0.45
75/80 系列	0.20～0.25	0.25～0.30
N85QA 系列	0.28～0.33	0.28～0.33

气门间隙的检查与调整通常在冷车状态下，气门处于完全关闭（凸轮的凸起部分尚未接触挺柱）的情况下进行。

490Q 柴油机气门间隙的检查调整步骤如下：

第 1 步：拆下汽缸盖罩，检查并拧紧摇臂支座压紧螺母。

第 2 步：将曲轴转到第一缸活塞处于压缩上止点位置，此时曲轴皮带轮上“0”刻线与位于齿轮室盖上的指针对准。

第 3 步：用厚薄规插入气门杆端面与摇臂头弧面之间分别检查进、排气门间隙值，保证冷态间隙为 0.35～0.40 毫米。

③气门间隙的调整：若气门间隙不符合规定值，可松开锁紧螺母，用螺丝刀拧动调整螺钉进行调整，同时用规定间隙值的厚薄规进行检查。当抽动厚薄规稍感有阻力时，固定调整螺钉不动，用扳手拧紧锁紧螺母，再用厚薄规复查一次。

此后根据柴油机工作顺序 1→3→4→2，将曲轴每转动半圈（即 180°），用上述方法依次检查调整 3、4、2 缸的气门间隙。

各缸气门间隙调整好后，应再统一复查一遍，最后装好汽缸盖罩。

另外，气门间隙的调整还可以采用两次调整法，即根据柴油机工作顺序及气门排列情况，如工作顺序为 1→3→4→2 的柴油机（气门排列的顺序应是单号为排气门，双号为进气门），一共排列着八个气门。当第一缸处于压缩上止点位置时，则先调 1 排、2 进、4 进、5 排四个气门的气门间隙，然后顺工作方向，转动曲轴一圈（360°），再调整 3 排、6 进、7 排、8 进四个气门的气门间隙。

290 型柴油机气门间隙的检查调整，则在调整完第一缸气门间隙后，按汽缸工作顺序将曲轴转动半圈，再对第二缸的进、排气门进行检查调整。

（2）减压机构的检查与调整

在各缸气门间隙调整之后，应立即调整减压机构。485 型柴油机减压机构调整方法：将减压手柄放在减压位置，松开减压螺母，拧动调整螺钉使摇臂头刚好与气门杆端接触，再将螺钉拧入 0.6 圈（减压值为 0.6 毫米），最后拧紧调整螺母。

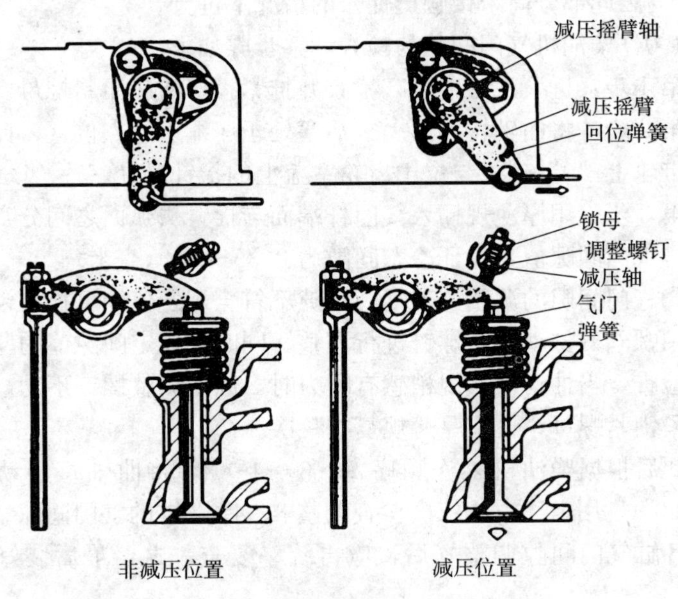

减压机构图

（3）配气相位的检查与调整

①配气相位：

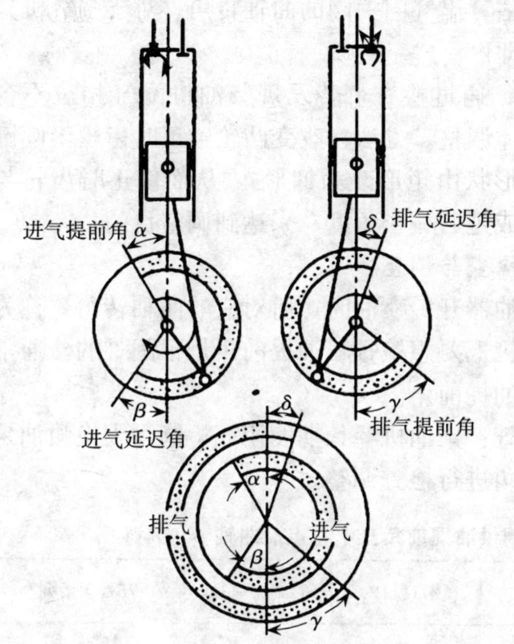

用曲轴转角来表示进、排气门开启、关闭时刻和气门开启的延续时间，称为柴油机的配气相位。用图解表示的相位称为配气相位图。

几种常见柴油机的配气相位

机　型	进气提前角（上止点前）	进气延迟角（下止点后）	排气提前角（下止点前）	排气延迟（上止点后）
ZH1110	12°	38°	55°	12°
SD1125/1130	10°	46°	46°	10°
75/80 系列	14°30″	37°30″	56°	12°
N85QA 系列	12°	38°	50°	14°

②配气相位的检查：检查各缸的配气相位，应在各缸气门间隙调整完毕后进行。方法：

第 1 步：用左手捏住气门推杆的头部，转动推杆，右手按曲轴旋转方向缓慢转动飞轮，当飞轮不能转动的瞬间就是该气门开启的时刻，从曲轴前端皮带轮上可读出该气门的曲轴转角。

第 2 步：继续转动飞轮，在气门开启的过程中，推杆难以转动，当曲轴转至气门关闭的瞬间，推杆刚刚能用手轻轻转动，此时同样可在曲轴皮带轮上估算出气门关闭的曲轴转角。对于多缸机只判断第一缸的配气相位即可。

③配气相位的调整：通过检查，若发现柴油机配气相位不合适，可用偏位法进行总体调整。方法：改变凸轮轴正时齿轮半圆键的断面形状（将键断面形状由矩形改为梯形），从而使正时齿轮与凸轮轴的位置相对提前或延后一个角度，来达到调整目的。

（4）供油提前角的检查与调整

①供油提前角：喷油器开始喷油时，所对应的曲轴转角，称为喷油提前角。但在柴油机上要想检查喷油提前角是很困难的。通常采用供油提前角代替喷油提前角。

②供油提前角的检查：柴油机经长期使用或检修、更换喷油泵后，都必须对供油提前角进行检查调整。

几种常见柴油机的供油提前角（上止点前曲轴转角）数据

机　型	490Q	ZH1110	SD1125/1130	75/80 系列
供油提前角	16°～18°	22°±1°	20°～24°	17°±1°

将调速手柄处于供油位置，反复转动曲轴使喷油泵充满柴油。拧下第一缸高压油管，转动曲轴，使第一缸出油阀紧座口处也充满柴油。然后按柴油机旋转方向缓慢而均匀地转动曲轴，并注意出油阀紧座口，当油面刚刚发生波动的瞬间，即停止转动。这时检查飞轮轮缘上的供油提前角刻度线与飞轮壳上的记号是否对准。若对准，即可认为供油时间正确（490Q 型柴油机则应检查曲轴皮带轮上刻线是否与齿轮盖上刻线对准），否则，应予以调整。

③供油提前角的调整：松开喷油泵三角法兰盘上的 3 个固定螺栓，用手扳动油泵体进行调整，逆着油泵凸轮轴旋转方向转动泵体，则供油提前角增大。反之，将油泵壳体顺着凸轮轴旋转方向转动一个角度，则供油迟后，供油提前角减小。调整后，要把螺栓拧紧，并复查供油提前角数值，直至符合要求为止。

195 型柴油机供油提前角是利用增减喷油泵下的垫片来调整。

增加垫片，供油迟后，供油提前角减小；反之，减少喷油泵下的垫片，供油提前角增大（垫片每变动 0.1 毫米厚度，供油提前角变动约 1.3°左右）。然后将喷油泵装上并拧紧螺母，装上喷油泵时应特别注意将调节臂球头嵌在齿轮室中调节杠杆的槽内，喷油泵装好后，此项工作还需要通过检查孔再检查一次，以免出现差错而造成“飞车”等事故。

（5）喷油器的检查与调整

喷油器使用过久，因运动的磨损，密封锥面封闭不严等原因，引起喷油压力和喷油质量降低，因此，必须定期对喷油器进行检查调整。

①用喷油器校验器进行校验调整：

第 1 步：拆除喷油器调整螺帽，将喷油器装在校验器上。

第 2 步：用手缓慢压动手柄，使喷油器喷油，用螺丝刀旋动调整螺钉，使压力表指示数符合喷油器规定的压力。

校正良好的喷油器喷油时应发出清晰的“咯咯”声，且断油干脆，油束成均匀的细雾状，不得有肉眼能见的飞溅油沫、局部浓稀不均和单边喷油等不正常现象，多次喷射后，喷油器前端不应有滴油现象。

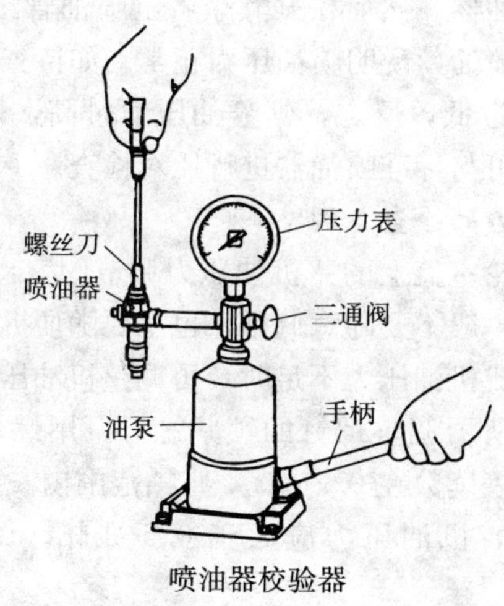

喷油器校验器

②用标准喷油器进行校验调整：无喷油器检验器时，可备一标准喷油器（技术状态正常，喷射压力符合规定要求）和一个三通接头，直接在喷油泵上进行检查调整。

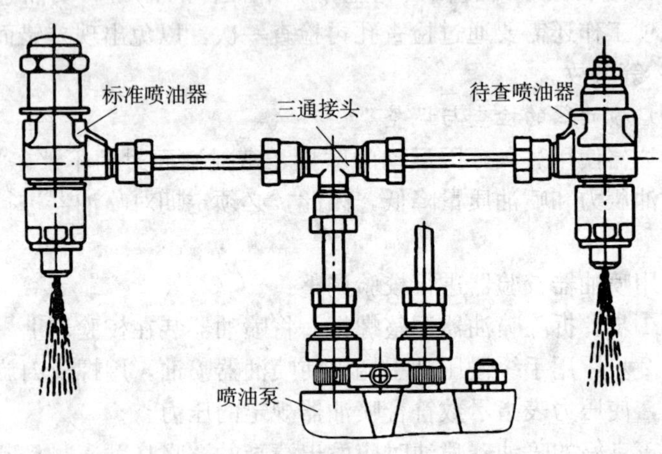

用标准喷油器对比检查

首先将三通接头的一端接在喷油泵上，其余两头分别接着标准喷油器和待检喷油器。然后松开其余各缸喷油管接头，摇转曲轴，若两喷油器同时喷油，说明喷油压力正常；如待查喷油器先喷，则表明其喷油压力过低，反之，则喷油压力过高，均应重新进行调整。喷雾质量也可与标准喷油器进行比对检查。

(6) 机油压力的检查与调整

柴油机的齿轮室盖上的“机油压力调节阀”，出厂时均已调整好，使用过程中一般不要随意调整，也不要随便拆卸，若因机件磨损与机油太稀造成机油压力不足时，可调整机油压力阀。

拧松机油滤清器调整螺钉的锁紧螺母，用螺丝刀转动调整螺钉，使机油压力表读数在 0.2～0.4 兆帕范围内。冷车时允许高一点，热车怠速时，机油压力应大于 0.5 兆帕。调整后应将螺母拧紧。

(7) 曲轴轴向间隙的检查与调整

①曲轴轴向间隙：柴油机工作时，曲轴不断受到动力输出装置和连接件轴向力的作用，再加上曲轴受热后的轴向伸长，这些都会引起曲轴沿轴向窜动。因此，曲轴安装到轴承座上时都留有一定的轴向窜动余地，这一余地就叫做曲轴的轴向间隙。

几种常见柴油机曲轴的轴向间隙（单位：毫米）

机　型	S 195	TY 290/295	90Q (DI) 系列	75 系列	80 系列	N85QA 系列
曲轴轴向间隙	0.150～0.200	0.150～0.300	0.095～0.232	0.125～0.315	0.125～0.315	0.085～0.275
极限间隙	0.25	0.45	0.50	0.50	0.50	0.50

②曲轴轴向间隙的检查：拆下油底壳，用撬棒将曲轴撬挤向一端，用塞尺在止推轴承处的曲柄与止推垫圈之间进行测量；也可直接进行测量，即撬动飞轮，用千分表直接测量曲轴的轴向间隙。

③曲轴轴向间隙的调整：曲轴间隙过小时，可用薄些的止推片来调整，反之，曲轴间隙过大时，可用厚些的止推片来调整。

(8) 凸轮轴轴向间隙的检查与调整

①凸轮轴轴向间隙：柴油机齿轮轮系中若使用了斜齿轮，那么凸轮轴在工作时就会受到轴向力的作用，即使圆柱直齿轮也难免由于加工、安装误差而受到轴向力的作用，另外有些凸轮轴还是特殊设计和加工的，加之凸轮轴本身受热伸长，所以凸轮轴安装时必须预先留有一定的轴向余隙，这一轴向余隙即是凸轮轴的轴向间隙。

②凸轮轴轴向间隙的检查：凸轮轴的轴向间隙过小，凸轮轴转动不灵活，易加速机件磨损和发热；过大，又易造成机件撞击，产生异响等不良现象。

几种常见柴油机凸轮轴的轴向间隙（单位：毫米）

机　型	90Q（DI）系列	75/80系列	N85QA系列
凸轮轴轴向间隙	0.080～0.250	0.070～0.245	0.080～0.250

对于止推螺钉式的凸轮轴止推装置，应检查其止推销与销钉之间有无磨损或松动。

对于止推板式的凸轮轴止推装置，因其是用调整环的厚度大于止推板厚度之差来调节和保证轴向移动量的，因此应检查止推板与凸轮轴颈接触端面及齿轮轮毂接触面有无磨损。

③凸轮轴的轴向间隙的调整：对于止推螺钉式的凸轮轴止推装置，可用调整止推销及紧固锁紧螺母的办法来实现。

对于止推板式的凸轮轴止推装置，可通过改变调节环的厚度来实现。

(9) 汽缸间隙的检查

活塞裙部（垂直于活塞销孔中心线的方向）与汽缸壁之间的间隙叫做汽缸间隙。

不同柴油机的汽缸间隙是不相同的，其检查方法可分为两种。

方法1：用内径千分表和外径千分尺分别测量缸套和活塞裙部（沿长轴方向）的直径，然后计算出差值。

方法2：将活塞（不装活塞环）放入汽缸套上部，在垂直活塞销孔的位置，用长片厚薄规插入整个活塞裙部的长度内测量活塞与汽缸套之间的间隙。

柴油机使用过程中，如果汽缸套和活塞的间隙超过规定值，则应更换活塞和汽缸套，或者镗缸后换用加大尺寸的活塞。

几种常见的柴油机的汽缸间隙（单位：毫米）

机　型	195	ZH1110	SD1115/1130	75系列	80系列
汽缸间隙	0.100～0.165	0.260～0.295	0.150～0.215	0.100～0.155	0.106～0.160
磨损界限	0.40	0.43	0.50	0.40	0.40

(10) 散热器风扇皮带张紧度的检查与调整

①检查风扇皮带紧度：

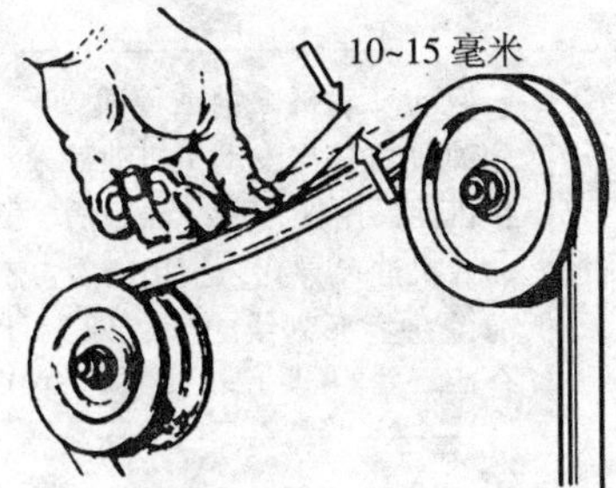

检查时，用手按压皮带的中央。以 9~10 千克的力按压皮带中间部位时，皮带下降应为 10~15 毫米，表示皮带紧度正常。如果不符合要求，超过 15 毫米或低于 10 毫米，则为不正常。

②检查皮带损伤情况：

检查皮带有无损伤、剥落。皮带在断裂之前，将会出现滑磨声，皮带表面会出现龟裂的裂纹、磨损以及剥落等前兆现象。因此，您应仔细观察，如出现上述现象，应及时更换皮带。

③调整皮带紧度：

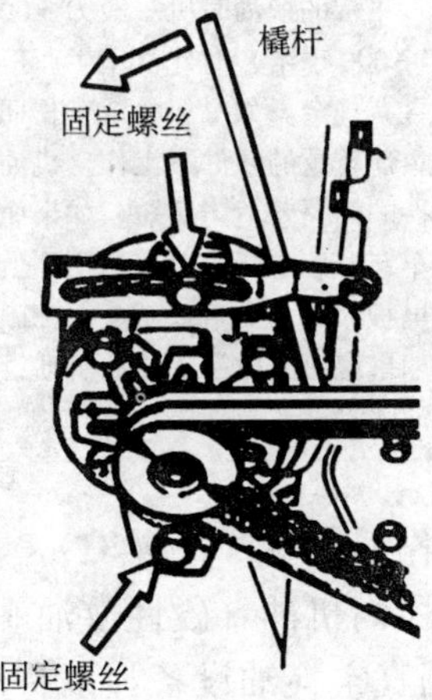

稍微松开发电机的上下固定螺栓后，用撬棒将整个交流发电机向里或向外移动进行调整。调整后，应可靠地拧紧螺栓。注意不要将皮带调的过紧，紧度过大会伤害风扇皮带和轴承。

（11）发动机机油的检查与调整

①检查机油的数量：

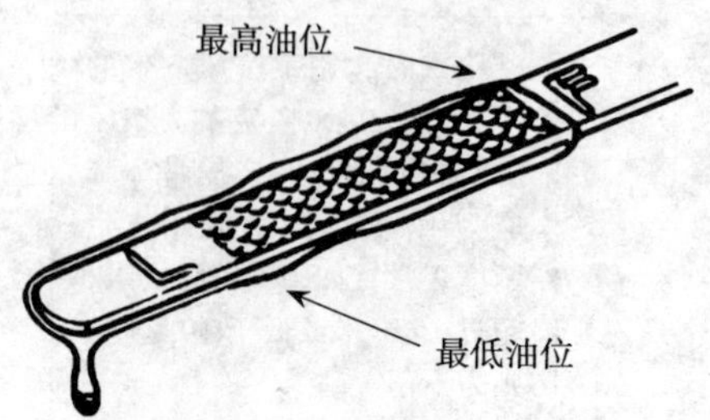

启动发动机之前或停机30分钟后，抽出发动机机油尺，将机油尺用抹布擦净油迹后，插入机油尺导孔，拔出查看。油位在上下刻线之间，即为合适。

②检查机油的质量：

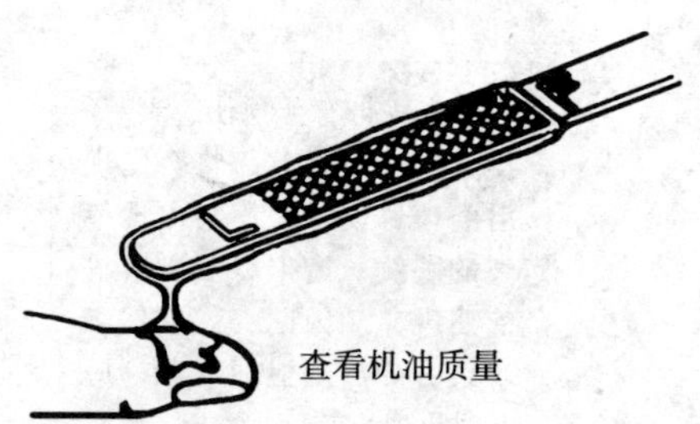

检查机油尺上的机油，不应有变色（机油变黑除外）的现象，并注意检查机油的污染程度。当机油达到使用的间隔里程或达到换油指标时，应及时更换机油。

③换油时机：

正常的换油时机一般为5 000~12 000千米，对此汽车生产厂家各有规定。如果您的汽车长期在负荷较重的条件下工作，机油更换的间隔要适当缩短。如果您的车在一年中行驶里程达不到上述里程时，应每年更换一次机油。如果您使用质量较高的机油，换油间隔可适当延长。

④更换机油：启动发动机到正常工作温度（80～90℃），再将其熄火，热车状态下放出机油盘和滤清器内机油（磁性放油螺塞，应将铁屑清除干净）。如有条件，可使用真空换油设备，以将旧机

油吸出得干净些。

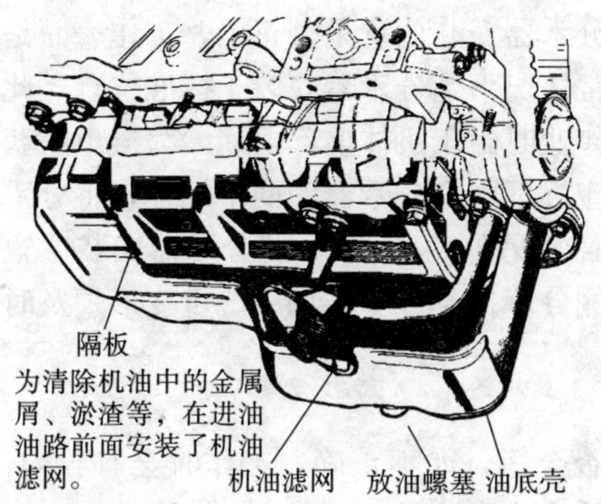

启动发动机到正常工作温度（80~90℃），再将其熄火，热车状态下放出机油盘和滤清器内机油（磁性放油螺塞，应将铁屑清除干净）。如有条件，可使用真空换油设备，以将旧机油吸出得干净些。

检查曲轴箱内油面高低时，应在发动机停车半小时后进行，使各润滑部件的机油流回曲轴箱，以求得检查结果的准确可靠。

（12）节温器的检查

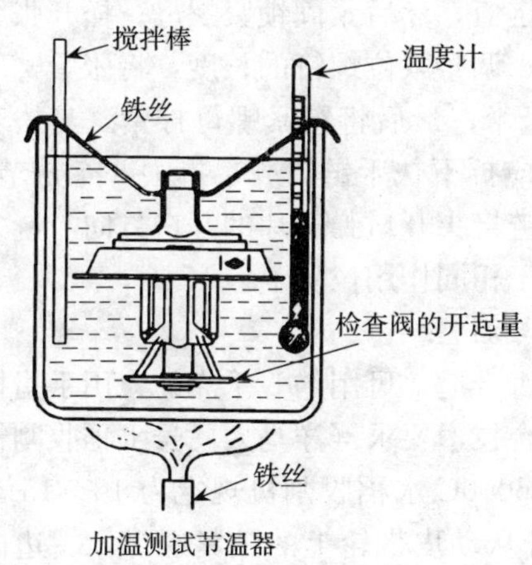

加温测试节温器

将节温器放在烧杯的水面下，缓慢加热烧杯到节温器开阀温度，并保持5分钟，检查节温器是否处于开阀状态。继续加热到节温器阀全开温度，保持5分钟，测定阀门行程。检查当水温降至65℃以下时，是否全闭。检查时，若其中一项不合要求，也应更换节温器。

2. 收割脱粒部件的检查与调整

(1) 左、右侧分草杆及分禾器的检查

检查左、右侧分草杆及分禾器安装位置是否正确，工作表面是否光滑，有无严重变形。通常情况下，分禾器安装于标准位置，此时分禾器不易掘土。而湿田作业时由于机体前部上翘，为避免收获倒伏作物时割刀挂土，此时应拆下固定分禾器的两个螺栓，将分禾器位置向下安装（固定螺栓插至另外两个孔）。若分禾器安装位置不对，需重新安装；左、右侧分草杆及分禾器如有严重变形须及时整形校正。

(2) 扶禾器的检查

①检查扶禾器链紧度是否合适，如不正确，工作时会有异响，需及时调整链条张紧弹簧的长度。

②检查扶禾器拨指相对位置是否正确（中间两条链的拨指应对中错列，以防止中间两扶禾链上的拨指运动时互相干涉），如安装位置不正确，工作时也会有异响，须及时重新安装。

③检查拨指有无严重变形，导轨有无严重磨损，如有须及时更换。

(3) 扶禾链的张紧

松开扶禾链调节螺杆上的锁紧螺母，拧动调节螺杆上的调节螺母，使张紧弹簧的长度调至规定值，然后紧固锁紧螺母；松开张紧臂下方限位螺钉上的锁紧螺母，调整限位螺钉的长度，将张紧臂下端与限位螺钉间隙调至 2～3 毫米，最后将锁紧螺母拧紧。当扶禾链因磨损过度而无法张紧时，应拆下扶禾链罩壳，拆去一个链节。拆下扶禾链重新安装时，应使链接头开口弹簧片的开口方向与链条运动方向相反，四根链接头位于相同作用位置上。

(4) 辅助拨禾装置的检查与调整

①检查梳刷皮带张紧度是否合适，可用约 5 千克的力用手指按压皮带中部，皮带挠度是否符合技术要求（洋马人民号水稻收割机规定为 15～20 毫米，东洋 HL6000C 水稻收割机规定为 10～15 毫米）。如梳刷皮带过松，可松开从动皮带轮上的锁紧螺母，一边向

前方移动，一边拧紧螺母。

②检查拨禾星轮支架是否变形，拨禾星轮是否在同一平面。如支架变形，拨禾星轮不在同一平面，须校正或更换支架。

③检查拨禾星轮磨损是否超过规定极限，拨禾星轮啮合间隙是否正常。如拨禾星轮磨损超限、啮合间隙过大，须检查拨禾星轮支架有无变形，更换或互换拨禾星轮。

④检查导流钢丝与刷梳皮带及拨禾星轮之间的原始安装位置是否正确，如不正确，须及时校正。

(5) 割刀总成的检查、调整与更换

①割刀总成的检查：检查动刀片与定刀片间隙是否合适（刀片标准间隙一般为0.1～0.5毫米，极限间隙为0.7毫米）；查割刀运动是否顺畅，有无卡滞现象；割刀刀片有无严重磨损，刀片齿纹有无缺口。

②割刀间隙的调整：松开固定割刀总成的固定螺栓，将割刀总成从水稻收割机上拆下，清除泥土等杂物，松开压刃器固定螺栓，增减压刃器下的调整垫片（间隙大时减垫片，间隙小时加垫片），组装割刀使刀片间隙调至规定值。需要说明的是，刀杆严重变形而引起的间隙过大，往往无法通过增减垫片的方法来调整，须校正刀杆或更换割刀总成。

(6) 左、右下输送装置的检查与调整

①检查输送链张紧度是否合适，如不正确，可调整与链条张紧弹簧相连的调节螺杆的长度，使弹簧长度符合技术要求（洋马人民号水稻收割机张紧弹簧长度为95～98毫米），调整后将调节螺杆锁紧螺母锁紧。

②检查链轮、张紧轮是否位于同一平面，如不在同一平面应检查支架有无变形。

③检查链条与导流杆相对位置是否正确（导流杆位于夹持输送链中部，与链条滚子间隙为7毫米左右），如不正确，重新安装调整导流杆的位置。

④检查张紧轮转动是否灵活，如张紧轮转动不灵活或卡死，则

须保养或更换张紧轮。

(7) 左、右上输送装置的检查与调整

①左、右上输送装置的检查：检查链条拨指有无折断或严重变形；检查链条紧度是否合适（洋马人民号水稻收割机左上输送链张紧要求：用手指轻压链条中部时挠度为7～10毫米；右上输送链张紧要求：限位板与从动轮轴的间隙为2～3毫米）。

②左上输送链张紧度的调整：松开固定螺母，沿长孔向前方推压从动轮轴，使链条挠度为规定值，然后拧紧固定螺母。

③右上输送链张紧度的调整：拆下割台侧盖，松开链条限位板上的限位螺母，松开调节螺栓锁紧螺母，拧动调节螺栓，使限位板与从动轮轴间隙为标准值，然后将锁紧螺母和固定螺母拧紧。

(8) 纵输送装置与辅助输送装置的检查

检查输送链张紧度是否合适（洋马人民号水稻收割机要求纵输送链上调节杆台阶平面与支承平面间隙为5～7毫米，辅助输送链张紧弹簧长度为185～189毫米），如不正确，松开锁锁紧螺母，拧动调节螺栓，使输送链张紧度达到标准值，然后将锁紧螺母和固定螺母拧紧。

(9) 脱粒喂入装置的检查与调整

①脱粒喂入装置的检查：检查喂入链链条张紧度是否合适（洋马人民号水稻收割机要求导轨中部链条挠度为20～25毫米）；压草板与喂入链间隙是否为零；压草板导杆润滑是否良好，上下运动是否自如。

②压草板与喂入链间隙的调整：松开辅助压草片及压草板支架上的腰形孔紧固螺栓，改变压草片的上下位置。

③喂入链张紧度的调整：松开喂入链张紧弹簧片固定螺栓，改变张紧弹簧片的位置。

(10) 脱粒装置技术状态的检查

①检查脱粒滚筒有无穿孔，弓齿有无严重磨损，各固定螺栓固定是否可靠；

②检查滚筒转动是否灵活，有无碰擦，有无明显轴向窜动，前

后挡革圈有无严重磨损；

③检查切禾刀是否锋利、齿纹磨损是否超限（切禾刀齿纹高度不低于1毫米）；

④检查凹板筛筛网有无破损，凹板筛压条（加强筋）有无严重磨损；

⑤检查滚筒上盖导流板调节手柄（送尘调节手柄）有无松动。

（11）清粮装置技术状态的检查

①检查振动筛各密封垫有无破损，安装位置是否正确；

②检查风扇转动有无碰擦，叶片有无裂纹或严重变形，风道有无堵塞；

③检查搅龙叶片高度磨损是否超限。搅龙顶与搅龙槽应有6～8毫米的间隙，如不对，易造成输送能力下降，作物籽粒产生剥壳、碎米等现象。

（12）茎秆处理装置技术状态的检查与更换

①茎秆处理装置的检查：检查排草链张紧度是否合适（洋马人民号水稻收割机要求排草链调节杆台阶平面与支承平面间隙为3毫米）；检查切草刀磨损是否超限（刀片折皱状齿纹高度不足1毫米时应更换），由于高速刀片比低速刀片磨损快，中间刀片比两边刀片磨损快，使用中可以互换延长使用期；检查切草刀片、两端的刮草板安装方向是否正确；检查高、低速切草刀片轴向间隙是否合适（一般为3～5毫米），间隙大。会造成夹草堵塞。

②排草链张紧度的调整：松开链条张紧度锁紧螺母，拧动调节螺母使调节杆台阶平面与支承平面间隙为标准值，调整后用锁紧螺母固定好。

③切草机刀片轴向间隙的调整：松开切草机皮带，拧松高速轴紧固螺母，增减高速轴两边垫片。

（13）操纵机构的检查与调整

①割取离合器和脱粒离合器手柄的检查与调整：检查割取离合器手柄和脱粒离合器手柄的自由行程（洋马人民号水稻收割机为60毫米），如自由行程过大，须及时调整张紧弹簧的长度，张紧割

取传动皮带或脱粒传动皮带。

②转向离合器手柄的检查与调整：检查左右转向手柄行程是否一致，行程太长或太短，须调整转向离合器手柄行程。调整时，拧动转向离合器下面的连杆锁紧螺母，调节连杆长度，使连杆下部的腰形长孔与变速箱转向臂轴销之间有0～0.5毫米的间隙。

水稻收割机收割脱粒部件的检查与调整一览表

检查、调节部位	标准值	内　容	检查、更换期
割刀间隙调节	0.1～0.5毫米	拧紧压板调节螺母	经常
切禾刀		研磨	50小时研磨或更换
扶禾链	223～228毫米（Ce-2M型） 138～143毫米（Ce-1M型）	张紧弹簧长度	每50小时
右上输送链	2～3毫米	A间隙	每50小时
左上输送链	2～3毫米	A间隙	每50小时
穗部搬送链（左）（Ce-2M型）	3～7毫米	用手指压下的挠度	每50小时
辅助输送链	177～183毫米	张紧弹簧长度	每50小时
左、右下输送链	95～98毫米	张紧弹簧长度	每50小时
纵输送链	5～7毫米	A间隙	每50小时
喂入链	20～25毫米	以适当力提起链条中部与链台的间隙	每50小时
排草链	3毫米	A间隙	每50小时
梳刷皮带	10～15毫米	用手指压下的挠度	每50小时
割取离合器皮带	8～10毫米	弹簧座与杆的间隙	每50小时
脱粒离合器皮带	145～148毫米	张紧弹簧长度	每50小时
清选输入皮带	107～111毫米	张紧弹簧长度	每50小时
主滚筒驱动皮带	128～132毫米	张紧弹簧长度	每50小时
清选皮带	132～136毫米	张紧弹簧长度	每50小时

（续）

检查、调节部位	标准值	内　容	检查、更换期
振动筛驱动皮带	84～88 毫米	张紧弹簧长度	每 50 小时
冷却风扇传动皮带	10～15 毫米	用手指压下的挠度	每 50 小时
排草驱动皮带	96～100 毫米	张紧弹簧长度	每 50 小时
行走驱动皮带	223～227 毫米	张紧弹簧长度	每 50 小时
履带	10～15 毫米	用千斤顶支起车架时履带与第三支重轮间隙	首次 30 小时，以后每 50 小时
弓齿的检查和拧紧		用扳手拧紧	经常
主滚筒紧固螺栓拧紧		用 17×19 扳手拧紧	经常
各皮带轮固定螺栓拧紧		用扳手拧紧	经常
支重轮、导向轮		加黄油	每 200 小时
压草板与喂入链间隙		调节腰形孔内螺栓	每 50 小时
副排草链	2～3 毫米（链条松弛量 10～15 毫米）	张紧顶块与导向轮轴间隙	每 50 小时

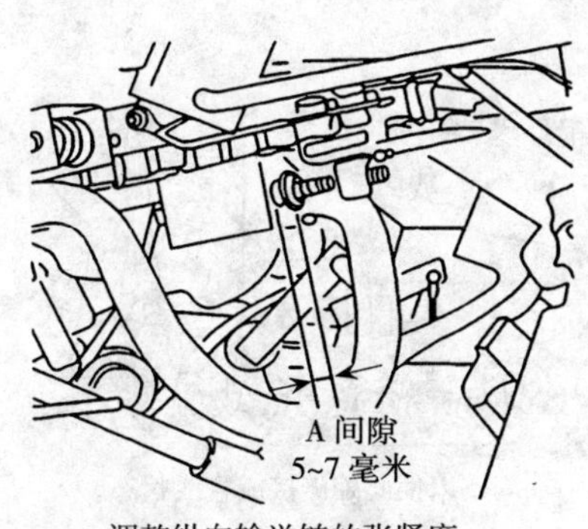

调整纵向输送链的张紧度

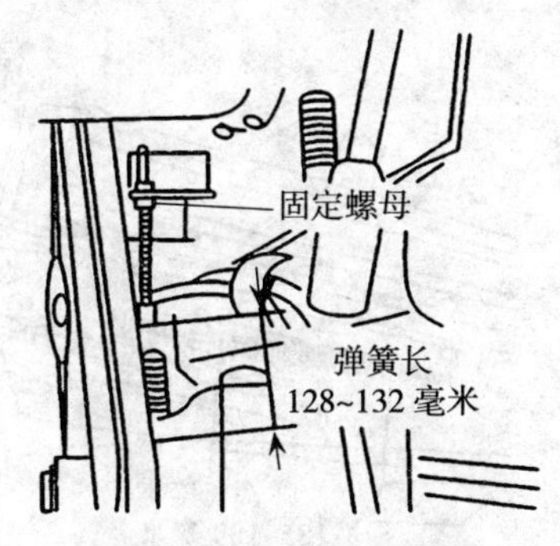

调整主滚筒传动皮带的张紧度

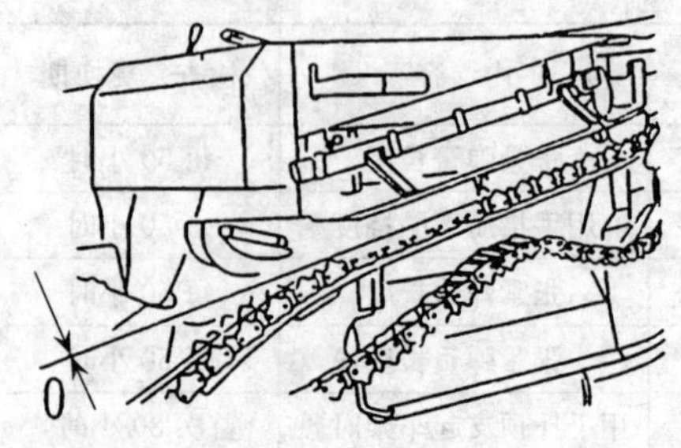

调整压草板与喂入链的间隙

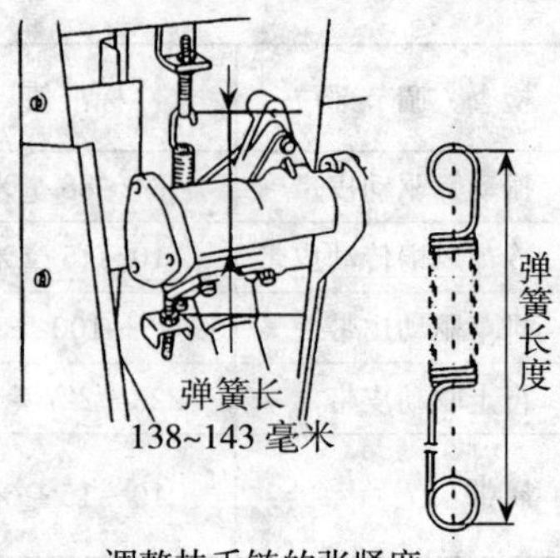

调整扶禾链的张紧度

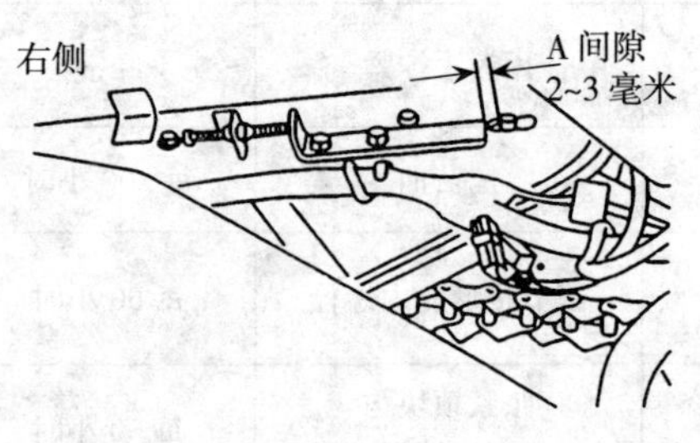

调整右上输送链的张紧度

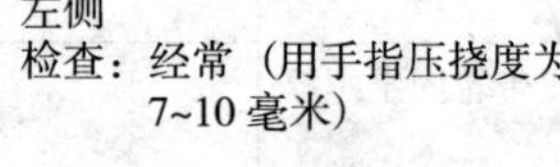

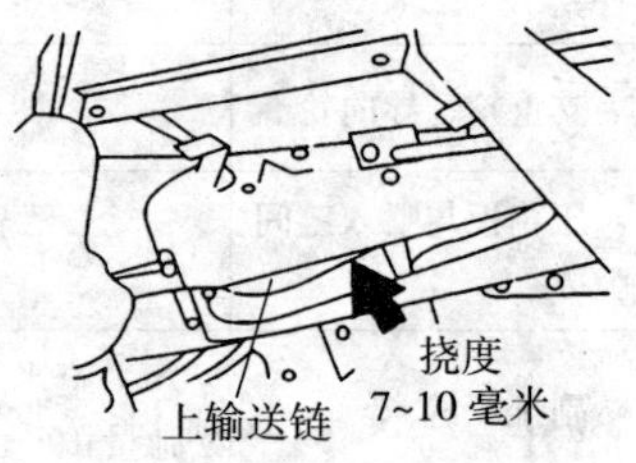

调整左上输送链的张紧度

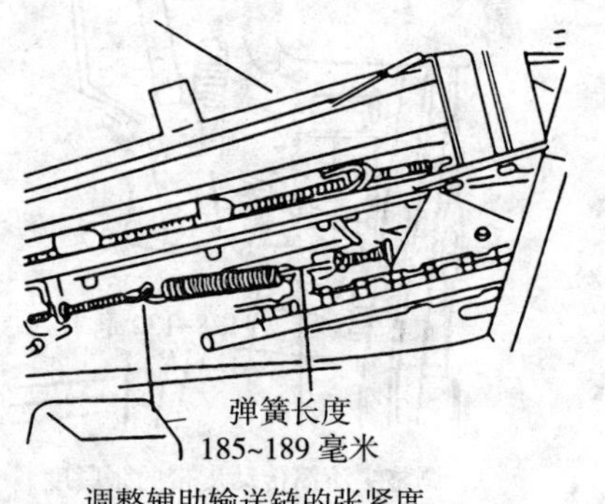

调整辅助输送链的张紧度

调整喂入链的张紧度

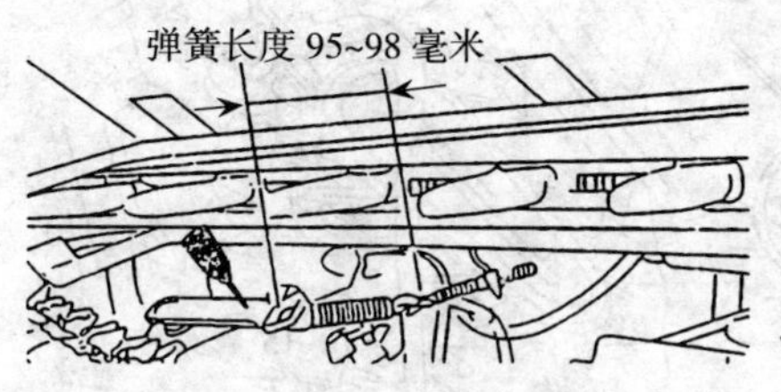

调整右下输送链的张紧度

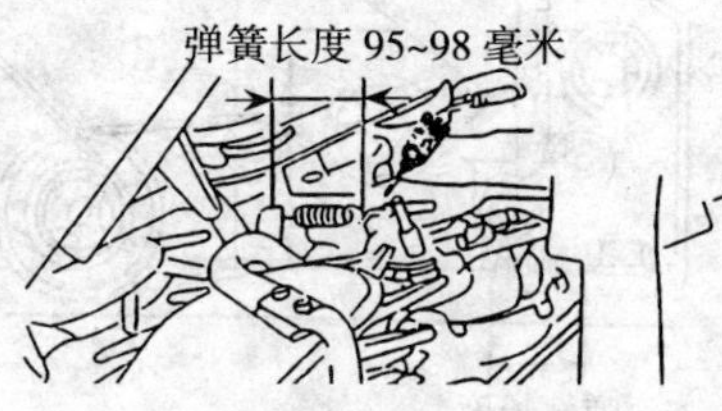

调整左下输送链的张紧度

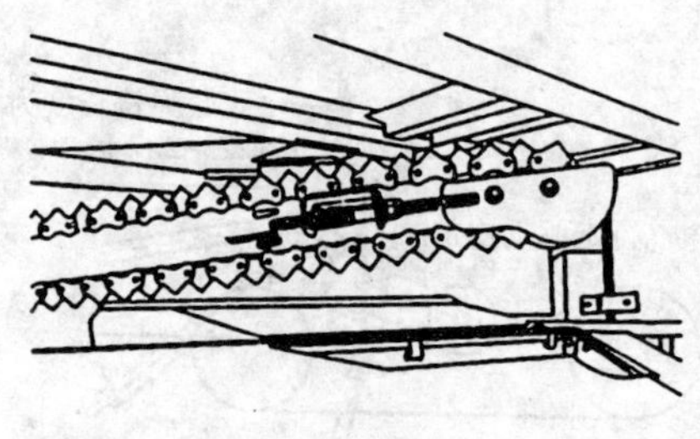

调整排草链的张紧度

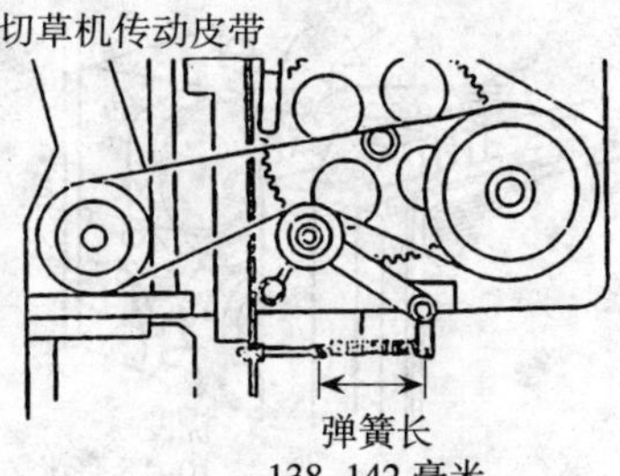

调整排草机传动皮带的张紧度

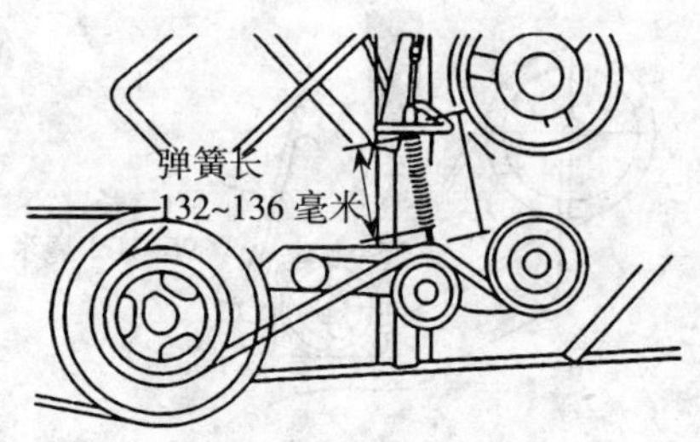

调整清选皮带的张紧度

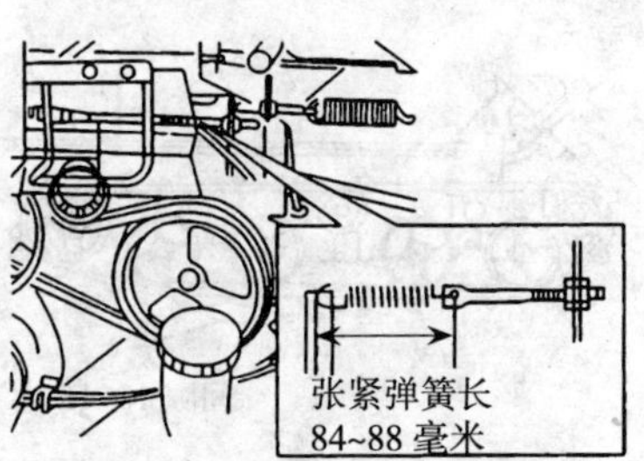

调整振动筛传动皮带的张紧度

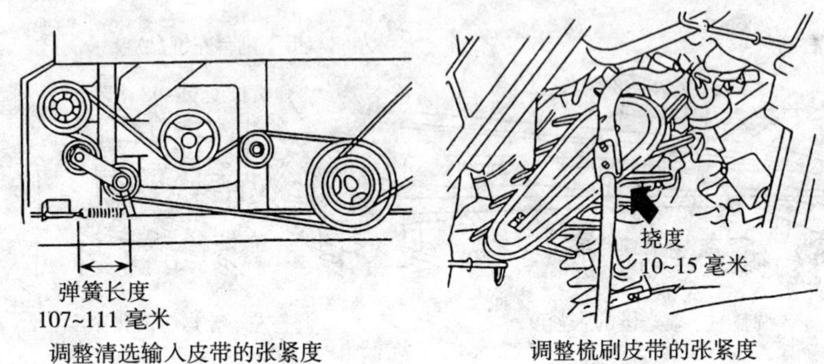

调整清选输入皮带的张紧度

调整梳刷皮带的张紧度

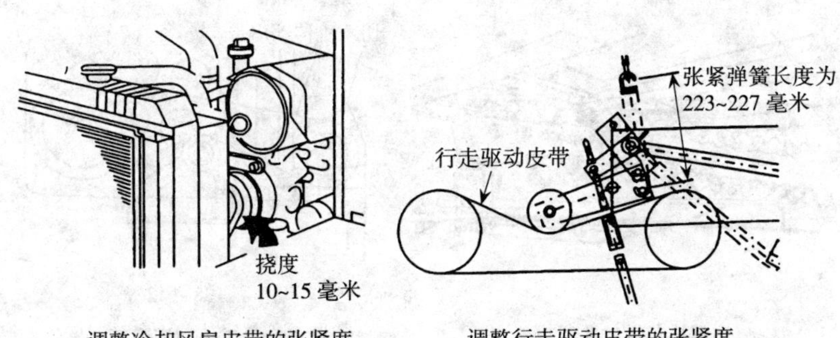

调整冷却风扇皮带的张紧度

调整行走驱动皮带的张紧度

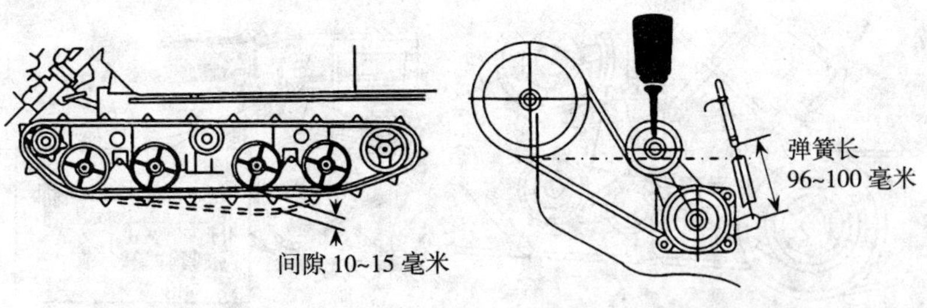

调整履带的张紧度

调整排草传动皮带的张紧度

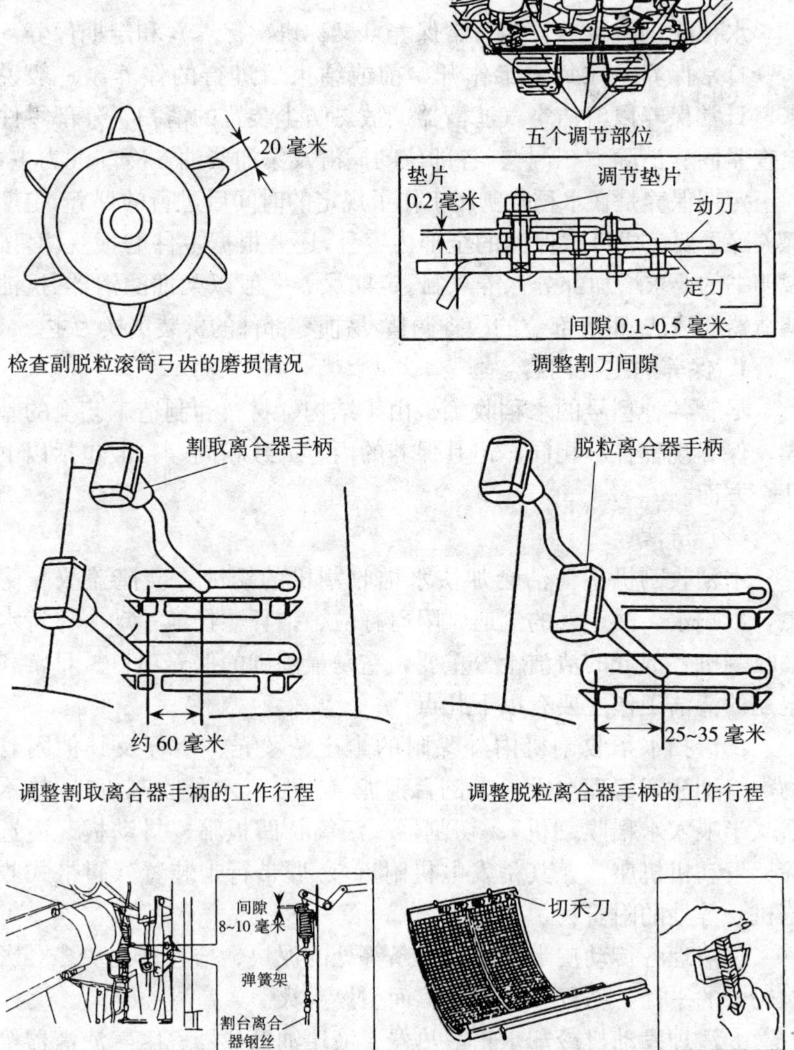

检查副脱粒滚筒弓齿的磨损情况

调整割刀间隙

调整割取离合器手柄的工作行程

调整脱粒离合器手柄的工作行程

调整割台离合器间隙

检查脱粒切禾刀的磨损情况

水稻收割机脱粒部件的主要检查与调整

五、保养

水稻收割机保养分为日常保养（又称班次保养）和定期保养。

日常保养是在每班工作开始前或结束后进行的保养。一般说来，日常保养以清洁空气滤清器、散热防尘装置的清扫、外部零件检查紧固、消除“三漏”、各部位的润滑及添加柴油、冷却液为主。

定期保养是在水稻收割机工作了规定的时间后进行的保养。定期保养除了要完成班次保养的全部内容外，还要根据零件磨损规律，按说明书的要求增加部分保养项目。定期保养一般以柴油滤清器、机油滤清器的清洁，重要部位的检查调整，易损零部件的拆装更换为主。

1. 保养的主要内容

尽管各种型号的水稻收割机由于结构、材料和制造工艺上的差异，保养规程各不相同，但其保养的内容大致相同，一般包括以下几个方面。

（1）清洁

水稻收割机不清洁会加快水稻收割机的锈蚀，会掩盖故障隐患，影响水、油、气的流通，阻碍籽粒、秸秆顺畅地移动。保持水稻收割机各部分的清洁十分重要，它是最基础的保养项目。日常和定期的清洁工作主要有以下几点。

①清扫水稻收割机内外黏附的尘土、颖壳、茎秆及其他附着物，特别注意清理拨禾轮、割台搅龙（全喂入水稻收割机）、扶禾器（半喂入水稻收割机）、切割器、滚筒、凹板筛、抖动板、清选筛、发动机机座（尤其是发电机附近）、履带行走装置（履带式收割机）等处的附着物。

②清理各传动皮带和传动链条等处的泥块、秸秆。泥块多会影响轮子的平衡，秸秆可能因摩擦而引燃起火。

③清理发动机冷却水箱散热器、液压油散热器、空气滤清器等处的草屑、秸秆等污物。

④按规定定期清洗柴油滤清器、机油滤清器滤芯（或机油滤清器）；定期清洗或清扫空气滤清器（注意：部分收割机的空气滤清

器只能清扫不能清洗)。

⑤定期放出柴油箱、柴油滤清器内的水和机械杂质等沉淀物。

(2) 检查、紧固和调整

水稻收割机在工作过程中，由于振动及各种力的作用，原先已紧固、调整好的部位会发生松动和失调；还有不少零件由于磨损、变形等原因，导致配合间隙变大或传动带（链）变形，传动失效。因此，检查、紧固和调整是水稻收割机日常维护的重要内容。

①检查各紧固螺钉有无松动情况，特别是检查各传动轴的轴承座、过桥轴输出皮带轮、割刀传动轴皮带轮、筛箱驱动臂等处固定螺钉。

②检查割刀刀片的磨损情况，有无松动和损坏；检查动刀片与定刀片的间隙。

③检查各传动皮带、传动链的张紧度，必要时进行调整。

④检查脱粒、清选装置的密封橡胶板等处密封状态，是否有漏粮现象。

⑤检查制动系统、转向系统功能是否可靠，自由行程是否符合规定。

⑥检查驾驶室中各仪表、操纵机构是否正常。

⑦检查电气线路的连接和绝缘情况，有无损坏和短路。

⑧半喂入水稻收割机还要检查滚筒弓齿、凹板筛、切禾刀、切草机的切草刀、履带驱动轮的磨损程度，检查喂入链与压草板的间隙及履带的张紧度等，必要时进行调整。

(3) 更换

在水稻收割机中，有些零件属于易损件，必须按规定检查和更换，如“三滤”的滤芯、传动链、传动皮带、割刀刀片或割刀总成、拨指、脱粒齿、切禾刀、切草刀、履带驱动轮等。

(4) 加添与润滑

①及时加添柴油：加添柴油最重要的是加添柴油的品种和牌号应合格，并沉淀 48 小时以上，不含机械杂质和水分。

②及时检查加添冷却水:加捺冷却水,最重要的是加添干净的软

水(或纯净水),不要加脏污的硬水(钙盐、镁盐含量较多的水)等。

③定期检查蓄电池电解液,不足时及时补充。

④按规定给水稻收割机的各运动部位,如割刀、扶禾链、输送链、各铰链连接点、轴承、各黄油嘴、发动机、传动箱、液压油箱等加添润滑剂。

加添润滑剂最重要的是要做到“四定”,即定质、定量、定时、定点。“定质”就是要保证润滑剂的质量,润滑剂应选用规定的油品和牌号,保证润滑剂的清洁。“定量”就是按规定的量给各油箱、润滑点加油,不能多,也不能少。“定时”就是按规定的加油间隔期,给各润滑部位加油。“定点”就是要明确水稻收割机的润滑部位。

2. 日常保养

日常保养是保持水稻收割机良好技术状态的基础,保养中除清洁、润滑、添加和坚固外,及时的检查能发现小问题并予以纠正,可以有效地预防和减少故障的发生。日常保养可分为班前保养和班后保养。

(1)日常保养的主要内容

①检查并清扫空气滤芯、空气前滤清器、液压油冷却器、散热器网格及发动机防尘装置。

②机油的检查、主副水箱的水量检查、电解液的检查及有无漏水、漏油现象。

③各清扫处的打扫(主要是两搅龙清扫口)。

④各链条传动主动轮和被动轮与其轴之间缠绕的茎草需清除,清除传动皮带轮轴上缠绕的茎草。

⑤各链条、切草刀片的加油润滑。清除割刀上的泥土和草屑,检查刀片的损伤及上下刀片间隙,并加油润滑(链条及割刀每工作2小时加注一次润滑油)。

⑥检查扶禾链张紧弹簧是否松弛,无法张紧时去链节检查拨指,变形严重者更换。

⑦脱粒室凹板筛、振动筛要清除积灰、茎草(在作物青、水分高时很重要)。检查凹板筛的磨损程度,必要时更换。

⑧检查切禾刀锋利程度，必要时研磨或更换；检查弓齿，必要时反向安装或更换；切草机的清扫；割刀的清扫保养。

⑨检查并调整压草板与喂入链的间隙为 0；压草板弹簧注油润滑。

⑩检查履带张紧状况，必要时张紧。履带驱动轮、支重轮、导向轮、托带轮、导轨、机架、副变速箱之间缠进的泥土、杂草必须清除，否则将增大行走阻抗，功率减少，履带、驱动轮等早期磨损。

⑪油箱加足燃油。

⑫发动水稻收割机，检查联合收割机各部分是否正常运转（包括检查脱粒深度传感器是否动作）。

⑬检查螺栓及螺母是否松动。

（2）班前保养

①检查电解液、柴油、机油、液压油及传动部件润滑油和水，不足时应及时添加符合要求的油、水。电解液、柴油、机油、液压油量应位于检油尺上下刻线之间；主水箱要注满水；副水箱的水要在线之间。

②检查电路、感应器部件，如有被秸秆杂草缠堵的应予清除。

③检查行走机构，履带驱动轮、支重轮、导向轮、托带轮、导轨、机架、副变速箱之间缠进的泥土、杂草和秸秆必须清除，否则将增大行走阻抗，造成功率减小以及履带、驱动轮等早期磨损。橡胶履带如有松弛应于调整。

④检查收割，输送、脱粒等系统的部件，检查割刀间隙、链条和传动带的张紧度、弹簧弹力等是否正常。

⑤清洁水稻收割机，检查机油冷却器、散热器、空气滤清器、防尘网以及传动带罩壳等处的部件，如有尘草堵塞应予清除，清扫蓄电池的通气孔。

因整个液压系统的液压油依靠发动机散热器外侧的油冷器来散热，因此在收割作业中也要及时清理发动机室盖及油冷器外侧的防尘门上的灰尘、草屑，从而保证空气流通达到散热目的，以防因液压油温的异常升高而导致液压柱塞、泵柱塞磨损的加快。

(3) 班后保养

①清除机上的泥沙、积草及运动件的缠草，必要时作业过程中可进行数次；

②清除整机上的积尘及污物；

③检查易损件是否要调整或更换；

④放下割台，液压手柄置于空挡并锁定；把各高合器操纵手柄放回“合”的位置，以免弹簧常处于压缩状态而变形；

⑤每天作业后，向各部位链条注油，使油有充分的时间渗入链节内，保证第二天正常作业。

3. 定期保养

①首次工作满 50 小时后，必须更换发动机机油、各传动箱齿轮油、支重轮和导向轮轴承内的润滑油。更换时必须使用规定牌号的油品。发动机机油以后每间隔 160 小时更换一次，清洁的机油能润滑发动机的内部部件，减少摩擦。

②首次工作满 50 小时后，必须更换液压油，变速箱每运行 400 小时后更换一次液压油，运行1 000小时以上，需要分解保养。因为主变速箱采用液压无级变速技术，为了延长液压发动机的使用寿命，保证液压油的干净及润滑有效十分重要。同时在更换液压油时必须注意使用厂方指定的油类牌号。

首次工作满 50 小时后必须更换燃油滤芯和机油滤芯，以后每隔 200 小时必须更换。

在更换液压油时还要注意按要求更换液压油滤芯和 HST 滤芯，以免因滤芯脏而堵塞，造成供油压力过高损坏滤芯，使油路垃圾直接进入供油回路，造成各液压元件磨损过大。HST 滤芯每隔 300 小时更换一次。

更换燃、机、液压油及 HST 滤芯时，应先在滤芯内加满油，浸泡 10～20 分钟后再装上，这样可以使滤芯有良好的通透性，防止启动时滤芯被压力压扁或被吸力吸破。

③空气滤清器滤芯每 300 小时更换一次。

④工作满200小时后应更换各传动带、主滚筒弓齿(可反向使用)、

切草刀、副滚洞弓齿、搅龙切刀、振动筛密封胶条、导向轮等。

⑤为减少单向离合器的早期磨损和防止失效，保证割台的正常下作，需特别注意割台驱动皮带的定期检查。调整其皮带松紧度的检查方法：移动收割离合器手柄到垂直位置时应感到有力，否则需调整其张紧弹簧的长度。皮带不能过松或过紧。单向离合器最好每隔 400 小时更换一次新的。

⑥谷粒竖直输送螺旋杆使用期限为 400 小时，二次筛选输送螺旋杆使用期限为1 000小时。

⑦割刀及整机所有的链条每工作 3 小时加注一次润滑油。

⑧收割机在磨合运转时，链条、传动带和履带会发生初期伸长，所以在最初使用 20 小时后必须调整其张紧度。履带以后每间隔 50 小时调整一次，最好工作 800 小时后更换一次。

⑨支重轮轴承每工作 500 小时要加注机油，1 000小时后要更换。驱动轮首次满 300 小时左右换装一次，以后每 500 小时左右换装一次或更换。

⑩一般工作700小时后，割台左右喂入轮和中间喂入轮互换位置。

⑪电气系统导线每年应检查一次。

⑫燃油管、散热器接管、高压油管等橡胶类零部件每 2 年应更换一次。

洋马半喂入式水稻收割机的定期保养一览表

部位	时间（小时）	50	100	150	200	250	300	350	400	450	500	600	800	900	1000	1 年	2 年
割取部	拨指的更换	○	○	○	○	○	○	○	△	○	○	○	△	○	○		
	扶禾张紧滚轮轴套的更换								△				△				
	扶禾导轨的更换												△				
	扶禾链齿轮的更换												△				
	扶禾链的调整更换	○	○	○	○	○	○	○	△	○	○	○	△	○	○		

（续）

部位	时间（小时）	50	100	150	200	250	300	350	400	450	500	600	800	900	1000	1年	2年
割取部	星轮的更换				○				△				△				
	星轮支架轴承的更换								△				△				
	割刀间隙的调整和更换	○	○	○	○	○	○	○	△	○	○	△	△	○	△		
	割刀曲柄部的更换								○				△				
	割刀驱动轴承的更换					△						△		△			
	割刀驱动曲柄轴承的更换								△				△				
	梳刷皮带的调整和更换	○	○	○	○	○	○	○	△	○	○	○	△	○	○		
	左下输送链的调整和更换	○	○	○	○	○	○	○	△	○	○	○	△	○	○		
	右下输送链的调整和更换	○	○	○	○	○	○	○	△	○	○	○	△	○	○		
	左上输送链的调整和更换	○	○	○	○	○	○	○	△	○	○	○	△	○	○		
	右上输送链的调整和更换	○	○	○	○	○	○	○	△	○	○	○	△	○	○		
	穗部搬送链（左）	○	○	○	○	○	○	○	△	○	○	○	△	○	○		
	穗部搬拨指（右）	○	○	○	○	○	○	○	△	○	○	○	△	○	○		
	纵输送链的调整和更换	○	○	○	○	○	○	○	△	○	○	○	△	○	○		
	辅助输送链的调整和更换	○	○	○	○	○	○	○	△	○	○	○	△	○	○		
脱粒部	主滚筒的前盖				△				△			△	△		△		
	弓齿的更换	○	○	○	○	○	○	○	△	○	○	△	△	○	○		
	切禾刀的更换	○	○	○	○	○	○	○	△	○	○	△	△	○	○		

（续）

部位	时间（小时）	50	100	150	200	250	300	350	400	450	500	600	800	900	1000	1年	2年
脱粒部	凹板筛网的更换	○	○	○	○	○	○	○	△	○	○	○	△	○	○		
	喂入链的调整和更换	○							△				△				
	副滚筒板齿的更换								○				△				
	一次搅龙的更换								△				△				
	二次搅龙的更换								△				△				
	提升搅龙的更换								△				△				
	斜搅龙的更换								△				△				
	清选输入皮带的调整和更换	○	○	○	○	○	○	○	△	○	○	○	△	○	○		
	清选皮带的调整和更换	○	○	○	○	○	○	○	△	○	○	○	△	○	○		
	振动筛驱动皮带的调整和更换	○	○	○	○	○	○	○	△	○	○	○	△	○	○		
	主滚筒驱动皮带的调整和更换	○	○	○	○	○	○	○	△	○	○	○	△	○	○		
	排草驱动皮带的调整和更换	○	○	○	○	○	○	○	△	○	○	○	△	○	○		
	脱粒驱动皮带的调整和更换	○	○	○	○	○	○	○	△	○	○	○	△	○	○		
	排草链的调整和更换								△				△	○			
行走部、操作部	驱动轮的更换				△				△			△	△		△		
	导向轮、油封、轴承的更换								△				△				
	支重轮、油封、轴承的更换								△				△				
	托带轮、油封、轴承的更换				○				△			○	△		○		

（续）

部位	时间（小时）	50	100	150	200	250	300	350	400	450	500	600	800	900	1000	1 年	2 年
行走部、操作部	单向离合器的更换								△				△				
	转向离合器的更换	○	○	○	○	○	○	○	○	○	○	○	○	○	○		
	HST 液压油冷却器的清扫	○	○	○	○	○	○	○	○	○	○	○	○	○	○		
	HST 液压油滤芯的更换								△				△				
	行走皮带的调整和更换	○			○				△			○	△		○		
	割取离合器钢丝的调整和更换	○	○	○	○	○	○	○	○	○	△	○	○	○	△		
	履带的调整和更换	○	○	○	○	○	○	○	○	○	○	○	△	○	○		
电装部	蓄电池的检查和更换	○	○	○	○	○	○	○	○	○	○	○	△	○	○	△	△
	脱粒深度传感器 M-H 的检查															○	○
	脱粒深度传感器 L 的检查															○	○
	发电机的清扫检查				○				○			○	○		○	△	
发动机部	柴油滤芯的更换		△		△		△		△		△	△	△	△	△		
	柴油沉淀杯的排污、清洗	○	○	○	△	○	○	○	△	○	○	△	△	○	△		
	燃油箱的排污、除水		○		○		○		○	○	○	○	○	○	○		

（续）

部位	时间（小时）	50	100	150	200	250	300	350	400	450	500	600	800	900	1000	1年	2年
发动机部	空气滤芯的清扫和更换	○	○	○	○	○	○	○	△	○	○	○	△	○	○		
	散热器的清扫	○	○	○	○	○	○	○	○	○	○	○	○	○	○		
	风扇皮带的调整和更换	○	○	○	○	○	○	○		○	○	○	△	○	○		
	机油滤芯的更换	△		△		△		△		△		△	△	△	△		
	机油的更换	△		△		△		△		△	△	△	△	△	△		
	冷却水的检查	○	○	○	○	○	○	○	○	○	○	○	○	○	○		
切草机部	切草刀片的更换				△				△			△	△		△		
	切草机驱动皮带的调整和更换	○			○				△			○	△		○		
	灭火器	○	○	○	○	○	○	○	○	○	○	○	○	○	○		

○：检查、调整和清扫　　　△：更换的基准

湖州-100E联合收割机主要保养项目

项目	保养部位	检查内容	保养时间				加油种类
			生产季节前	每日	每50亩	存放时	
割台部分	割台箱	油量	检查	—	检查	换油	齿轮油
	割台输送链组合	伸长量	检查	—	检查	检查	—
		润滑	加油	加油	—	加油	机油
	切割器组合	磨损	检查	检查	—	—	—
		润滑	加油	加油	—	加油	废机油
	切割器传动系	润滑	加油	加油	检查	加油	或机油
	统及各润滑点	间隙	检查	检查	调整	检查	钙基脂
	拨禾轮轴	润滑	加油	加油		加油	机油

（续）

项目	保养部位	检查内容	保养时间				加油种类
			生产季节前	每日	每 50 亩	存放时	
夹持输送部分	支持链组合	伸长量	检查	—	检查	—	—
		润滑	加油	加油	—	加油	废机油
	输送箱	油量	检查	—	检查	换油	或机油
	夹持链滚柱	磨损	检查	—	检查	检查	齿轮油
	各滚动轴承	润滑	拆下加油	—	—	检查	锂基脂
脱粒部分	脱粒夹持滑套	润滑	加油	加油	—	加油	机油
	脱粒弓齿栅条	磨损	检查	—	检查	检查	—
	滚筒切草刀	磨损	检查	—	检查	涂油	钙基脂
	搅龙、滚筒、风扇的支承轴承	润滑	拆下加油	—	—	—	锂基脂
传动部分	各传动皮带	伸长量	检查	检查	—	检查	—
	各传动链条	伸长量	检查	—	检查	检查	机油
		润滑	加油	加油	—	加油	—
	分动箱	油量	检查	—	检查	换油	T30 机油
底盘部分	传动箱	油量	检查	—	检查	换油	钙基脂
	支重轮组合	润滑	检查	—	—	换油	钙基脂
	导向轮组合	润滑	检查	加油	—	换油	钙基脂
	操纵杆各铰接点	润滑	加油	—	—	加油	废机油

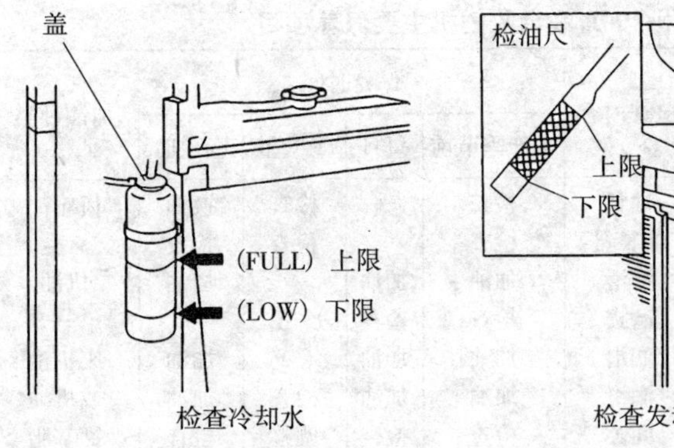

检查冷却水　　检查发动机机油

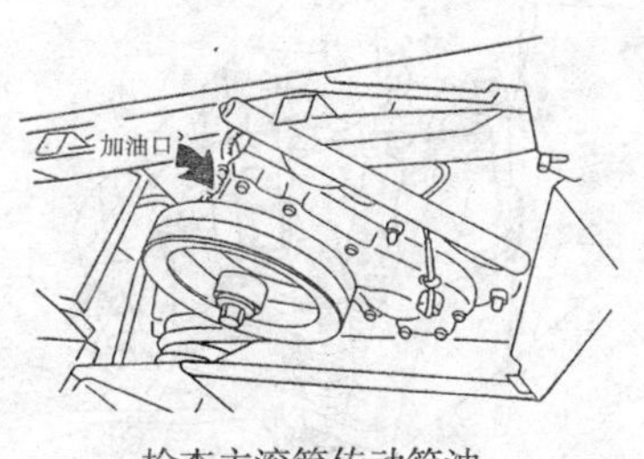

检查主滚筒传动箱油

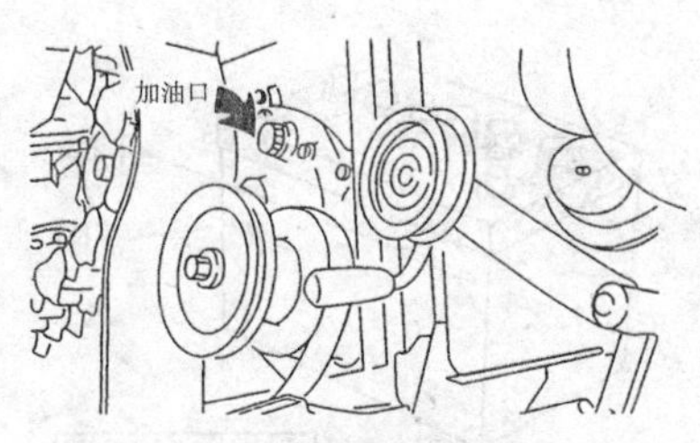

检查输入链传动箱油

检查脱粒传动箱油

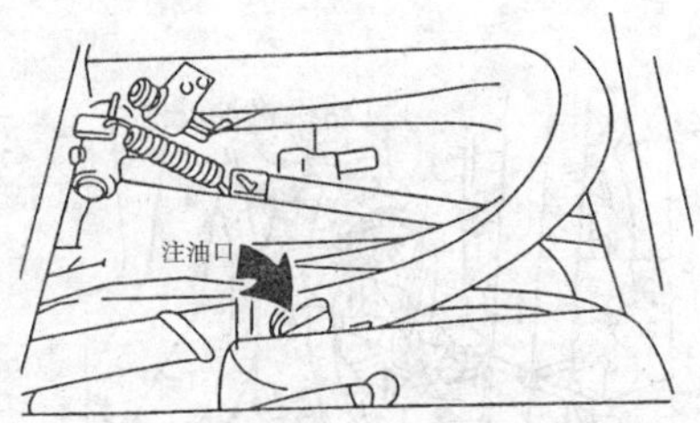

检查液压油箱油

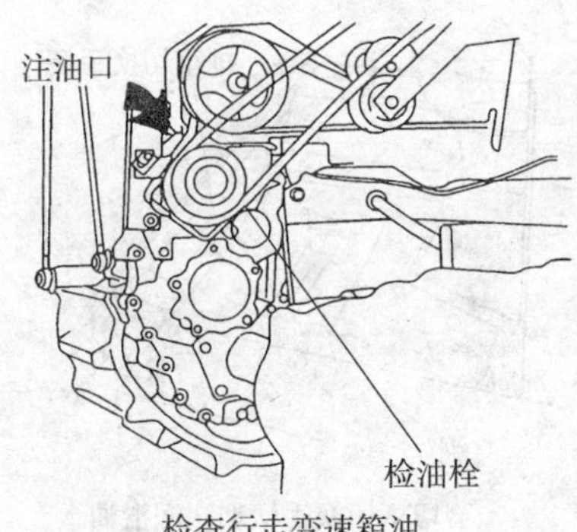

检查行走变速箱油

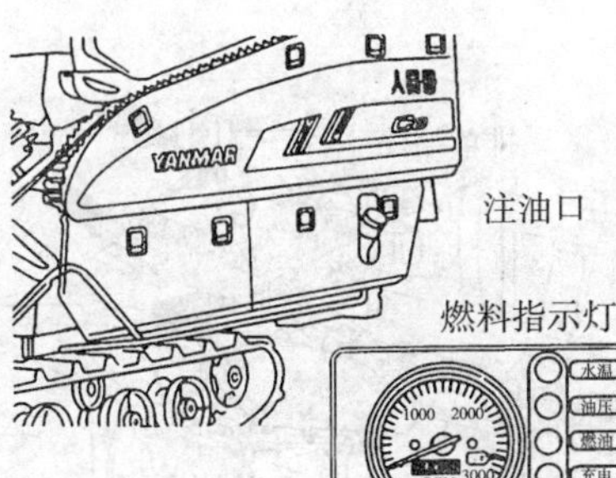

检查燃油（柴油）

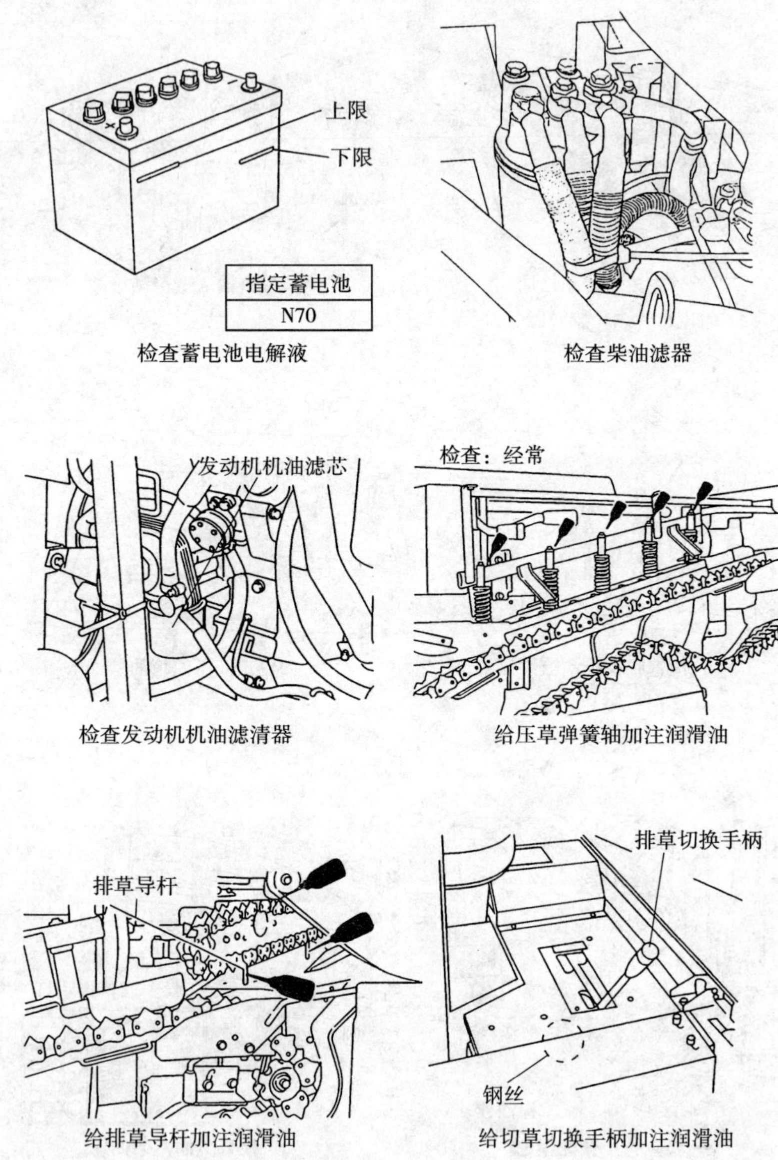

检查蓄电池电解液

检查柴油滤器

检查发动机机油滤清器

给压草弹簧轴加注润滑油

给排草导杆加注润滑油

给切草切换手柄加注润滑油

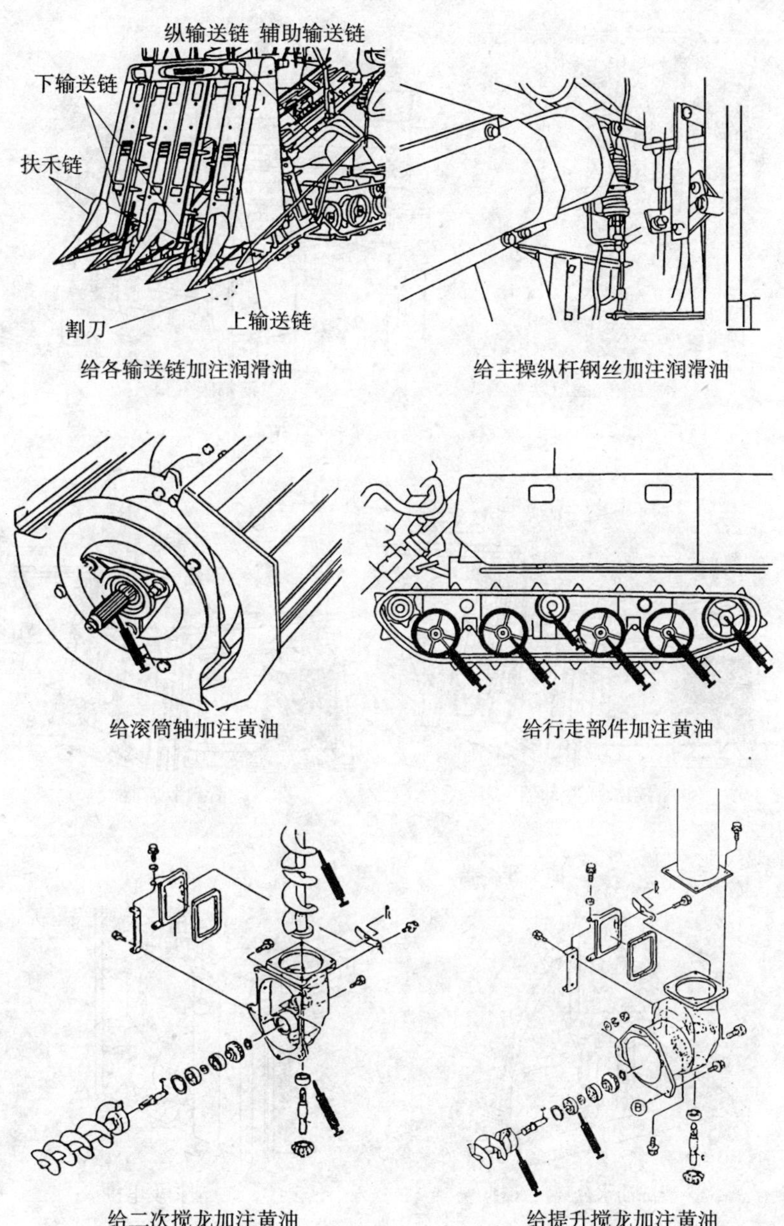

给各输送链加注润滑油

给主操纵杆钢丝加注润滑油

给滚筒轴加注黄油

给行走部件加注黄油

给二次搅龙加注黄油

给提升搅龙加注黄油

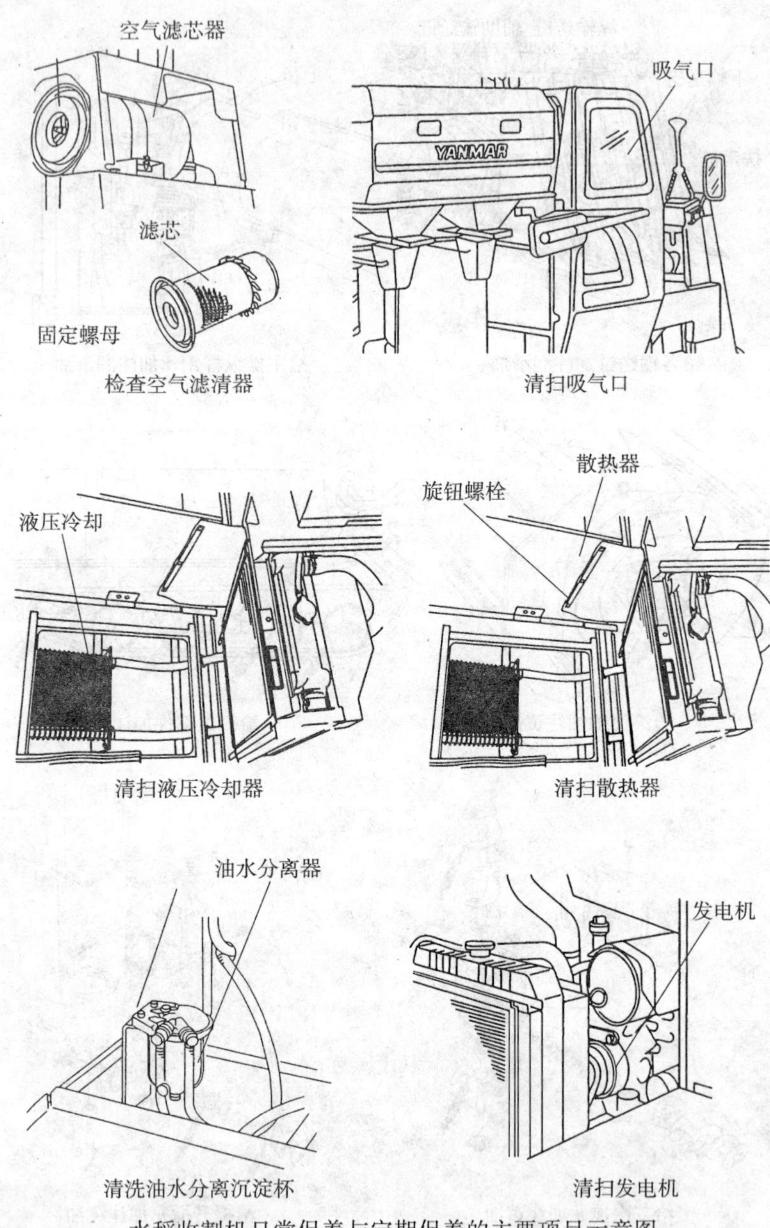

水稻收割机日常保养与定期保养的主要项目示意图

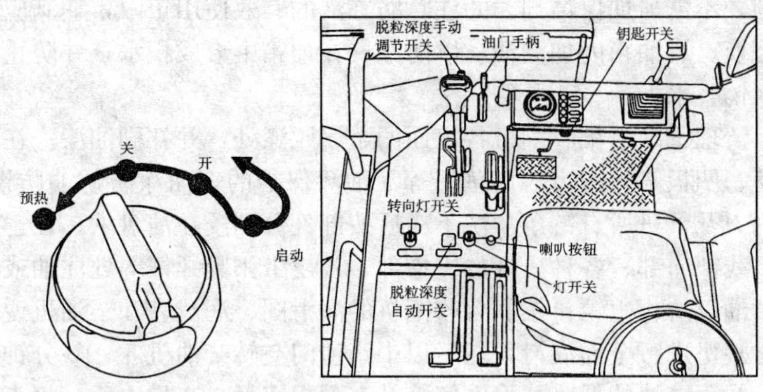

4. 季度保养

季度保养属于定期保养，是指完成一个季节作物收割所进行的技术保养。水稻收割机结构复杂，一次性投资较大，而使用时间短（在南方一般在夏收和秋收两季节时使用，一年中使用时间约一个月），闲置存放的时间长，因此在秋收作业结束后，驾驶员应及时做好维护保养和封存工作，使之工作状态良好，这对延长收割机的使用寿命和下一年的使用很重要。

（1）入库前的准备

①做好清洗、防冻、防锈工作：打开水稻收割机各部位的检视孔盖，拆下所有的防护罩，清扫所有部位的泥土和稻草。重点包括：清扫滚筒室、搅龙、过桥输送室内的残存杂物；清除小抖动板、风扇涡壳内外、变速箱外部、割台、驾驶台、发动机外表等部位残存的秸秆杂草和泥土杂物等。清扫完毕后，要启动水稻收割机，让各个工作部件高速转运3～5分钟，排尽所有的残存物质，然后用水冲洗水稻收割机外部，再开动水稻收割机高速运转3～5分钟，以除去水稻收割机里面残存的水。

特别注意：清洗时绝对不能将水溅到电气部分，以免转向开关、电磁阀等各电器元件因遇水而失效，影响对变速箱的控制。

为防止发动机在寒冬被冻裂，需排放散热器及备用水箱内的冷却水，或者在散热器中加入清水和防冻液各一半，防冻液里含有防锈剂，不需另加保洁剂。并注意防冻液的有效使用年限，期满应及时更换。燃油箱内加满油，以防潮气在油箱中形成积水，并防止产生水锈、水垢。

清理干净水稻收割机各表面的金属脱漆处，并补刷油漆。在主滚筒、凹板筛、弓齿、切草刀等无油漆保护的表面涂防锈油防锈。将割刀及整机所有链条清洗干净后按部件分别浸在油盘中。在选择板拉线裸露部、各种压杆的支撑部、各皮带张紧螺杆等处注油或涂布黄油以防止生锈，按联合收割机的润滑图、润滑表和柴油机说明书对整机进行全面润滑，然后以中小油门空转柴油机5～10分钟。

②蓄电池的保养：将电解液补充到规定量，充足电后，将表面擦洗干净，在电桩表面涂上凡士林，然后放置在阳光照射不到的干燥处。如要保存在机车上，一定要将负极电缆从蓄电池的负极端子上拆下。蓄电池在保存中也会自然放电，因此夏季每2个月、冬季每3个月充电一次。另外，长期存放应将电瓶负极与水稻收割机分离或拆除。

③电动机的保养：电动机应该放在干燥、通风、清洁的库房里。不能把电动机与农药、化肥等易潮物品放在一起，也不能放在湿地上或容易被雨水淋湿的场所。因为电动机容易受潮，一受潮，内部绝缘性能下降，易造成短路、搭铁、漏电，甚至烧坏线圈。

④传动皮带的保养：取下所有的传动皮带，检查有没有因为使用时间长久而发生打滑、烧伤或老化、破损等情况，如果有的话，予以更换。因橡胶件受潮或沾上油，容易老化产生裂纹，缩短使用寿命，因此对于还可以继续使用的传动带，要清理干净，抹上滑石粉，做好标记，挂在墙壁上或者放在干燥通风的地方。

⑤割台装置：

- 拆下所有的滚轮及张紧轮，用柴油清洗后涂上机油。
- 检查输进拨指、扶禾拨指导轨的磨损情况，磨损严重时要给以修复或更换。
- 检查各链条张紧机构是否有效。

● 检查拨禾器星形驱动轮的磨损情况、啮合间隙，必要时可左、右星形轮调换使用或更换。

● 检查扶禾器减震橡胶有无破损，必要时进行更换。

● 检查扶禾器和穗端输进链滚轮内径磨损情况，磨损严重时要适时更换。

● 拆洗和检查割刀，把动刀、定刀分开，清除附在刀上的泥土等残存物。检查刀片的配合有没有松动，磨损是否超限，刀杆有无变形，如有问题要及时修复、更换或校正。

● 拆检单向离合器并进行清洗。

⑥行走机构：清除行走装置上的绕草、泥土。拆下履带，拆洗各轮并进行检查，必要时进行更换，加注新润滑油，然后进行安装，安装好后再检查各轮转动是否灵活。

（2）入库存放

收割机必须存放于通风、干燥的室内，能防雨、防潮、防盗、防火，使用最好的报警及灭火设备。

橡胶履带不得与汽油、机油等接触，应在履带下面垫木板以防腐蚀。将割台部分放置于地面，收起分草杆、左右辅助踏板、安全靠背等挡杆；将各作业离合器杆置于“中断”的位置；作业转换杆应放置于“切碎”位置上。最后拔出主开关钥匙，盖好车罩。

在保管过程中，每月对液压操纵阀和分配阀在每个工作位置上扳动几次，转动发动机曲轴几圈，使活塞、汽缸等重新得到润滑。

做好防鼠工作，以保护电线电路。

5. 主要部件的保养

（1）空气滤清器的保养

空气滤清器的滤芯或滤网易被堵塞，使空气滤清失效，轻则使发动机的功率下降，大负荷工作时冒黑烟，重则使发动机启动困难。因此，每个班次都要清扫空气滤清器。

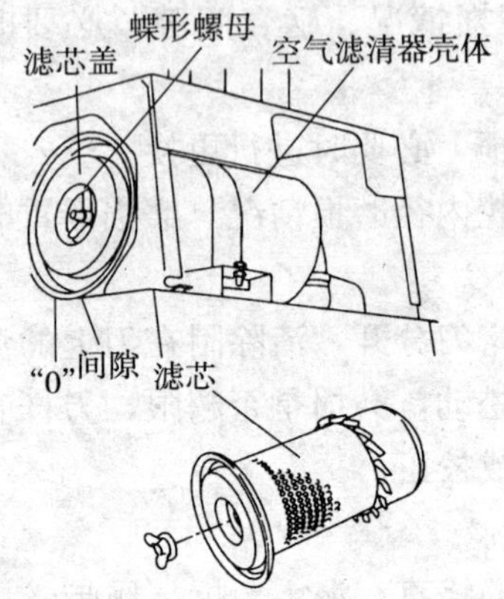

对于湿式滤清器的金属滤网须定期清洗，清洗后更换机油。而对于采用干式纸质滤芯的空气滤清器则须定期清扫，最好用压缩空气，从滤芯内侧向外吹。注意纸质滤芯不能碰水、油等，以免滤芯损坏。安装时要注意各连接部分的密封性，不能装反。

(1) 当滤芯堵塞时，将消耗发动机机油，造成发动机故障。

(2) 滤芯清扫时，应注意不让滤芯盖金属部分变形，若变形会造成吸入灰尘，造成发动机缸体，活塞异常磨损。

(3) 安装是保证滤芯盖金属部分与壳体间零间隙，若安装不到位，会造成发动机异常磨损。

(2) 发动机防尘装置的保养

进气口是吸入冷却风的重要装置。进气网面吸附尘土时，先停下发动机，再用软刷子掸下灰尘。拆下进气口下侧盖的螺栓，清除盖内的尘土。热器防尘网沾土时，也要予以清除。

①进气口的保养：

进气口下侧盖的螺栓要牢固的拧紧。

②机油冷却器的保养：

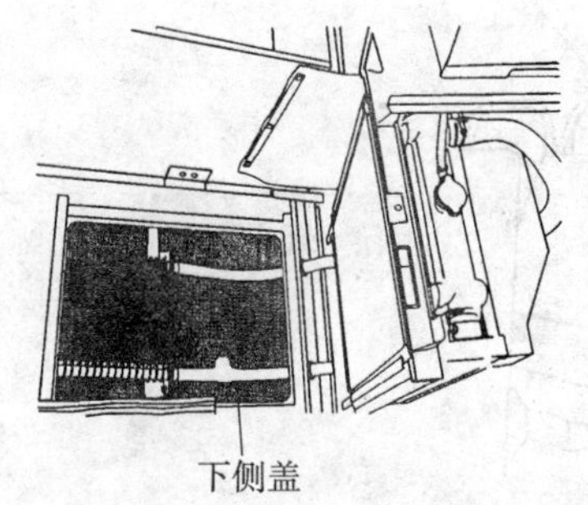

冷油器装在发动机室的内面，清除时，将发动机室进气口下侧盖卸下，然后进行清扫。

③散热器防尘网的保养：

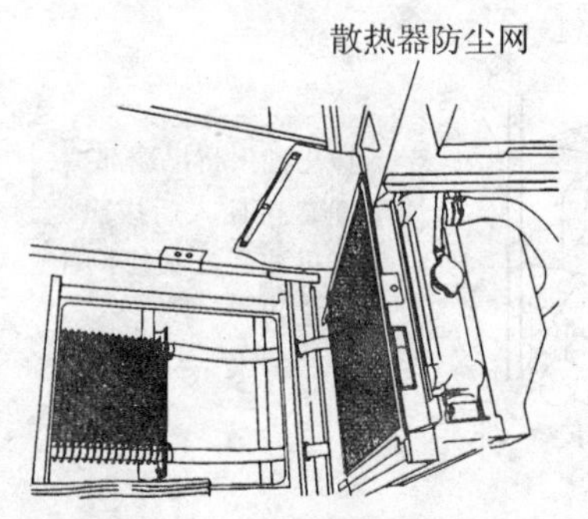

打开发动机室，取出散热器防尘网。用压缩空气去除散热片和油冷器背面的草屑和灰尘等。在作业前后务必进行清扫。如果时间太久。草屑和灰尘就不容易去除。

（1）要经常注意进气口网面和防尘网的尘土，如有灰尘应及时进行清洗。

（2）每天用软毛刷清扫，一季后用压缩空气或低压水清扫。

（3）进气口网面，防尘网，油冷器，散热器防尘网堆放过多的草屑尘土是导致发动机过热（现象为水温经常报警）、功率下降的一个主要原因。

（3）发动机机油的检查与更换

①检查发动机机油：

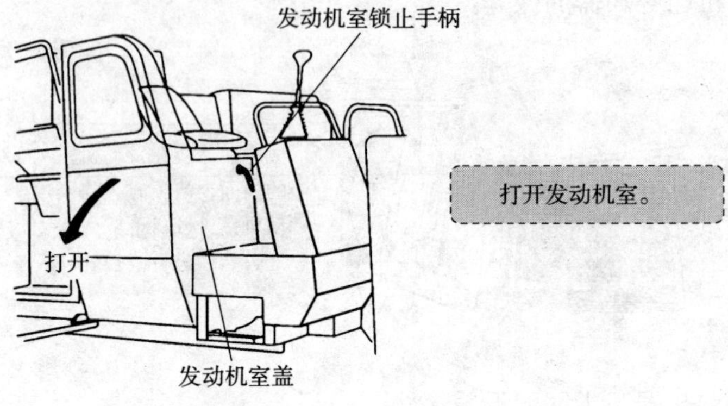

打开发动机室。

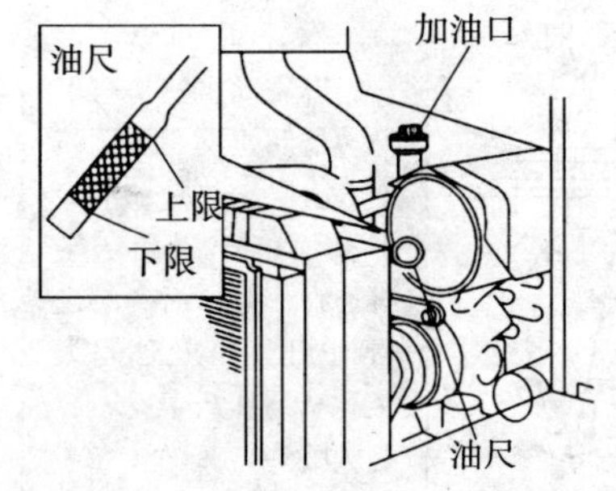

拔出油尺将尺端部擦干净，再插入后拔出，检查机油是否在上下刻度线之间。

②更换发动机的机油：

机油更换周期，第一次为 50 小时，第二次及以后为 100 小时。

从发动机后方的放油塞放油，从发动机加油口加油。

③更换发动机机油滤清器：

机油滤清器的更换周期，第一次为 50 小时，第二次及以后为 100 小时。

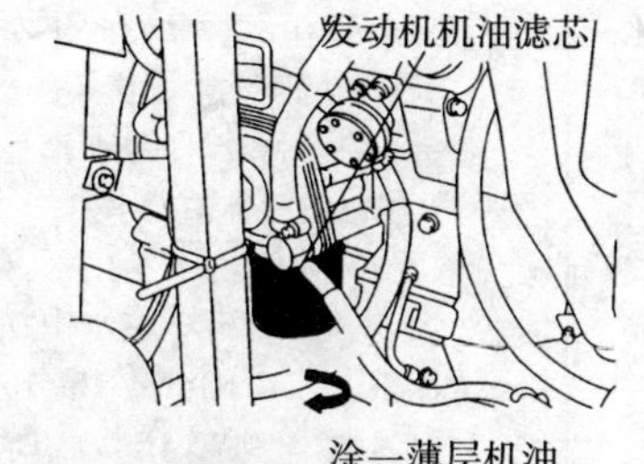

放净发动机油后，将滤清器按箭头方向拧下。

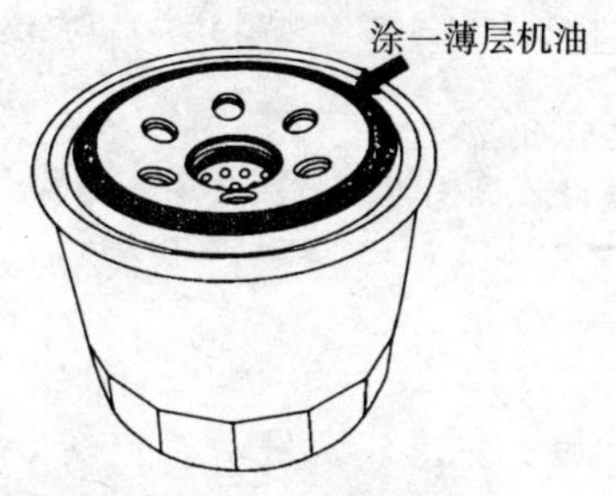

在新的滤清器橡胶环上涂一层机油。

拧至碰到橡胶环后，用工具再拧紧 2/3 圈。

发动机油加至规定值。

(4) 冷却液的检查与更换

①检查、添加冷却液：

盖
加水口
副水箱
FULL
LOW

检查副水箱水位是否在上下刻线之间，如不足，从水箱加水口（有副水箱的发动机从副水箱加水口）加入干净的矿物质含量低的清水或纯净水（冷却水自然消耗时，只加矿物质含量低的清水）。

在发动机运转中以及刚停下时，不要打开水箱盖，否则热水会喷出来，造成烫伤。所以，应等发动机停下后 10 分钟左右，冷却后再打开。

②更换冷却液：

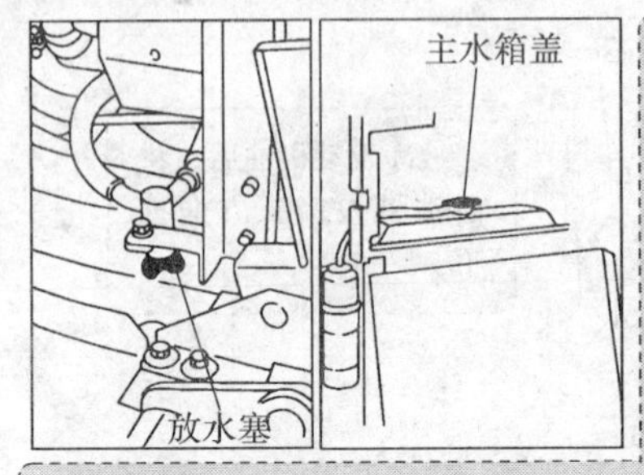

防冻液的有效期限为两年左右，到时须更换新的防冻液，更换的步骤为：

①拆下放水塞，打开水箱盖，放净水箱及发动机机体内的水；

②用自来水清洗水箱内部，直到没有污垢和锈浊流出（在水中加入散热器洗涤液，发动机空转15分钟以上，然后放干净，则散热器内部可更清洁）；

③装上放水塞，加入必要量的防冻液后再加满清水；

④拧上水箱盖，启动发动机使防冻液和清水很好混合。

（1）更换新冷却水时，必须加入防冻液，发动机空转5分钟，加快防冻液与水混合。

（2）不同厂家，混合比有差异，请按厂家的使用说明书选用。

（3）冷却水自然消耗时，只能加纯净水或蒸馏水，严禁使用井水、河水、矿泉水等硬水。

（4）防冻液的有效期限为2年，到时请更换新的防冻液。

（5）燃油的补充

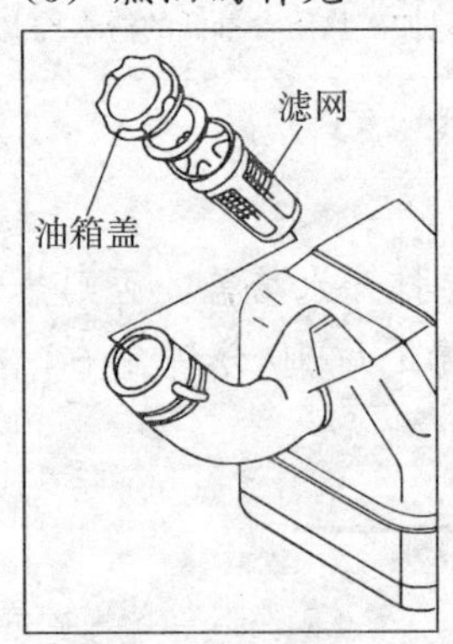

当燃油量不足时应及时添加燃油，从油箱盖加油口处直接添加燃油。

（1）不得使用劣质柴油，请使用 0 号、—10 号、—20 号等。

（2）加注前应预先沉淀 48 小时。

（3）加油时请确认滤网无破损，滤网内无杂质堵塞网眼，如有上述情况，请及时更换或清扫，否则将影响发动机正常工作。

（4）在平坦的地方加油，油量加至液面不要超过滤网为止。

（5）旋紧油箱盖，检查是否漏油。

（6）柴油滤清器的更换

柴油滤清器的更换周期为 100 小时。

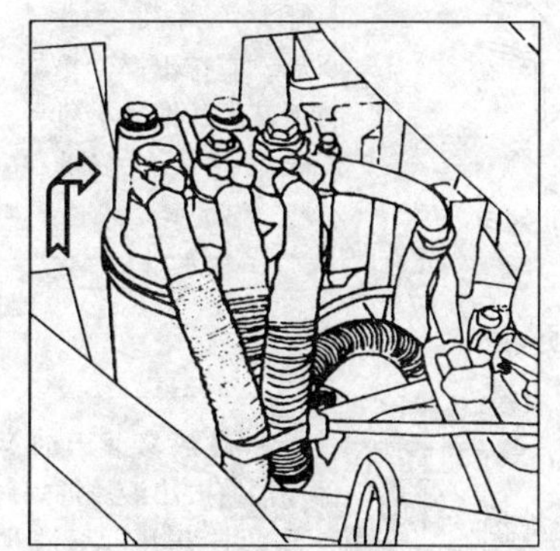

①打开发动机室。

②将柴油滤清器按箭头方向拧下。

③把新的柴油滤清器装上，边拧紧边用手扳动手动泵手柄，使柴油滤清器充满油。

（7）沉淀杯的保养

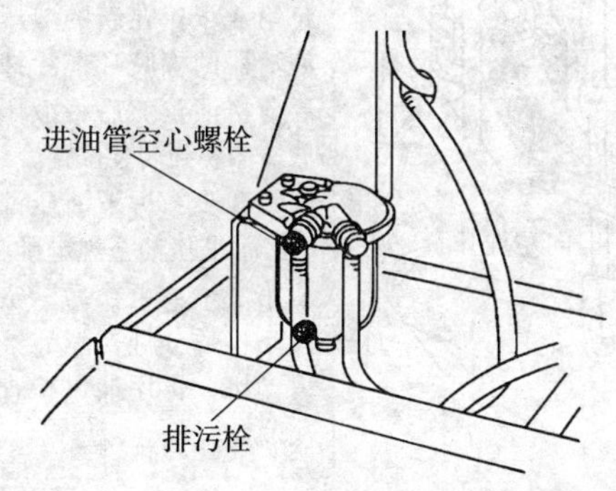

第 1 步：拆下进油管空心螺栓，如果有赃物堵塞，应及时清除。

第 2 步：卸下排污栓，去除水和污垢。

柴油沉淀杯的保养周期

保养项目	保养周期
排污沉淀杯	每 50 小时
清洗沉淀杯滤芯	每 100 小时
更换沉淀杯滤芯	每 100 小时

（8）燃油箱排污

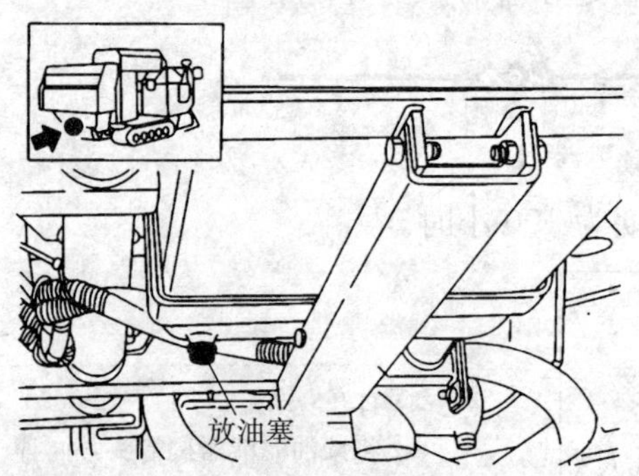

燃油箱底部会沉淀水和污垢，这些沉淀物进入燃油泵，是引起故障的原因，应定期清除。每季度作业后，应拧下燃油箱下部的放油塞，排除油箱中的沉淀物。

（9）液压油滤清器与液压油的更换

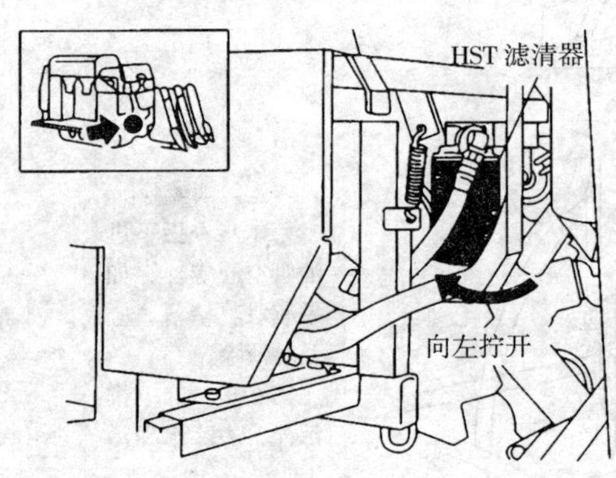

第 1 步：趁热从液压油箱下部放油塞放出液压油。

第 2 步：拧开并拆下液压油滤清器。

第 3 步：在新的液压油滤清器的橡胶环上涂抹一层薄机油，然后将液压油滤清器装到安装位置。

第 4 步：拆下液压油箱盖，加液压油至规定量。

第 5 步：更换后，空转发动机数分钟，然后停下发动机，再用油尺检查一次油量。

(10) 油路中的空气的排污

燃油用完后，空气会进入燃油系统。排除空气的步骤：

第 1 步：将燃油箱加满燃油；

第 2 步：松开高压油泵放气螺钉（部分发动机无放气螺钉，可松开输油泵出油管接头或高压油泵进油管接头）；

第 3 步：上下扳动发动机一侧的输油泵手柄，待放气螺钉排出空气，流出燃油时，一边泵油，一边将螺钉拧紧，即可排除油路中的空气。

(11) 润滑脂的加注

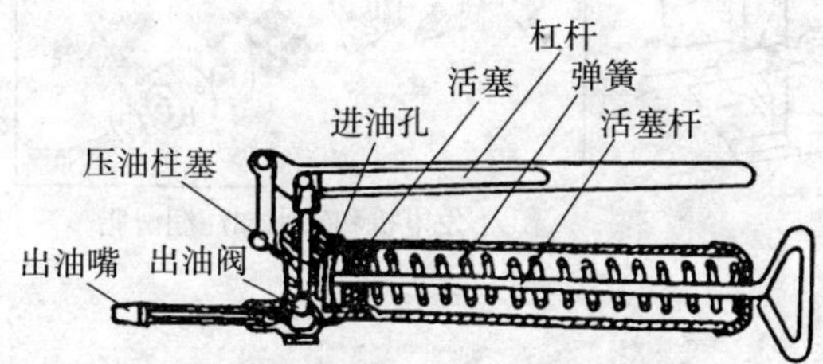

加注润滑脂一般采用黄油枪。黄油枪由储油筒、弹簧、活塞、压油柱塞、出油阀和出油嘴组成。

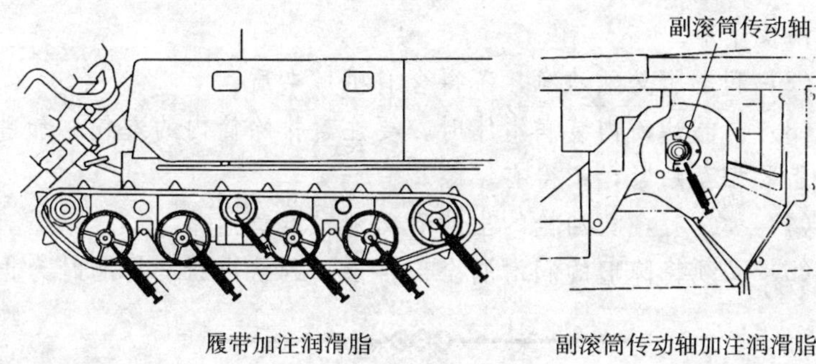

履带加注润滑脂　　副滚筒传动轴加注润滑脂

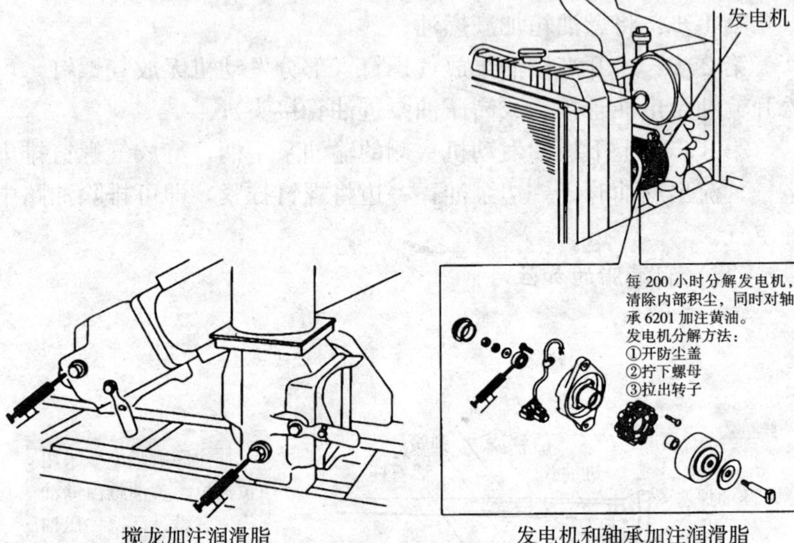

搅龙加注润滑脂　　发电机和轴承加注润滑脂

加注润滑脂时应注意以下几点：

（1）加注前，应检查黄油枪是否完好，并将被加注部位的黄油嘴周围擦干净。

（2）润滑脂必须洁净，不得含有机械杂质。

（3）向储油筒内装润滑脂时，要注意排除筒内的空气。加进的润滑脂要相互贴紧，不得有空隙。

（4）加注时，黄油枪的出油嘴必须对准黄油嘴。

（5）必须将陈旧的润滑脂全部挤出，到挤出新润滑脂时为止。

（12）蓄电池的保养

①电解液的检查与添加：

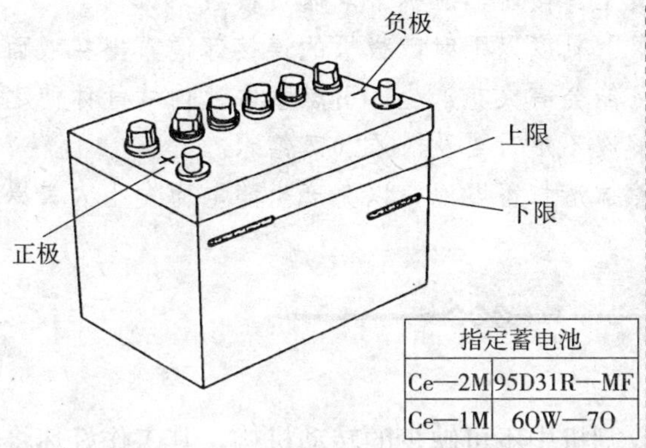

指定蓄电池	
Ce—2M	95D31R—MF
Ce—1M	6QW—70

检查电解液是否在上下限之间，如果不足的话，加入蓄电池蒸馏水，不能加井水、自来水和河水，也不可随意加入硫酸溶液。只有在电解液溢出造成不足时，才可加注相同密度的硫酸溶液。

②蓄电池的补充充电：

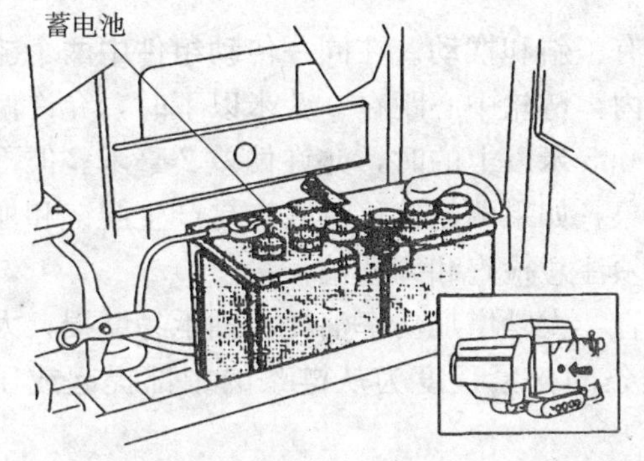

第 1 步：拧下蓄电池加液口和接地侧接线；

第 2 步：将蓄电池正极和充电器正极相连，蓄电池负极和充电器负极相连；

第 3 步：用蓄电池容量的 1／10 对蓄电池充电；

第 4 步：当充至液面中有大量气泡冒出时，停止充电；

第 5 步：充电完成后，拧紧加液盖（加液盖通气孔必须畅通），装上蓄电池电极。注意：安装电极时要先装蓄电池的正极，再装蓄电池的负极（与拆卸时相反）。

（1）当从蓄电池上拆下电线时，首先必须从负极开始。

（2）当更换蓄电池时，使用指定的蓄电池。

（3）电瓶接线端子应拧紧。

(4) 在水稻收割机上焊接时，应拆下电瓶负极线。

(5) 液面在“下限”刻度以下时，极板的连接部便露出在液面上，发动机在启动时可能会有火花产生，引燃蓄电池内的气体使之破裂，所以要注意电解液不足时要及时添加蒸馏水。

(6) 不要用干布擦抹清扫蓄电池，以免产生静电而发生火灾爆炸事故。

(13) 传送链条的保养

链条传动是水稻收割机中不可缺少的转动机构，其工作好坏将直接影响收割机各部件的正常工作和性能发挥，因此在使用中应做好维护与保养，其方法如下：

①链轮装在轴上应没有歪斜和摆动。在同一传动组件中两个链轮的端面应位于同一平面内，链轮中心距在 0.5 米以下时，允许偏差 1 毫米；链轮中心距在 0.5 米以上的时，允许偏差 2 毫米。但不允许有链轮摩擦齿侧面现象，如果两轮偏移过大容易产生脱链和加速磨损。在更换链轮时必须注意检查和调整偏移量。

②链条的松紧度应适宜，太紧增加功率消耗，轴承易磨损；太松链条易跳动和脱链。链条的松紧程度为从链条的中部提起或压下，上下约为 2～3 厘米。

③新链条过长或经使用后伸长，难以调整，可依情况拆去链节，但必须为偶数。链节应从链条背面穿过，锁片插在外面，锁紧片的开口应朝转动的相反方向。

④链轮磨损严重后，应同时更换新链轮和新链条，以保证叵好的啮合。不能只单独更换新链条或新链轮，否则会造成啮合不好加速新链条或新链轮的磨损。链轮齿面磨损到一定程度后应及时翻面使用（指可调面使用的链轮），以延长使用时间。

⑤旧链条上不能与部分新链条混合使用，否则容易在传动中产生冲击，拉断链条。

⑥链条在工作中应及时加注润滑油。润滑油必须进入滚子和内

套的配合间隙，以改善工作条件，减少磨损。

⑦水稻收割机长期存放时，应拆下链条用煤油或柴油清洗干净，然后涂上机油或黄油存放在干燥处，以防锈蚀。

（14）脱粒室的保养

①脱粒时不能超负荷作业，在收割高产作物时应减少割幅与车速，控制其额定工作负荷以防止超负荷作业造成脱粒室过大的挤压力。

②在收割倒伏作物时，由于进入脱粒室的杂草很多，容易增大脱粒室的压力，脱粒深浅采用自动控制，以减少脱粒室内过多的秸秆进入。

③正确使用脱粒导板调节手柄。在收割倒伏作物时，应把调节手柄放在“开”的位置，使脱粒室内的作物快速排出，减少室内压力。在脱粒不清，谷粒上小枝梗较多时，应将手柄放在“闭”的位置，以延长作物在脱粒室内的时间，增加谷物净度。通常手柄应放在标准位置上。

④保持切草刀锋利，经常检查脱粒室内切草刀的磨损情况，磨损后会使作物秸秆不易切断，滞留时间长。脱粒不净，脱粒室压力增加，切草刀磨损后及时换向或更新。

⑤输送链应紧压导轨，若间隙过大会使输送的作物极易卷入脱粒室，造成压力变大，必须经常检查调整，保持脱粒链条与导轨的间隙为零。

⑥使用中如发现脱粒室堵塞时，须关停发动机，排除堵塞物后才能工作，否则强行工作易造成脱粒室部件的损坏。

（15）履带的保养

橡胶履带是自走式水稻收割机在行走机构中的重要部件，而且价格昂贵。橡胶履带的使用寿命在很大程度上取决于作业环境和使用方法，必须重视对橡胶履带早期磨损的预防。其方法如下：

①橡胶履带应避免与机油、柴油、润滑脂等各种油类接触，还应避免与酸、碱、盐、农药等化学品接触。如发生上述情况需及时清洗、清除。

②橡胶履带应避免在锐利突起的石块、钢筋等凹凸不平的路面上行驶。必要时可铺设木板或其他平整物体。

③橡胶履带应避免在砂砾、碎石路面上作较长距离的行驶，这样极易造成橡胶表面早期磨损。如果行驶路程较远，应采用装载车辆进行转移。

④橡胶履带使用后应及时进行保养清洗。在水田收割作业后需每天清洗，以防止橡胶履带加速磨损和腐蚀。

⑤在行走过程中应尽可能减少急转弯。急转弯极易造成脱轮损伤履带，还会产生导向轮或导轨撞击芯铁造成芯铁脱落。

⑥经常检查驱动轮、导向轮及支重轮的磨损情况。驱动轮磨损严重后，驱动轮齿与芯铁啮合传动时间隙增大，产生较大的冲击力，严重时会将芯铁勾出。磨损严重的驱动轮，导向轮、支重轮等应及时更换。

⑦不宜在坡路上倾斜行走、过桥式行走、台阶边缘磨擦行走、强行爬台阶行走等。这些不正常的行驶都将会导致履带花纹损伤、芯铁折断、履带边缘割伤、钢丝帘线断裂等，严重损伤履带。

(16) 行走轮机构的保养

行走轮机构的功能是支承水稻收割机的全部重量，保证收割机行驶和收割作业，它是水稻收割机行走系统中的重要工作部件。如不能进行正确的使用、操作、保养，极易造成行走轮机构早期磨损，因此必须重视早期磨损的预防。其方法如下：

①加强对行走轮机构的日常保养。做到作业后及时将载重轮、支架轮、升降轮、张紧轮和机架上粘积的泥土和杂草清除干净。

②经常观察载重轮、支架轮、升降轮、张紧轮在行走时的转动状况。发现转动异常或轮子不转，应及时仔细检查、更换不良部件，排除故障隐患。

③经常检查载重轮润滑油的数量，不足时应添加到规定的油面。发现浮动油封漏油，应及时更换，以保持良好的密封性。

④载重轮、支架轮、升降轮、张紧轮的轮缘厚度磨损过薄时应及时更换，否则因强度不足将引起变形破裂、刮伤履带。

⑤一般驱动轮齿厚磨损量达 5 毫米时可调面使用，以延长使用寿命。当两侧齿厚磨损严重时应及时更换，否则会造成驱动轮与履带芯铁啮合时冲击力增大，使芯铁异常磨损，严重时还会勾出芯铁。

⑥每当工作达 500 小时时，应定期对行走轮机构进行全面检查、修理，使其保持良好的工作状况。

⑦水稻收割机在路面上行驶时，应避免在路况恶劣的道路上通过。当履带底部有异物时要及时清除。保证行走轮机构在良好的环境下工作，提高其使用寿命。

(17) 切草机作业后的保养

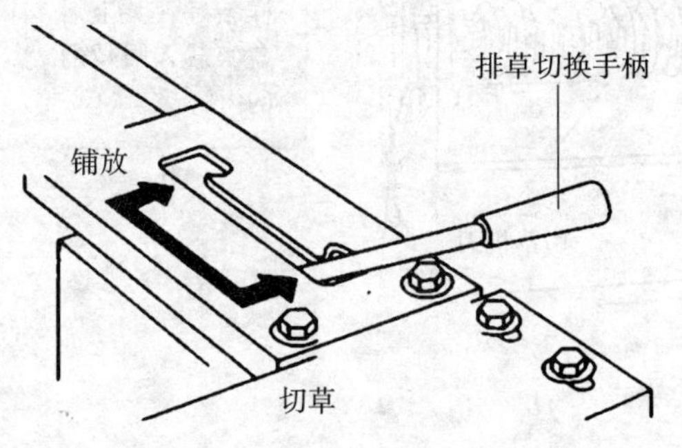

将排草选择手柄放在“切草”位置。

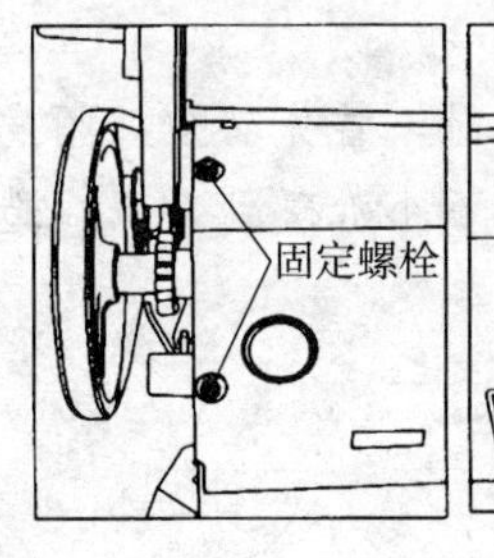

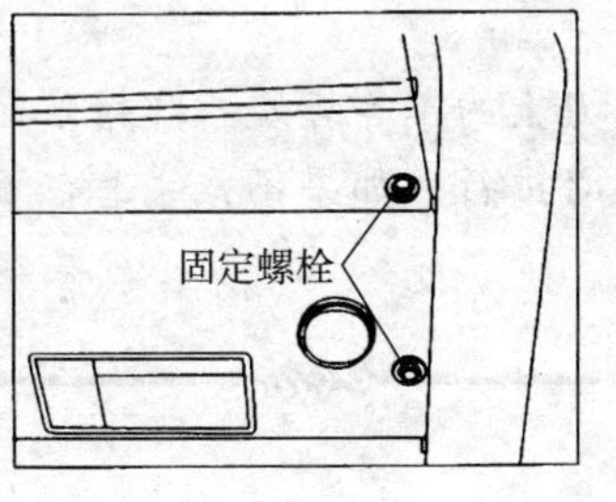

拆下后侧盖，解除安全盖的固定螺栓，卸下安全盖。

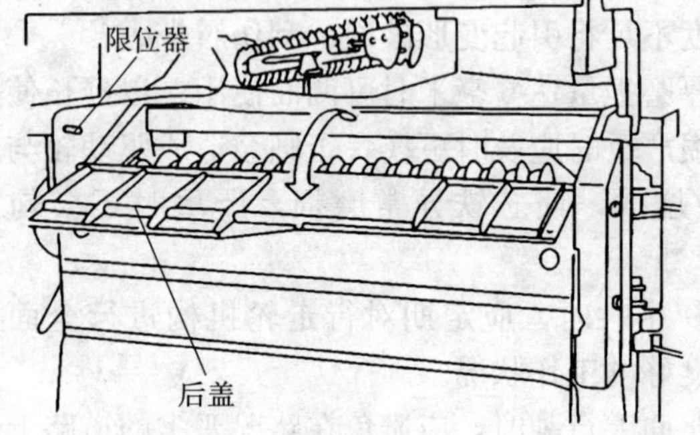

将后盖从限位器上向后进一步打开，保养切草刀。

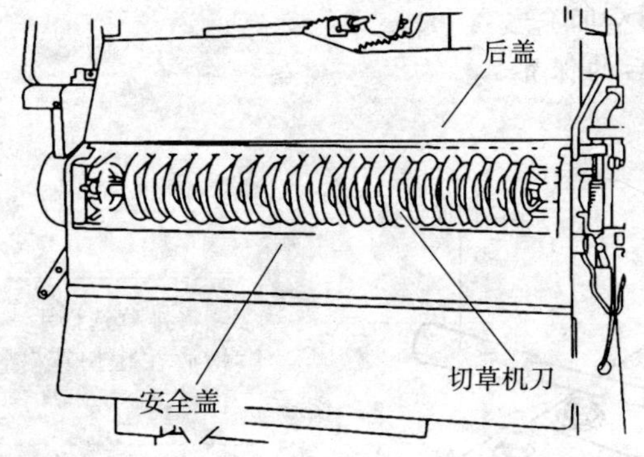

将安全盖照原样装好，关上后盖，载入限位器的内侧。

（1）由于在作业中非常危险，千万不要将手等伸到切草机里面。

（2）当去除切草刀上的草等缠绕物和堵塞时，首先必须关闭发动机，戴厚手套，小心进行。如果不戴手套，不小心碰到刀刃，造成受伤。

第三章　发动机常见故障诊断与排除

随着水稻收割机使用时间的增加，发动机的技术状态也逐渐变化，各运动零件相互之间的磨损不断加重，各种故障也就多了起来。发动机常见故障主要表现如下：

（1）转动启动钥匙，启动机不转动；

（2）启动机转动，但发动机不能启动；

（3）发动机动力不足；

（4）发动机工作粗暴；

（5）发动机转速不稳；

（6）发动机慢慢熄火；

（7）发动机突然熄火；

（8）发动机排黑烟；

（9）发动机排蓝烟；

（10）发动机冒白烟；

(11) 发动机水温过高；

(12) 机油压力过低；

(13) 发动机不能熄火；

(14) 发动机出现敲击声；

(15) 发动机出现爆震声；

(16) 发动机出现摩擦声。

一、转动启动钥匙，启动机不转动

1. 故障现象

当准备用水稻收割机时，扭动启动钥匙，但启动机不转动，发动机没有反应。

2. 故障原因

这种现象在较冷早晨比较容易出现，特别是使用年限较长的水稻收割机。产生这种故障的原因，主要是发动机启动电路方面的故障。

转动启动钥匙启动机不转动的故障原因与排除方法

故障原因	排除方法
蓄电池电量不足	对蓄电池进行充电或更换蓄电池
蓄电池接头松弛	紧固接头夹紧螺栓
蓄电池电缆夹头损坏	更换蓄电池电缆夹头
蓄电池极桩头有铜锈	清洁蓄电池极桩头
启动机工作不良	去维修站修理启动机

3. 故障诊断与排除

诊断一　蓄电池电量不足

若蓄电池的充电状态不好，或放电过多，及在寒冷的冬天，蓄电池会出现电量不足的现象，通过以下几个简便方法，就可确定蓄电池是否电量不足。

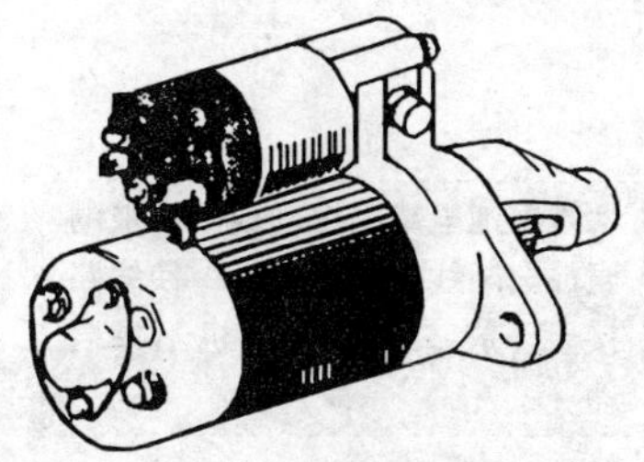

转动启动钥匙时，若启动机不转，或发出“哽、哽”或“咯巴”的电磁开关的结合声，或仪表盘上的指示灯暗淡甚至不亮等现象，表明蓄电池亏电。

排除方法：对蓄电池进行充电或更换蓄电池。

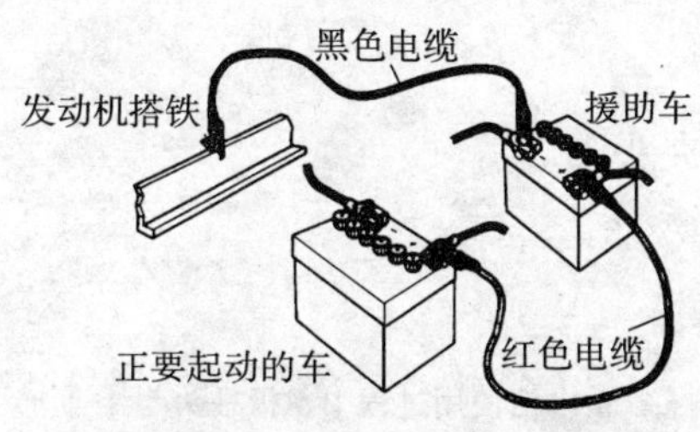

跨接启动是通过“借电”的方法来启动发动机。即用两根较粗的电缆将蓄电池与其他车辆的蓄电池并联，然后启动发动机。待发动机启动后一边行驶作业，一边给蓄电池进行充电。

诊断二　蓄电池接头松弛

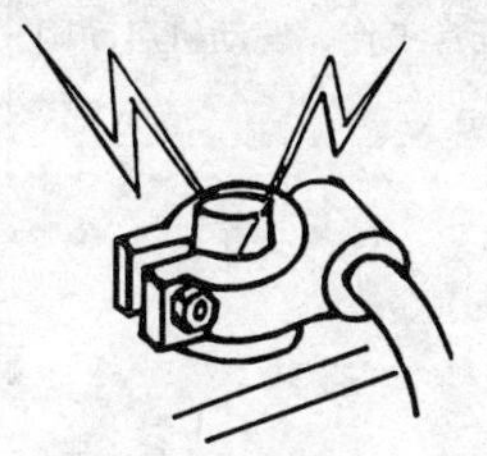

蓄电池接头松弛，将使电路接触不良，启动机不易工作。在行使时，若出现蓄电池接头松弛或松脱，会使发动机立即熄火。

排除方法：紧固接头夹紧螺栓。

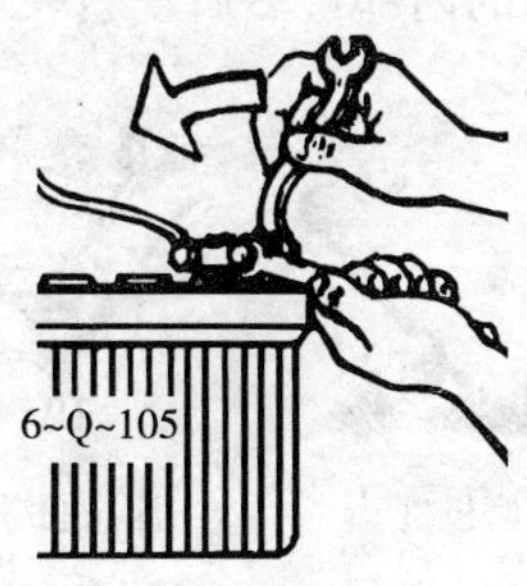

诊断三　蓄电池电缆夹头损坏

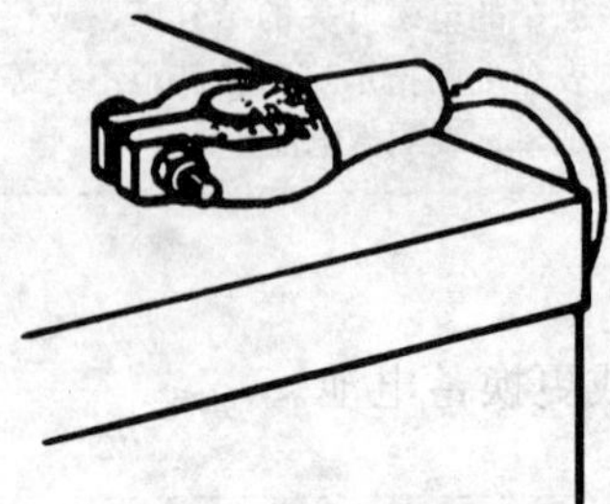

蓄电池电缆因振动或电解液的腐蚀会断线或夹头损坏，使线路接触不良，造成发动机不易启动。

排除方法：更换蓄电池电缆夹头

诊断四　蓄电池极桩头有铜锈

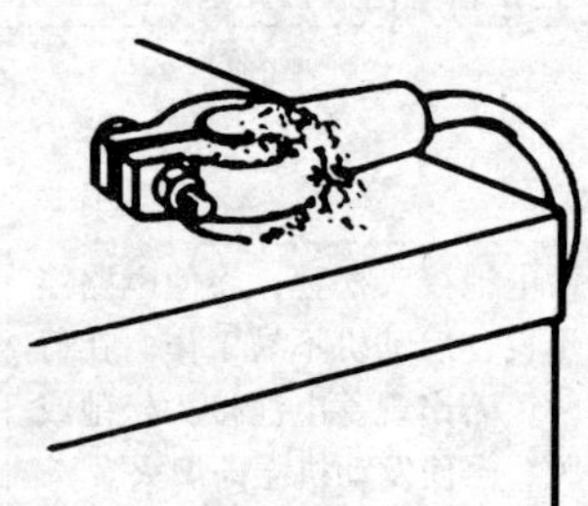

蓄电池使用过程中，极柱头与电缆夹头之间会产生铜锈，使两者接触不良，造成短路，启动机就不能正常工作，发动机启动困难。

排除方法：清洁蓄电池极桩头。

拆下蓄电池接头，用清洁的水冲洗蓄电池外部。用砂纸磨光蓄电池的极桩和电缆夹头的内部，然后重新装上电缆夹头。

清除接头污物

打磨极桩

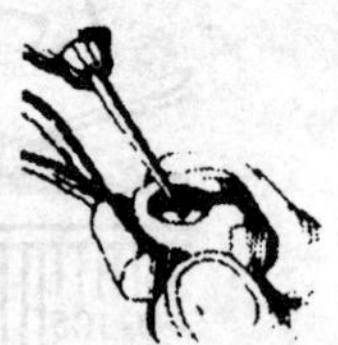

涂抹润滑油

安装电缆夹头

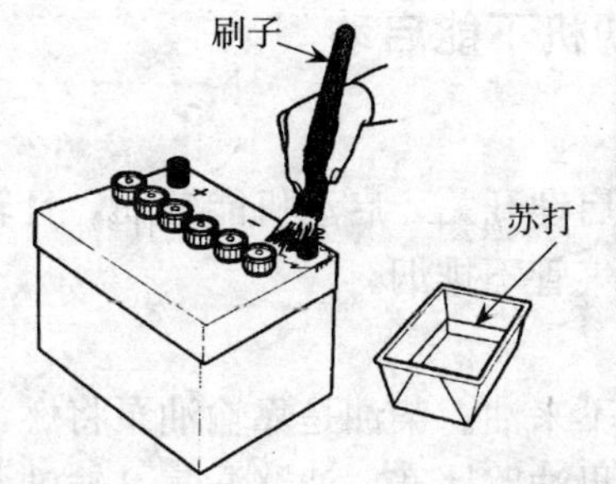

也可用苏打水溶液冲洗整个蓄电池壳体，用清洁刷子去除厚厚的铜锈，再用洗涤剂清洗蓄电池上的油垢和灰尘，然后用清水冲洗蓄电池并用毛巾擦干。

诊断五　启动机工作不良

当您对“诊断一”、“诊断二”、“诊断三”、“诊断四”原因检查完毕后，没有发现故障部位时，启动机不转的故障可能发生在启动机上。

排除方法：去维修站修理启动机。

由于启动机的故障排除难度较大，需要专业维修人员实施。因此，在没有把握的情况下，不要盲目拆卸，以免造成新的人为故障，应请专业人员或送维修站来排除故障。

二、启动机转动，但发动机不能启动

1. 故障现象

在启动水稻收割机时，转动启动开关，启动机能转动，且转动有力，但发动机无任何反应，排气管不排烟。

2. 故障原因

排气管不排烟，说明喷油泵不来油。柴油是靠输油泵将燃油从油箱吸出并输送到喷油泵的，如果油路堵塞，油路漏气，输油泵就无法输送燃油。

启动机转动但发动机不能启动的故障原因与排除方法

故障原因	排除方法
油箱无油、开关未打开或通气孔堵塞	添加燃油，或打开油箱开关
柴油牌号不对	更换柴油
油路进入空气	紧固各油管接头，排除油路中的空气
柴油滤清器或油路堵塞	清洗柴油滤清器或管路中的滤网

3. 故障诊断与排除

诊断一　油箱无油、开关未打开或通气孔堵塞

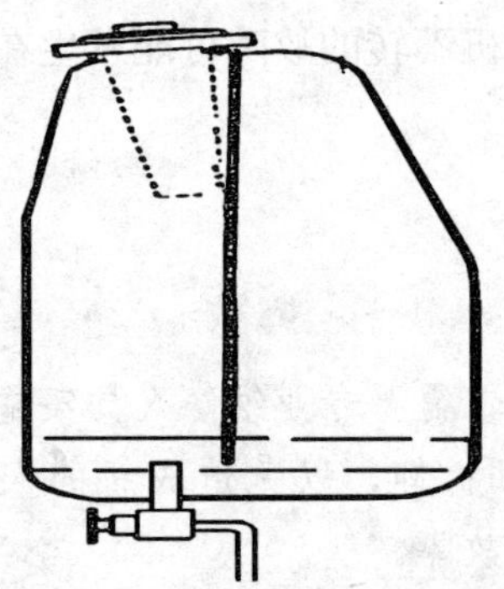

油箱盖上通气孔堵塞，在运转中输油泵不断抽吸燃油，使油箱形成真空，油料吸不出来，造成供油不足、发动机启动困难的故障。

若燃油表的指针指向或接近表盘“0”位置，表明燃油不足。有时燃油表被损坏，指针停留在某个位置不动，造成有油的假象。

油箱开关未打开。

排除方法：添加燃油或打开油箱开关。

诊断二　柴油牌号不对

柴油牌号不适当，黏度过大，不易流动，使输油泵吸不进油，造成发动机启动困难。

排除方法：更换柴油，在水稻收割季节，气温较高，可使用10号或20号轻柴油。

诊断三　油路进入空气

可先松开燃油滤清器上的放气螺钉；再旋松喷油泵上的放气螺钉，查看从后者流出的柴油中有无气泡，如油流中夹有气泡，即油路进入空气。油路进入空气就会造成气障，使燃油不能产生足够的压力，以至进入汽缸的燃油减少或完全停止，造成发动机启动困难。

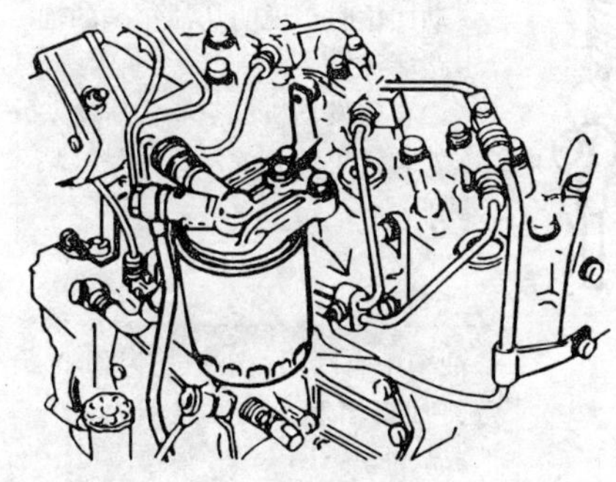

滤清器上的放气螺钉。

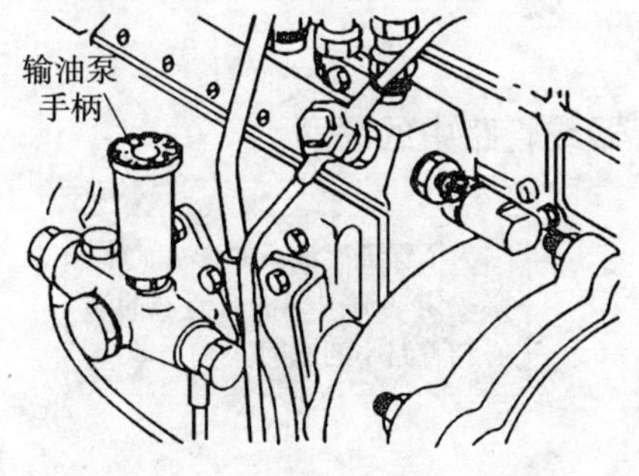

喷油泵上的放气螺钉。

排除方法：紧固各油管接头，排除油路中的空气。

诊断四　柴油滤清器或油路堵塞

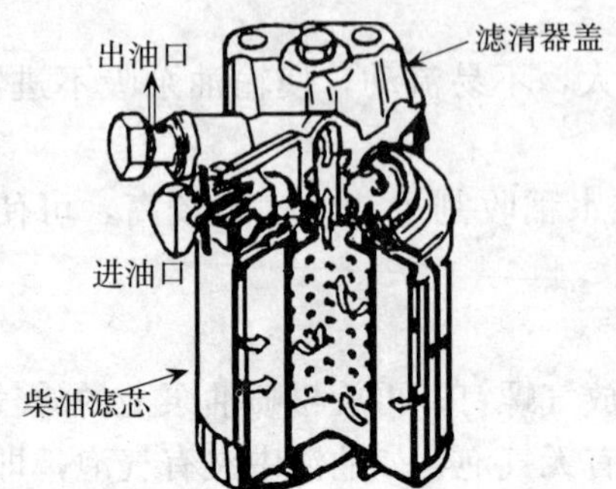

当旋松喷油泵放气螺钉，用手油泵泵油时，感觉阻力较大压不下去和来油不畅；或在用启动机带动发动机时，在放气螺钉处流出的油量较小或无油流出的，为柴油滤清器阻塞。

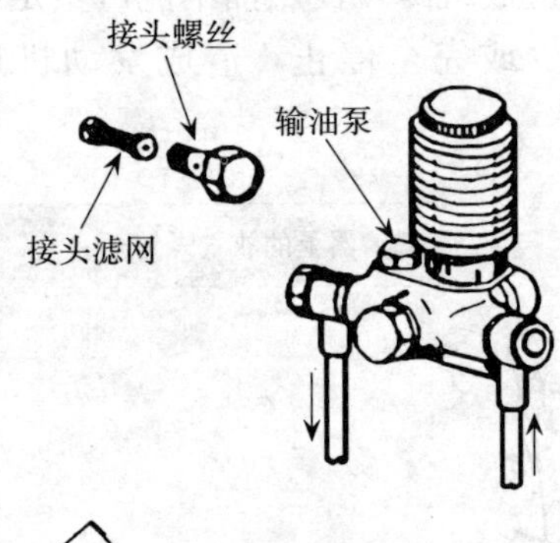

若旋松喷油泵放气螺钉，手油泵泵油时，手油泵活塞杆提起来感觉有吸力，松手后即自动回位时，说明从油箱来的油路堵塞。

有些发动机的空心油管接头处螺钉里装有滤网，最易被堵塞。

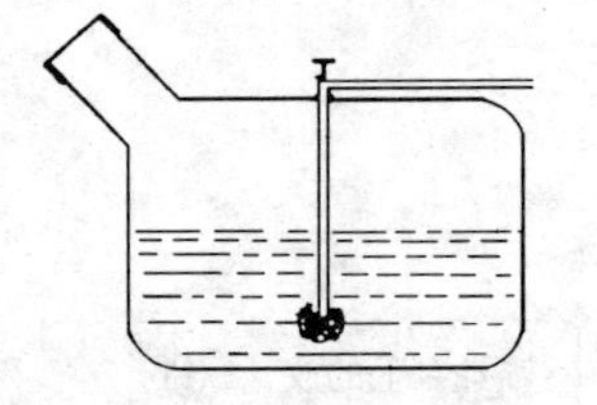

油箱中有纱团、破布、污物等将油管堵塞，使油路不通，造成缺油。

排除方法：清洗柴油滤清器或管路中的滤网。

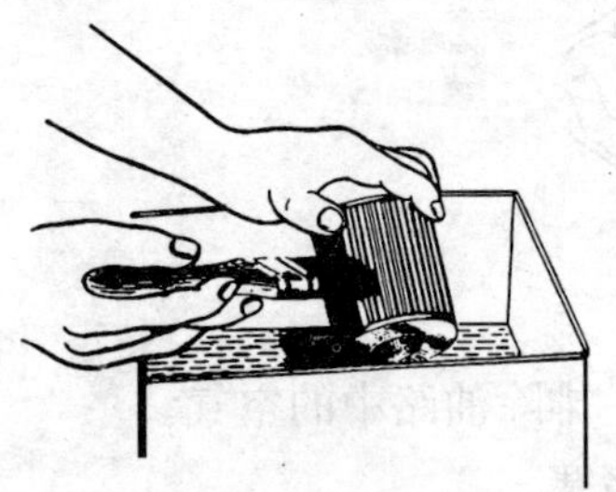

为了保证燃油系的正常工作，必须定期清洗柴油滤清器的滤心和管路中的滤网。

三、发动机动力不足

1. 故障现象

动力不足就是发动机不能提高到应有的额定转速（2 200转/分钟），达不到额定的功率。例如，平时用 2 挡可以顺利收割水稻，今天在 1 挡上都很困难，这就是发动机动力不足的表现。

2. 故障原因

发动机动力不足的故障原因与排除方法

故障原因	排除方法
油路堵塞	更换柴油滤清器或清洗滤网
燃油中有水	使用质量高的燃油，排除油中的水分
加速踏板拉杆行程过小	调整加速踏板拉杆的工作行程
调速器高速限位螺钉和最大供油量限位螺钉调节不当	调节调速器高速限位螺钉和最大供油量限位螺钉
喷油泵柱塞副严重磨损	去维修站更换喷油泵柱塞偶件
喷油时间过迟	去维修站调整喷油正时
汽缸压力过低	去维修站检查汽缸压力过低的原因
某缸工作不良	去维修站检查喷油嘴或喷油泵
各缸喷油量不一致	去维修站调整喷油泵的各缸喷油量
供油齿杆或拉杆不灵活	对供油齿杆进行润滑，或排除阻塞异物
调速器各部连接点松旷或调速器不灵	送维修站修理调速器

3. 故障诊断与排除

发动机运转均匀，但转速提不高，排烟过少

水稻收割机收割作业中，若发现发动机乏力，运转均匀，但排烟过少；或急加速时，转速提不高，排气管有少量黑烟冒出时，应按以下步骤诊断排除：

诊断一　油路堵塞

从油箱到喷油嘴，油料应顺利而无阻力地流动，如果管路中间有堵塞现象，使油料不能满足供应，发动机就不能正常运转。

常见的堵塞部位有柴油滤清器和管路中接头处的滤网。如果长期不能清洁和更换滤清器的滤芯，就会因滤芯脏污而使油料流动不畅。另外，如果杂质在滤芯和滤网处飘浮，当加油的时候，杂质会吸附在滤芯和滤网上阻碍油料的流动，使发动机动力下降甚至熄火。

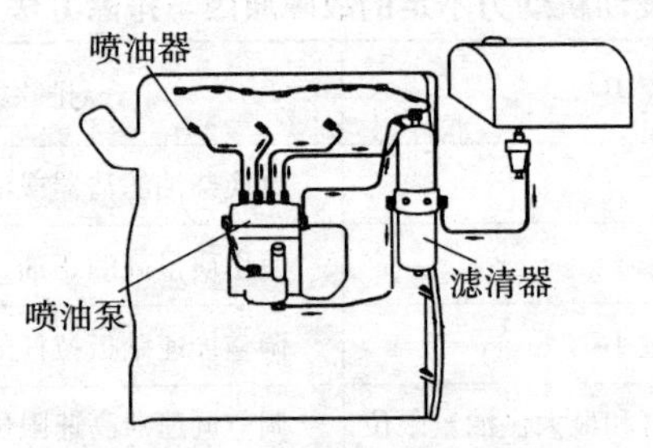

排除方法：更换柴油滤清器或清洗滤网。

诊断二　燃油中有水

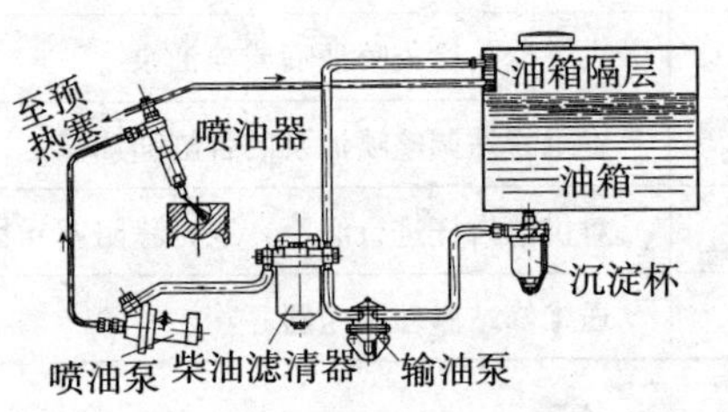

如果从室外的油桶加油或油箱盖脱落，很容易使油箱里混入水分。混入的水分较少时，油箱和油水分离器会将水分分离；如果混入的水分较多时，水分会和燃油一起进入发动机，使发动机因得不到足够的燃油而动力不足。

排除方法：使用质量高的燃油，排除油中的水分。

诊断三　加速踏板拉杆行程过小

排除方法：调整加速踏板拉杆的工作行程。

诊断四　调速器高速限位螺钉和最大供油量限位螺钉调节不当。

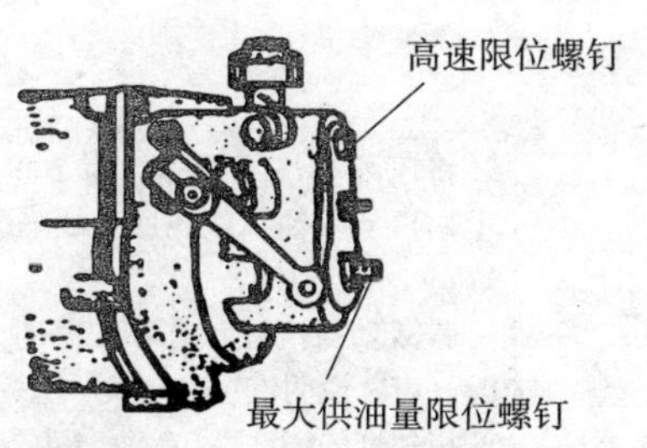

当将调速器高速限位螺钉和最大供油量限位螺钉向各供油量增加的方向旋转时，发动机感到有力，说明这两个限位螺钉调节不当。

排除方法：调节调速器高速限位螺钉和最大供油量限位螺钉，直到急加速时排气管冒黑烟为止。

诊断五　喷油泵柱塞副严重磨损

喷油泵柱塞副磨损后，在供油过程中会引起燃油回漏，从而使喷油量减少，喷油时间延迟，喷油压力降低，燃烧情况恶化，从而导致发动机功率不足，油耗增加。

排除方法：去维修站更换喷油泵柱塞偶件。

诊断六　喷油时间过迟

发动机乏力，排气管又排灰白色烟雾，一般是喷油时间过迟所致。这种情况不仅高速运转不均匀、加速不灵敏，而且发动机温度过高。

排除方法：去维修站调整喷油正时。

诊断七　汽缸压力过低

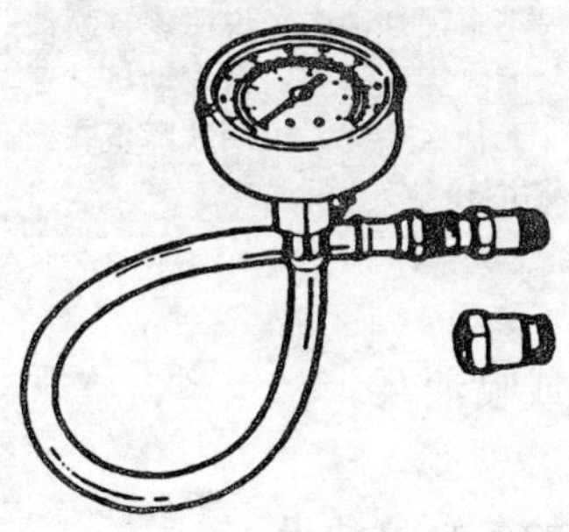

发动机刚启动时排白烟，温度升高后冒黑烟，则说明气缸压力过低。这是因为启动温度尚低，使得部分柴油未能全部燃烧而排出，故呈白色烟状。待温度升高后，燃烧条件虽有改善，但由于某种原因尚不能完全充分燃烧，又呈黑烟排出。

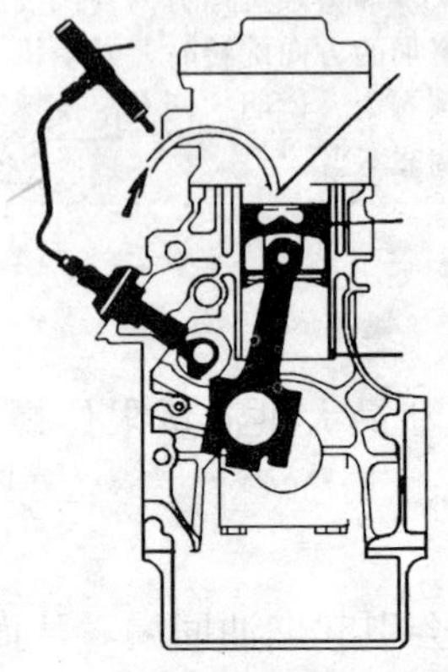

将压缩空气（压力约为200千帕）从喷油嘴座孔通入缺陷缸。

若活塞与汽缸套有非常大的漏气声，说明汽缸套磨损严重；若相邻缸的喷油嘴孔有漏气声，说明该处的汽缸垫损坏，使相邻两缸相互连通。

若缸盖与缸体的接合处有漏气声，说明汽缸垫损坏或缸盖固定螺栓松动、缸盖变形。

排除方法：去维修站检查汽缸压力过低的原因。

诊断八　某缸工作不良

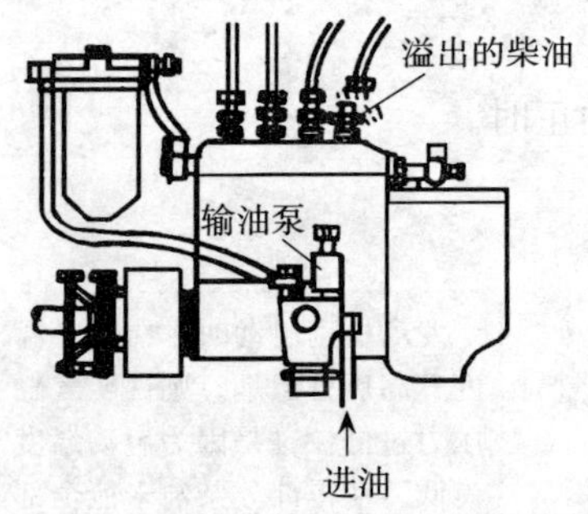

可逐缸停止供油来检查。当某缸停止供油时，若发动机转速明显降低，黑烟减少，敲击声变弱或消失，说明该缸供油量过多；若发动机转速变化较小，黑烟消失，说明该缸喷油嘴喷雾质量差；若发动机转速无什么变化，说明故障不在该缸。

排除方法：去维修站检查喷油嘴或喷油泵。

诊断九　各缸喷油量不一致

排除方法：去维修站调整喷油泵的各缸喷油量

柴油机喷油泵调试台

诊断十 供油齿杆或拉杆不灵活

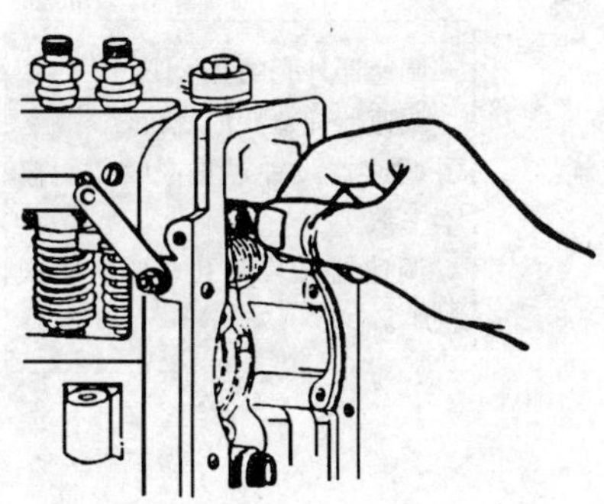

拆下喷油泵侧盖，用手轻轻移动供油齿杆，观察是否灵活自如。

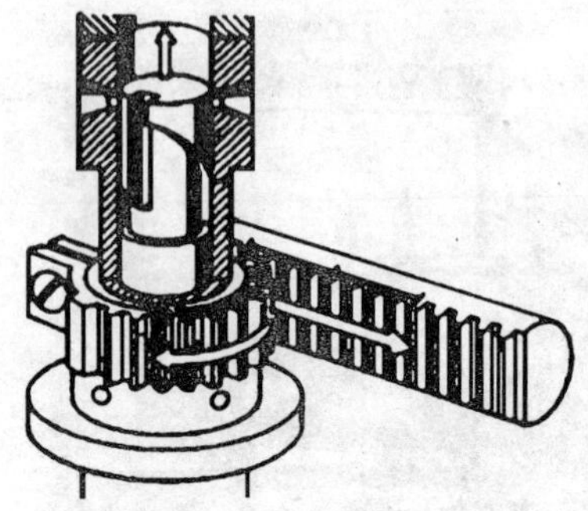

若供油齿杆不能前后移动，可能是杆与孔配合过紧、齿杆变形、拉伤、锈蚀或被异物挤住不灵。

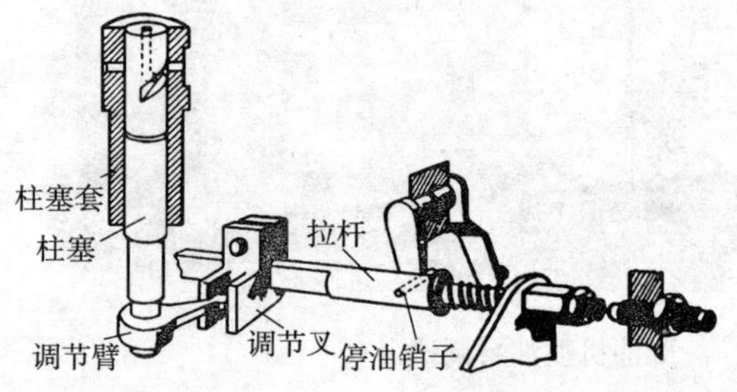

供油拉杆不灵。

排除方法：对供油齿杆进行润滑，或排除阻塞异物。

诊断十一　调速器各部连接点松旷或调速器不灵

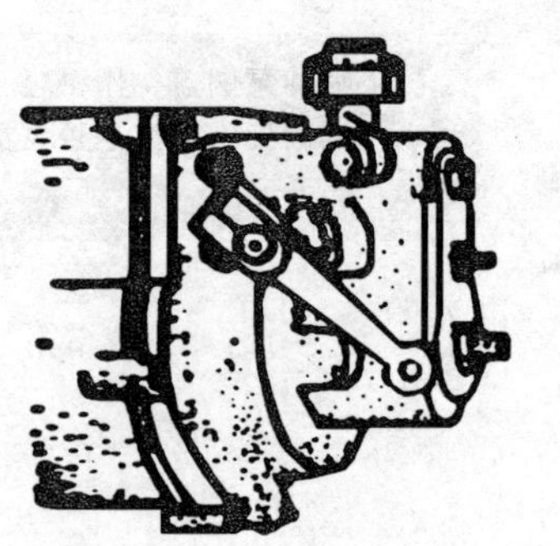

调速器外壳的孔松旷。

调速器弹簧变形或断裂。

调速器飞钟过重或收张距离不一致。

调速器飞块销孔、座架磨损松旷。

排除方法：送维修站修理调速器。

四、发动机工作粗暴

1. 故障现象

水稻收割机收割作业时，发动机运转不稳，出现异常振动，并排黑烟，低速时出现敲击声，急加速时敲击声加剧，高速时敲击声减弱或消失，这种现象称为发动机工作粗暴。

2. 故障原因

发动机工作粗暴的故障原因与排除方法

故障原因	排除方法
柴油标号不高	使用高标号的柴油
空气滤清器堵塞	清扫或更换空气滤清器的滤芯
供油时间过早	适当减少供油提前角
个别缸工作不良	送维修站检修燃油系统
汽缸压力不足	送维修站检修发动机的缸体磨损情况

3. 故障诊断与排除

诊断一　柴油标号不高

当水稻收割机一直状况良好，使用新加注的柴油后出现爆震的声音，说明加注的柴油质量不高。柴油的质量不高，其发火性不良会使燃烧发火的时机延迟，导致发动机爆震。低质量的柴油是发动机爆震的根源，会损坏发动机。因此，应使用质量高的柴油。

排除方法：使用高标号的柴油。

发动机在使用中，为延长使用寿命，应尽量使用 10 号或 20 号的轻柴油。不要使用小厂土法炼制的劣质油。

诊断二　空气滤清器堵塞

油料燃烧时需要空气。尤其是发动机吸入的空气，不仅用于燃烧，同时发动机利用压缩空气时产生的高温使油料发火作功。因此，吸入空气数量不足会有双重的不良影响。发动机素以热效率高而著称，如果冒黑烟，不仅降低了发动机的热效率（降低了功率），而且会增加油耗，同时增加了排气污染。造成进气量不足的主要原因是空气滤清器脏污堵塞所致。进入发动机的空气必须首先经过空气滤清器过滤后，才能进入汽缸。

取下空气滤清器的滤芯，查听发动机敲击有何变化。若敲击声减弱或消失，说明空气滤清器过脏，进气不足，汽缸压力下降，引起着火后燃期延长，导致发动机排黑烟，发出火爆燃声。

排除方法：清扫或更换空气滤清器的滤芯。

常用的滤芯都是纸质的，需要定期清扫和更换，否则滤芯堵塞会影响空气过滤，使进气量下降。

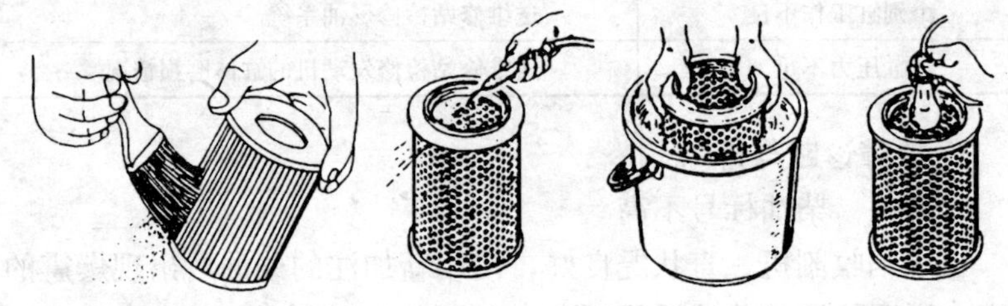

在水稻收割机收割作业时，空气滤清器的滤芯很容易脏污，应缩短清扫和更换滤芯的间隔时间。

诊断三　供油时间过早

发动机是靠压燃着火工作的。供油时间过早，汽缸内的气体温度还未上升就开始喷射燃油，会降低燃油的着火性，引起发动机爆震。

排除方法：适当减少供油提前角。

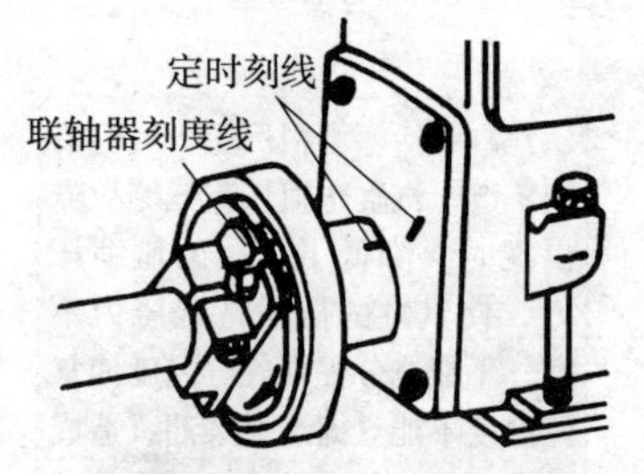

适当减少供油提前角，观察发动机运转时的排烟和敲击声的变化。若排烟和敲击声减少或消失，则说明供油时间过早，应减少供油提前角。

诊断四　个别缸工作不良

如果敲击声不均匀，说明某个缸的供油量过大或过小，造成各缸的工作情况不一致。

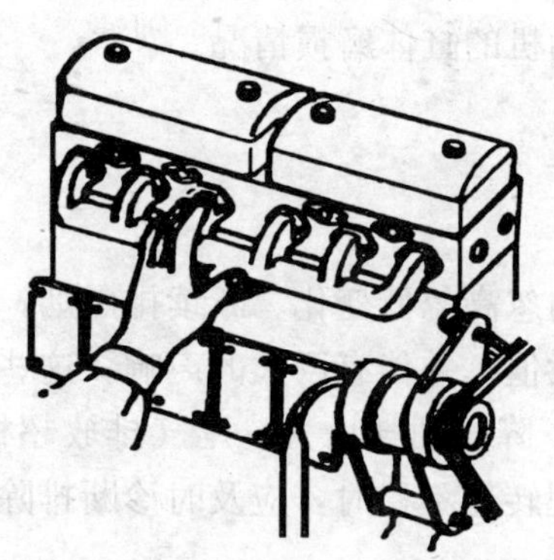

在发动机运转时，用手摸高压油管。若感到某缸排气歧管在启动较其他缸热得快，说明该缸的供油量过大；反之，说明供油量过小或喷油嘴工作不良。

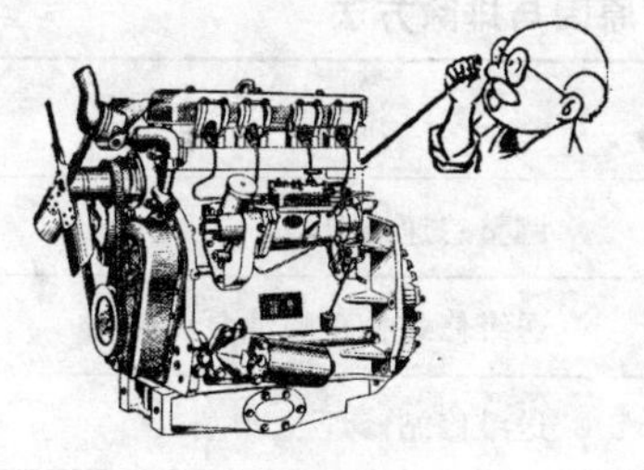

用长起子抵在缸体上，再细查听并比较响声及震动的大小。响声和震动大的为供油量过大；反之，供油量过小。

排除方法：送维修站检修燃油系统。

诊断五　汽缸压力不足

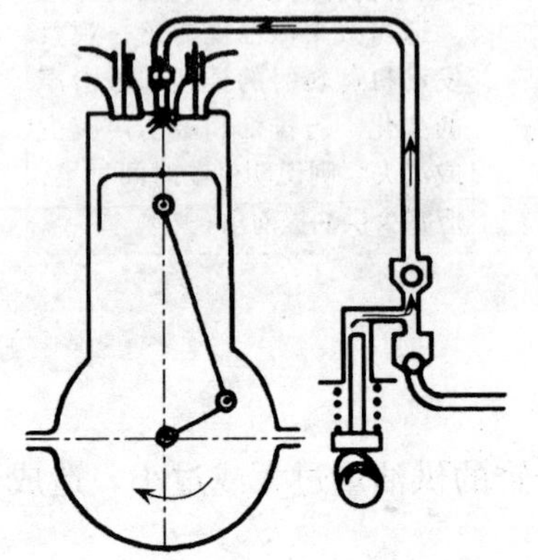

汽缸和活塞磨损严重、气门关闭不严、汽缸垫损坏漏气等故障出现时，降低了汽缸的压缩压力，使汽缸的压缩行程压力不高，不能充分提高气缸温度使气体温度不能立即点燃柴油，造成发火延迟，导致发动机爆震。

排除方法：送维修站检修发动机的缸体磨损情况。

五、发动机转速不稳

1. 故障现象

柴油发动机转速在较大范围内忽高忽低变化、断续排黑烟，有时转速突然升高并超过允许的最大值，并伴有巨大的声响。这些现象的发生不仅使柴油发动机功率下降、油耗增大、尾气排放超标，而且会造成事故性损坏，因此出现转速不稳时，应及时诊断排除。

2. 故障原因

发动机转速不稳的故障原因与排除方法

故障原因	排除方法
怠速螺钉调整不当	调整怠速螺钉
调速器或喷油嘴工作不良	送维修站校正喷油泵调速器
发动机汽缸压力过低	送维修站修理

3. 故障诊断与排除

诊断一　怠速螺钉调整不当

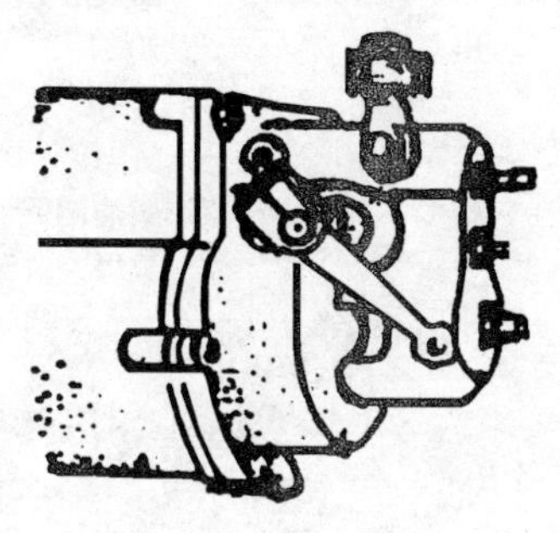

发动机的调速器一般设有怠速调整螺钉，使用中应根据发动机状态调整发动机的怠速转速。

当怠速转速调整不当时，会对发动机的使用操作带来影响。怠速调整过高，会使换挡时发响；如果怠速转速调整过低，会使怠速时发动机转动不稳，使发动机产生不平稳的振动或使发动机熄火。因此，应将发动机的怠速螺钉调整好。

排除方法：调整怠速螺钉。

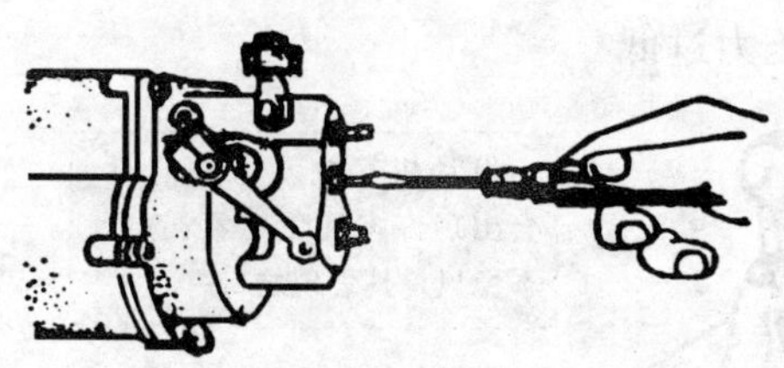

顺时针调整怠速螺钉，使发动机转速提高；逆时针转动怠速螺钉，使发动机转速降低。

发动机怠速转速应调整在 500 ~ 700 转 / 分钟。

诊断二　调速器或喷油嘴工作不良

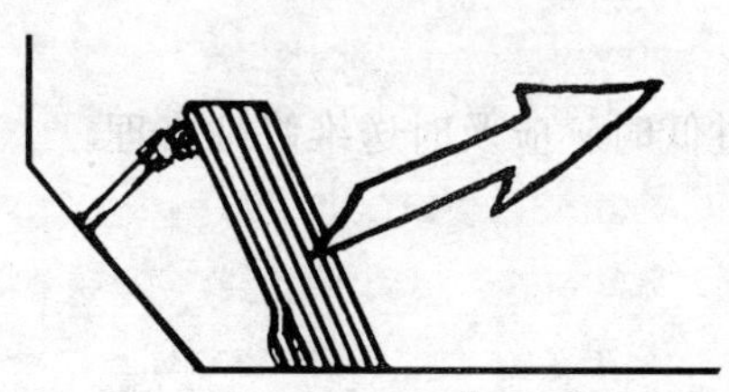

急速放开油门踏板，若发动机熄火，说明喷油泵调速器调速不良。调速器主要的功用就是防止怠速熄火和限制发动机超速。如果调速器失调或调整不当，会导致发动机熄火、怠速转动不稳。

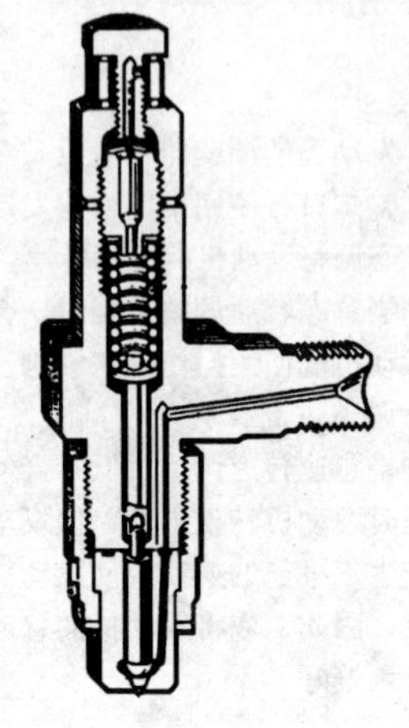

如果喷油嘴喷油状态不良，使柴油不能在燃烧室中雾化，也会造成发动机怠速不稳或熄火。

排除方法：送维修站校正喷油泵调速器。

当喷油泵调速器失调或喷油嘴工作不良时，除影响怠速外，还会影响发动机其他的工况。因此，必须将水稻收割机送到维修站进行调速修理，才能排除故障。

诊断三　发动机汽缸压力过低

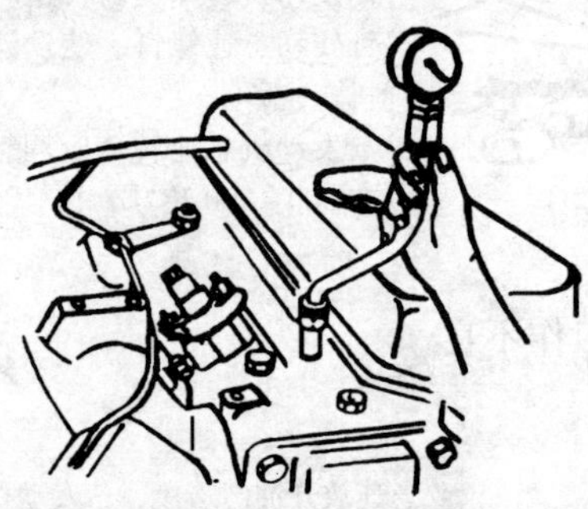

发动机气缸压力过低时，会出现许多故障现象，怠速不稳只是其表现之一。

排除方法：发现汽缸压力过低时，应及时送维修站修理。

六、发动机慢慢熄火

1. 故障现象

水稻收割机在工作或在路上行驶时，发动机慢慢自动熄火。在熄火之前，先出现燃烧过程恶化、运转不正常、功率下降或不稳定现象。

2. 故障原因

发动机慢慢熄火的故障原因与排除方法

故障原因	排除方法
燃油耗尽	添加柴油
油路堵塞	清洗或更换柴油滤清器、疏通油箱盖通气孔、清洗管路滤网
汽缸垫损坏	去维修站更换汽缸垫
高压油路进入空气	更换喷油嘴或出油阀，并排除空气

3. 故障诊断与排除

诊断一　燃油耗尽

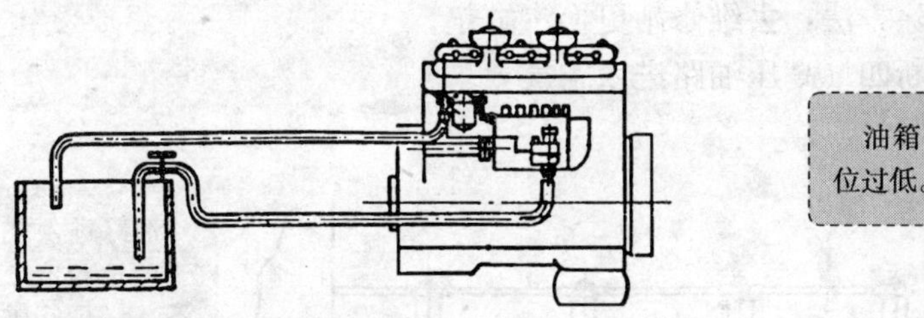

油箱中油位过低。

排除方法：添加柴油。

诊断二　油路堵塞

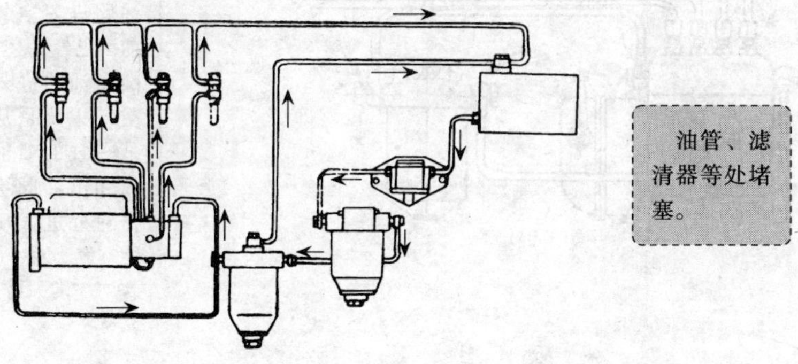

油管、滤清器等处堵塞。

排除方法：清洗或更换柴油滤清器、疏通油箱盖通气孔、清洗管路滤网。

诊断三 汽缸垫损坏

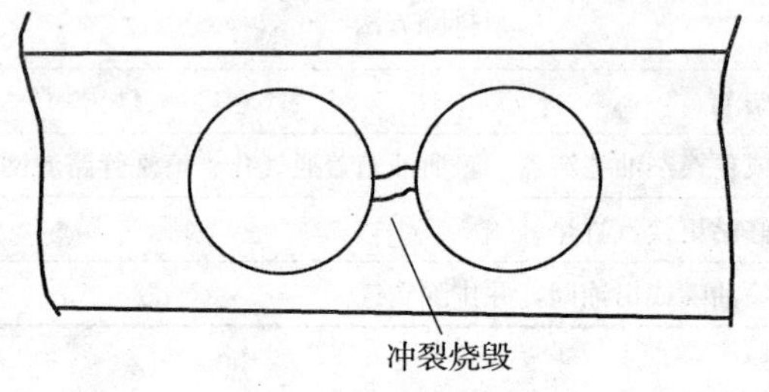

若发动机熄火前，汽缸垫处冒黑烟，喷出冷却水，表明气缸垫烧毁或冲坏。

排除方法：去维修站更换汽缸垫。

诊断四 高压油路进入空气

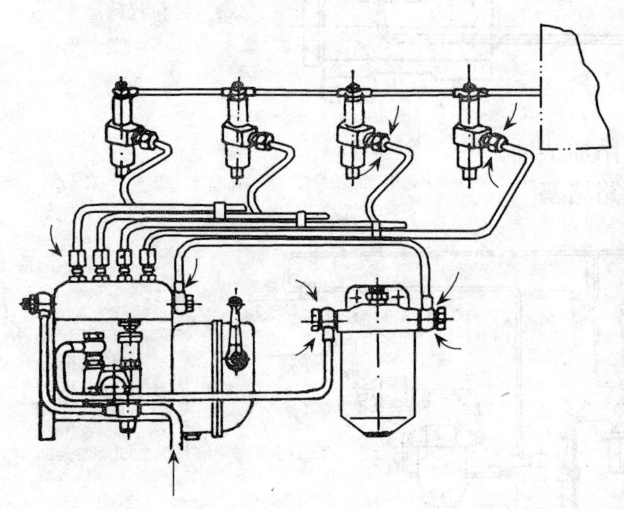

油路进入空气的途径有2条：一是低压油路不密封，二是高压油路不密封。低压油路进入空气前面已经论述。高压油路进入空气主要是从某一缸的喷油嘴和出油阀不密封处进入压缩空气。

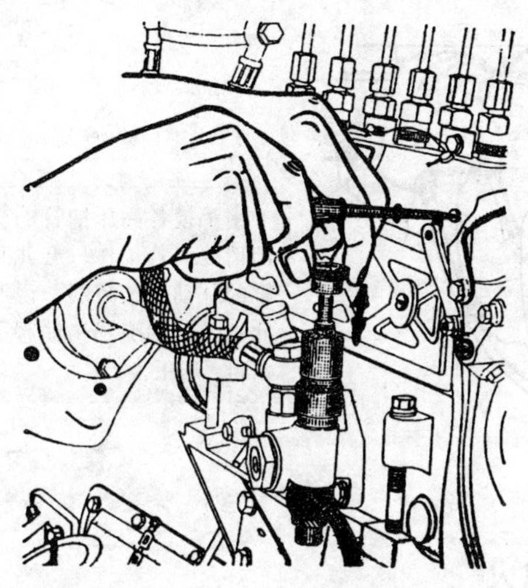

若松开喷油泵上的放气螺钉，泵油排出油中空气，排尽空气后再泵油，油中无空气。启动运转一会儿，又自动熄火，这表明是高压油路进入空气。

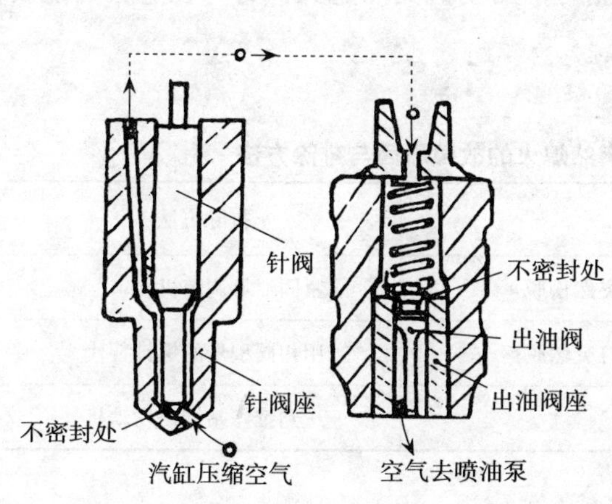

高压油路进入空气的原因是某一缸的喷油嘴与出油阀不密封，气缸内的压缩空气先从喷油嘴喷孔进入，经油管到达出油阀，空气便从不密封的出油阀与阀座之间进入喷油泵，由于每次有少量空气量，所以发动机工作一会儿，空气就会充满喷油泵，造成发动机自动熄火。

排除方法：更换喷油嘴或出油阀，并排除空气。

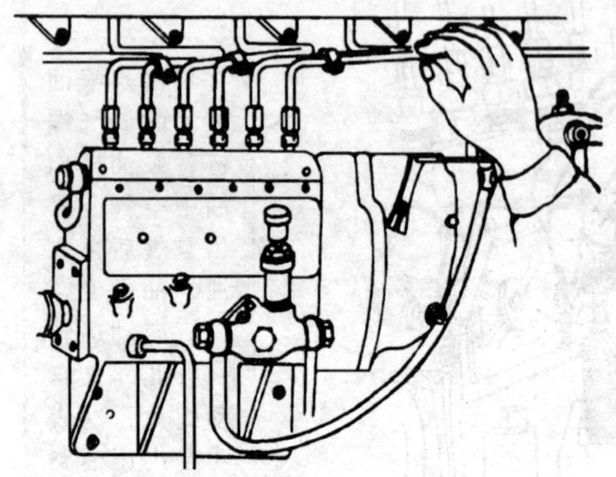

用手摸各高压油管的脉动情况，若工作一会儿某缸的脉动逐渐减弱，说明此缸的喷油嘴和出油阀不密封，应更换。

七、发动机突然熄火

1. 故障现象

水稻收割机收割作业时，发动机突然熄火，有时在熄火可能发出强烈的异响。

2. 故障原因

发动机突然熄火的故障原因与排除方法

故障原因	排除方法
油量操纵臂联动机构突然松脱	紧固油量调整机构
喷油泵联轴节紧固螺钉突然脱落	用相同型号的螺钉替代
机体零件严重损坏	送到维修站维修发动机

3. 故障诊断与排除

诊断一　油量操纵臂联动机构突然松脱

排除方法：紧固油量调整机构。

诊断二　喷油泵联轴节紧固螺钉突然脱落

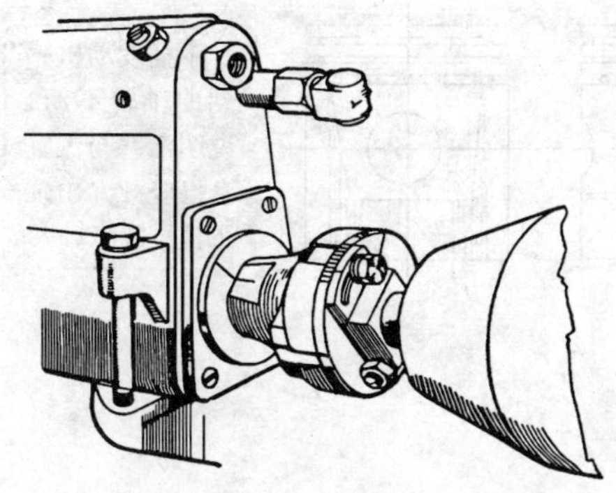

联轴节紧固螺钉突然脱落。

排除方法：用相同型号的螺钉替代。

喷油泵联轴节紧固螺钉突然脱落的现象是很少发生的，若发生了，则用相同型号的螺钉替代。用撬棍撬动飞轮，使其正转，直到喷油泵联轴节前凸缘上的刻线与后凸缘上的喷油正时调整刻线的正中长划线对正时，紧固替代的螺钉。返回至维修站，请专业人员进行供油正时调整。

诊断三　机体零件严重损坏

手摇发动机感到特别费力，表明主轴瓦和连杆轴承被烧毁。

连杆小瓦烧毁。

主轴瓦烧毁。

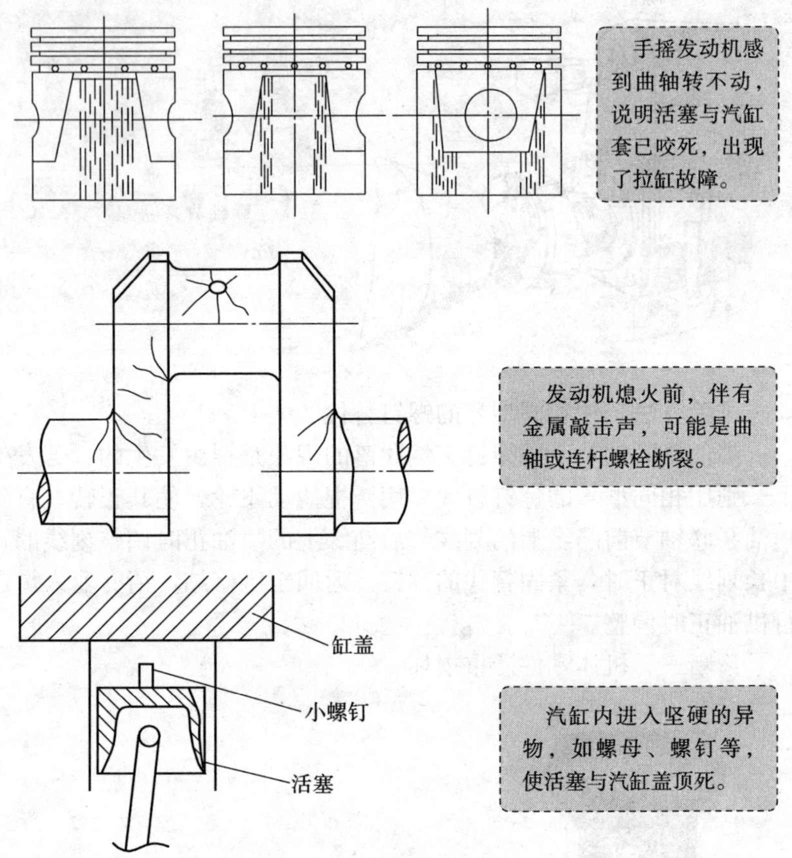

排除方法：送到维修站维修发动机。

八、发动机排黑烟

1. 故障现象

水稻收割机的排气管排出浓浓的黑烟，且柴油发动机功率下降，冷却水温度升高，污染空气。

2. 故障原因

发动机在正常工作状态，排出的烟基本上是没有颜色的。当发动机出现排烟异常时，说明发动机存在故障。一般来说，如果发动机不能完全燃烧，就会冒黑烟。

发动机排黑烟的故障原因与排除方法

故障原因	排除方法
发动机超负荷过大	适当减少割幅或降低作业速度，使发动机负荷减小
空气清滤器或排气道堵塞	清除空气滤清器上的灰土，排气道中的积炭和油污
喷油泵供油正时太晚	去维修站检查和调整供油正时
喷油器雾化不良	去维修站检修喷油泵和喷油嘴
汽缸磨损导致汽缸压力不足	去维修站维修汽缸

3. 故障诊断与排除

诊断一　发动机超负荷过大

减轻发动机的负荷，即减少割幅，若烟色变浅，则说明负荷过大；若烟色无变化，继续排黑烟，则说明是其他问题。

排除方法：适当减少割幅或降低作业速度，使发动机负荷减小。

在收割作业时，一般不应超负荷运转。若需超负荷，则需记忆住，不要超过发动机额定功率10%，不要连续超负荷运行1小时以上，超负荷时发动机也不允许冒黑烟。

诊断二　空气清滤器或排气道堵塞

空气滤清器堵塞或排气道堵塞，会使进入汽缸内的空气量减少，导致汽缸内的燃油与空气的比例失调，燃油因空气量不足而不能完全燃烧，导致发动机冒黑烟。

将空气滤清器和进气管之间连接螺钉松开，如发现柴油发动机冒黑烟现象随之消失，可判断冒黑烟故障原因是空气滤清器堵塞。

排除方法：清除空气滤清器上的灰土、排气道中的积炭和油污。

诊断三　喷油泵供油正时太晚

由于调配调整不当，喷油泵供油正时太晚，使燃烧过程向后推迟，部分燃油在汽缸内燃烧不完全，在排气管中继续燃烧，最后炭粒的形式由排气管排出，造成发动机冒黑烟。

排除方法：去维修站检查和调整供油正时。

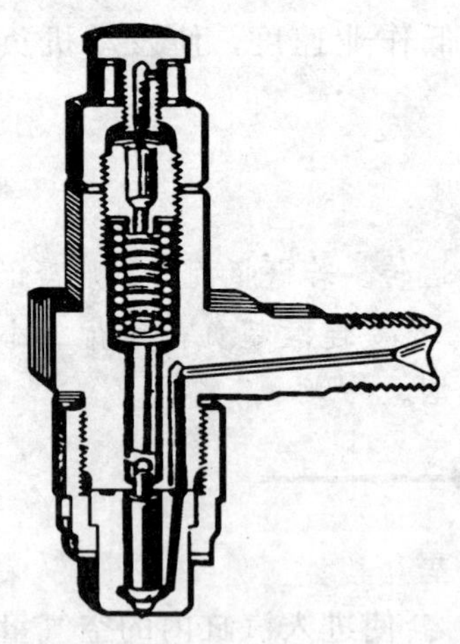

调整不当。
弹簧折断。
针阀咬死。
喷孔堵塞。

诊断四　喷油器雾化不良

喷油压力过低、碎裂、针阀咬死及喷油泵故障等，均会造成喷油器雾化不良或滴油，使喷入汽缸内的燃油油粒过大，不能与空气混合均匀，部分燃油因得不到足够的空气，造成不能完全燃烧而冒黑烟。

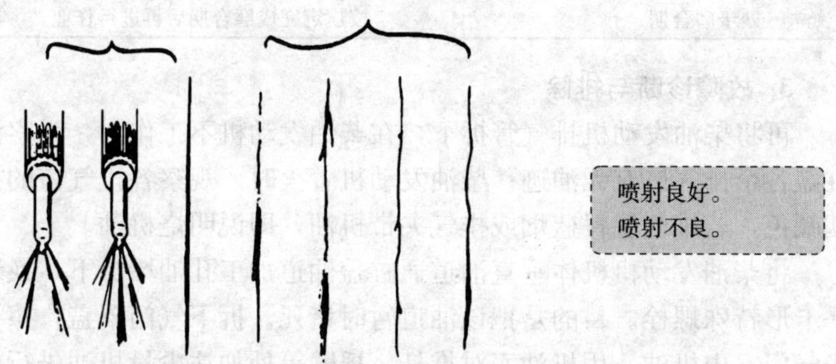

排除方法：去维修站检修喷油泵和喷油嘴。

诊断五　汽缸磨损导致汽缸压力不足

汽缸和活塞严重磨损时，会使压缩终了的压力不足，不能形成混合气燃烧所需的高温，导致爆震和不完全燃烧，成为冒黑烟的原因。汽缸严重磨损时，会导致发动机启动困难。尤其是使用多年的水稻收割机。

排除方法：去维修站维修汽缸。

九、发动机排蓝烟

1. 故障现象

水稻收割机工作时，排气管经常冒蓝烟，且发动机动力不足，机油消耗增多。

2. 故障原因

发动机冒蓝烟可以用肉眼看到，机油消耗量也会明显增加。发动机冒蓝烟说明机油窜入燃烧室，应分析机油从哪些部位进入燃烧室，再根据零部件的磨损和使用情况，从中找出原因进行排除。

发动机排蓝烟的故障原因与排除方法

故障原因	排除方法
曲轴箱内机油过多	放出多余的机油
空气滤清器内机油过多	放出空气滤清器内过多的机油
机械磨损	修理发动机机体
处于磨合期	按规定完成磨合期后再进行作业

3. 故障诊断与排除

可将柴油发动机排气管拆下，在柴油发动机不工作时，观察汽缸盖各个排气口有无油迹；柴油发动机着火时，观察各排气口的排烟颜色，若排气管冒蓝烟或排气夹带机油，即说明烧机油。

将柴油发动机机体垂直油道通缸盖油道加工孔油堵拆下，换装一卡形特殊螺栓。目的是把该油道暂时堵死。拆下气门罩盖，擦干净气门室内机油，用机油壶对推杆、摇臂等处加注少量机油进行润滑，但不要加在气门头处，以免影响检查的准确性。启动柴油发动机，正常工作一段时间后，观察烧机油现象有无变化。若现象消失说明故障在气门与气门导管处，若严重程度未变，说明故障在活塞和缸套处；若程度有所减轻但未消除，说明上述两个部位均有故障。

诊断一　曲轴箱内机油过多

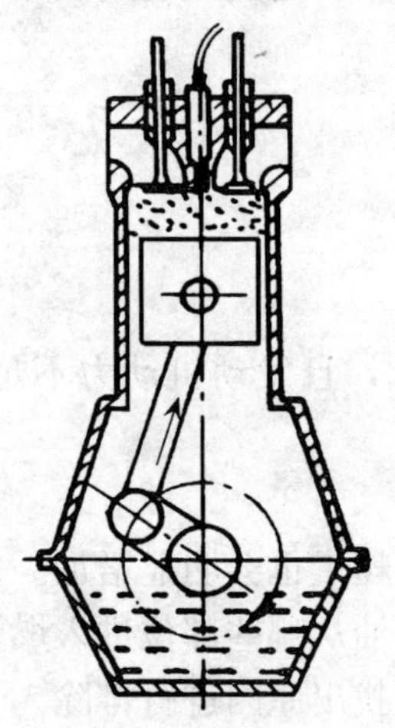

曲轴箱内机油过多，使大量机油飞溅到气缸壁上，当壁面上的机油量超过了刮油环的刮油能力时，机油便窜入燃烧室，造成发动机冒蓝烟。

排除方法：放出多余的机油。

诊断二 空气滤清器内机油过多

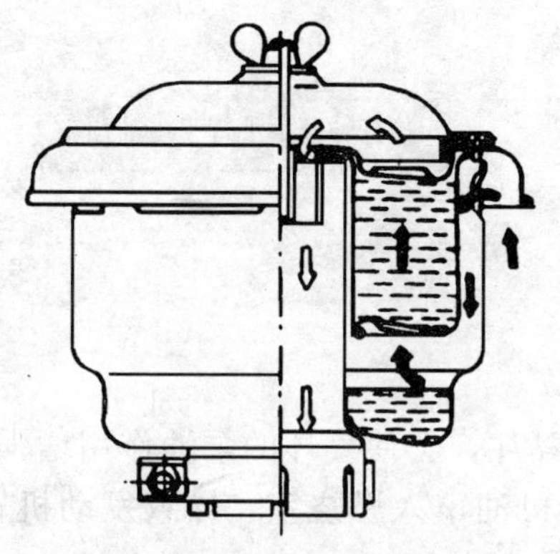

一些发动机配置油浴式空气滤清器，如果滤清器油盘内的机油过多，在热车的情况下，机油粒度降低，容易被空气带入燃烧室内，引起发动机冒蓝烟。

排除方法：放出空气滤清器内过多的机油。

诊断三 机械磨损

若活塞与汽缸磨损过大或装配不良，造成两者的间隙过大，飞溅到汽缸壁上的机油便进入燃烧室燃烧，造成发动机冒黑烟。

连杆轴颈不平行于主轴颈。

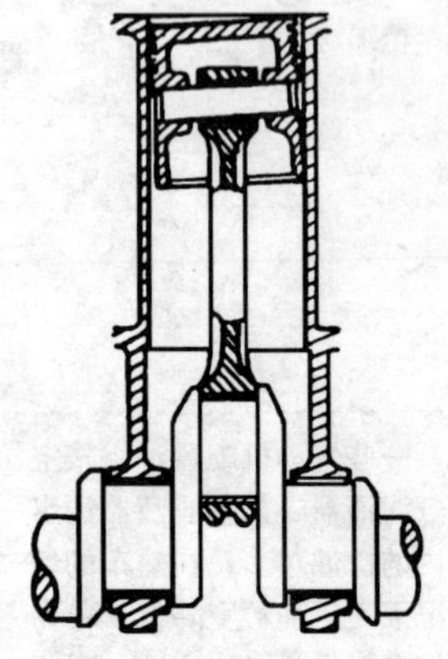

连杆轴颈不平行于主轴颈。

若活塞环严重磨损或被积炭黏住，会使气环的泵油作用增强、油环的刮油作用减弱，造成大量机油窜入燃烧室，导致发动机冒黑烟。

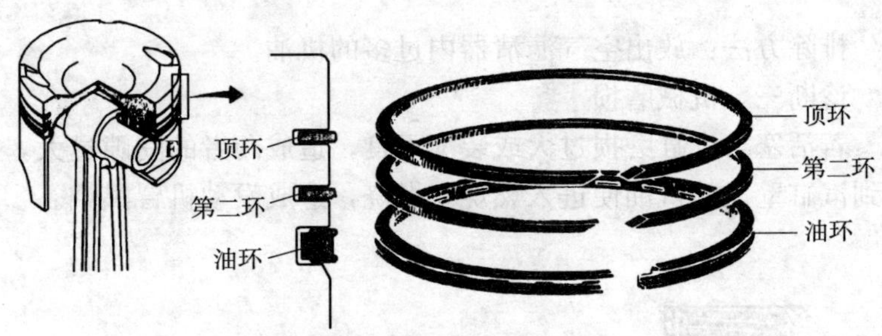

排除方法：修理发动机机体。

诊断四　处于磨合期

新拖拉机或新修柴油发动机，由于汽缸套、活塞环未磨合，机油上窜到燃烧室，致使冒蓝烟，待磨合好以后，蓝烟消失。

排除方法：按规定完成磨合期后再进行作业。

十、发动机冒白烟

1. 故障现象

水稻收割机作业时，排气管经常冒白烟，且冷却水消耗过多，发动机动力不足。

2. 故障原因

当发动机冒白烟时，说明喷入汽缸内的部分燃油没有燃烧，变成油气随烟气一起排出；或者是水进入汽缸内，受热变成水蒸气随烟气排出。因此，分析排除发动机冒白烟的故障时，应抓住燃烧不良和水从何处进入汽缸两个关键性的问题，就会比较容易地找到故障的原因并进行排除。

发动机冒白烟的故障原因与排除方法

故障原因	排除方法
燃油中有水	沉淀燃油，或放出燃油箱内的积水，或更换燃油
缸盖、汽缸套破裂，或汽缸垫损坏漏水	去维修站修理发动机缸体
温度太低	暖机
喷油嘴滴油或雾化不良	去维修站检修喷油嘴的喷油压力

3. 故障诊断与排除

诊断一　燃油中有水

柴油中如果混入水分，进入汽缸燃烧，如同烧湿木柴一样，很难完全燃烧，受热后变成水蒸气，随烟气一同排出，使发动机冒白烟。

排除方法：沉淀燃油，或放出燃油箱内的积水，或更换燃油。

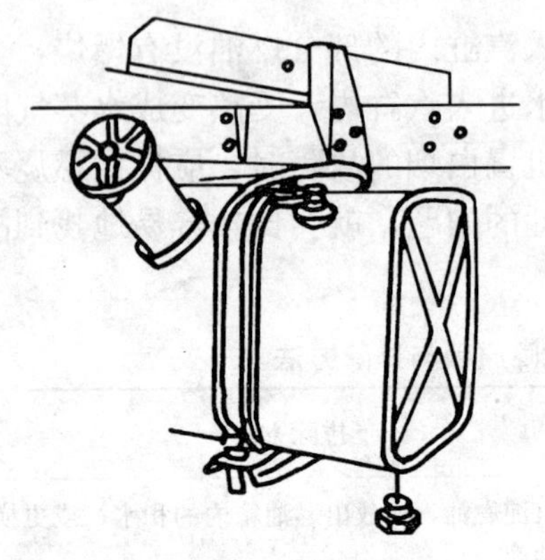

玉米收割机每作业一个季度，应拧开油箱放水螺塞放水一次。

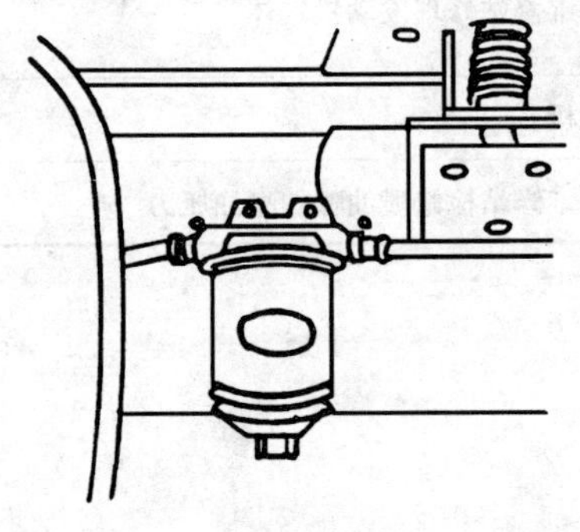

每天应拧开柴油预滤器放水螺塞，把水放掉。

诊断二　汽缸盖、汽缸套破裂，或汽缸垫损坏漏水

发动机的热负荷过大、冷却水量不足或中断、冷却水温度过低、操作管理不当等原因，均会造成汽缸盖、汽缸套因热应力过大而破裂，冷却水泄漏到汽缸内，便引起发动机冒白烟。发动机装配调整不当，如喷油泵供油过早、燃烧室余隙高度太小等，造成汽缸内的爆发压力过高，或汽缸盖螺栓拧紧力矩不足或拧紧力矩不均匀，均会造成汽缸垫烧坏，使冷却水漏入汽缸内，也会引起冒白烟。

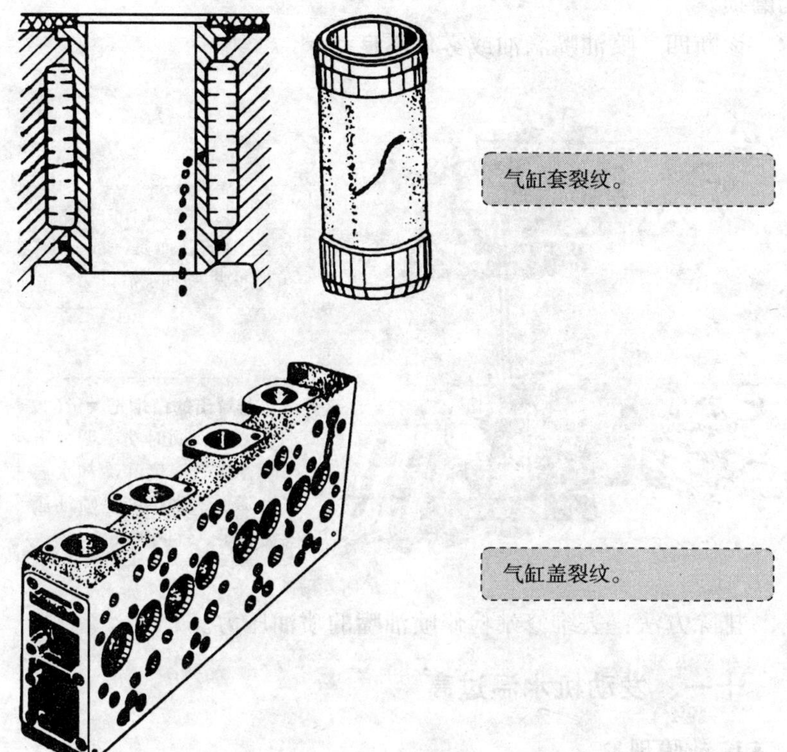

气缸套裂纹。

气缸盖裂纹。

排除方法：去维修站修理发动机缸体。

诊断三 温度太低

早上进行水稻收割作业时，由于气温太低，使发动机燃烧室的温度太低，燃油喷入汽缸后，一部分燃油不能燃烧，只能变成油气随烟气排出。

排除方法：暖机。

发动机启动后，应空负荷低速或低速低负荷运转一段时间，即称为暖机。待发动机温度升高后，再增大负荷，冒白烟就会自行消除。

在发动机冷启动之后，燃烧不稳，这时发动机机油黏度大、流动性差，不能充分润滑。如果此时轰大油门只会增加汽缸体和活塞的磨损。

诊断四　喷油嘴滴油或雾化不良

若排气管冒出的白烟不是连续的，而是一股一股的，说明喷油嘴滴油。

若冒出的白烟是大量的、连续的，同时功率明显下降，排气温度和冷却水温度降低，则可能是喷油压力不足、针阀咬死。

排除方法：去维修站检修喷油嘴的喷油压力。

十一、发动机水温过高

1. 故障现象

发动机正常工作时，水温表的指针应指在 80～95℃之间。若指在 95℃以上或水箱盖冒出水蒸气，说明发动机水温过高。

2. 故障原因

发动机水温过高的故障原因与排除方法

故障原因	排除方法
水箱缺水	添加冷却水
风扇皮带过松或断裂	紧固皮带松紧度或更换皮带
风扇叶片损坏或折断	更换已损坏的叶片
冷却胶管破裂漏水	紧固胶管的卡箍或更换胶管
水箱漏水或堵塞	焊修水箱漏水处，清洁水箱表面

（续）

故障原因	排除方法
节温器损坏	检查或更换节温器
水箱水垢过多	清洗水箱水垢

3. 故障诊断与排除

诊断一　水箱缺水

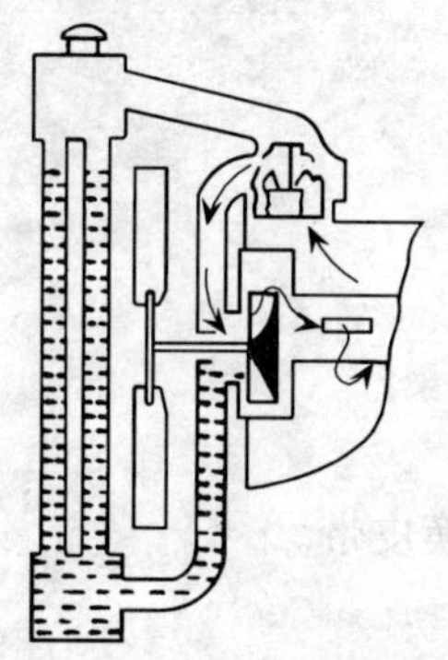

若冷却水不足，使燃气接触的零部件不能得到有效的冷却，热量不能有效地传出去，导致零部件温度升高而过热，此时，水温、油温、排气温度均会升高。

排除方法：添加冷却水。

将水稻收割机开到有水源的地方，怠速运转，直到水温降低，用抹布盖住水箱盖，缓缓拧开水箱盖，然后加满冷却水。

发动机温度过高，切勿立即熄火，否则会使活塞等零件烧熔损坏。不要加注冷水，以防突然冷却，造成活塞在汽缸中咬死。

诊断二 风扇皮带过松或断裂

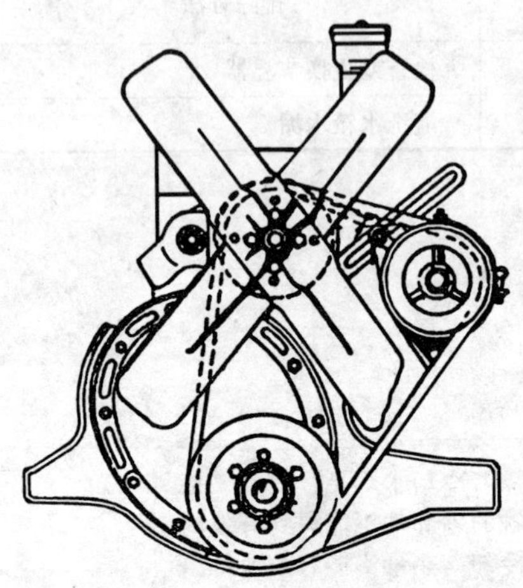

若驱动风扇的皮带过松或断裂，使风扇的转速下降、散热能力下降，发动机的温度就会过高。

排除方法：紧固皮带松紧度或更换皮带。

诊断三 风扇叶片损坏或折断

风扇的煽风量取决于叶片的倾斜角及数目，风扇叶片一般有 4 片或 6 片，若叶片损坏，倾斜角不对；或叶片折断，均使风扇的风量大大减少，散热能力下降，发动机过热；同时，因不平衡引起发动机剧烈振动。

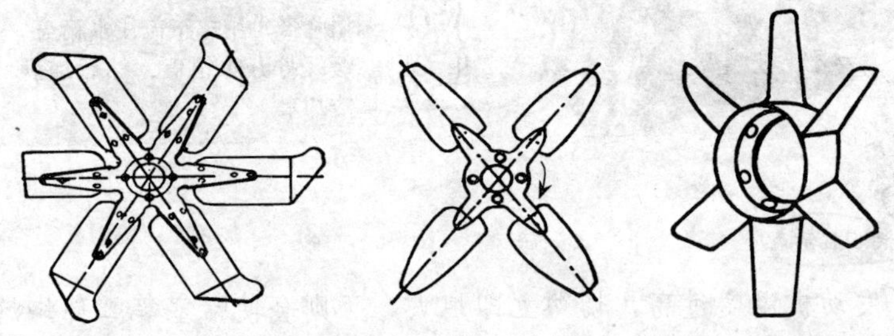

排除方法：更换已损坏的叶片。

诊断四 冷却胶管破裂漏水

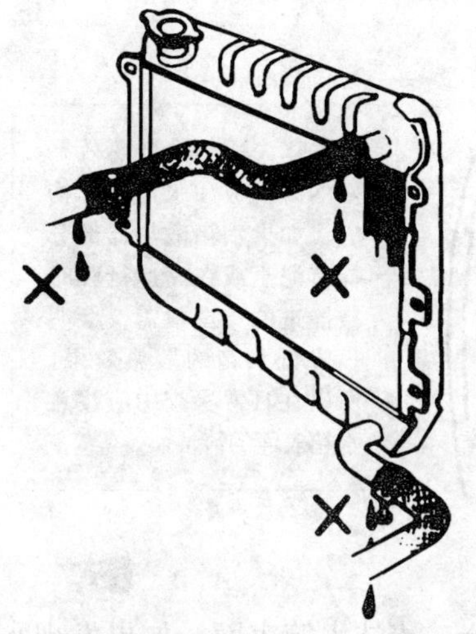

水箱上、下进出水管容易发生老化、破损等现象，甚至出现突然破裂现象。使冷却水泄漏，发动机温度过高。

排除方法：紧固胶管的卡箍或更换胶管。

诊断五　水箱漏水或堵塞

水箱使用时间长，会因锈蚀或碰撞损坏而漏水。水箱漏水时会有漏水的痕迹，比较容易发现。如果发现水箱漏水时，应将水箱拆下送到维修站修理。

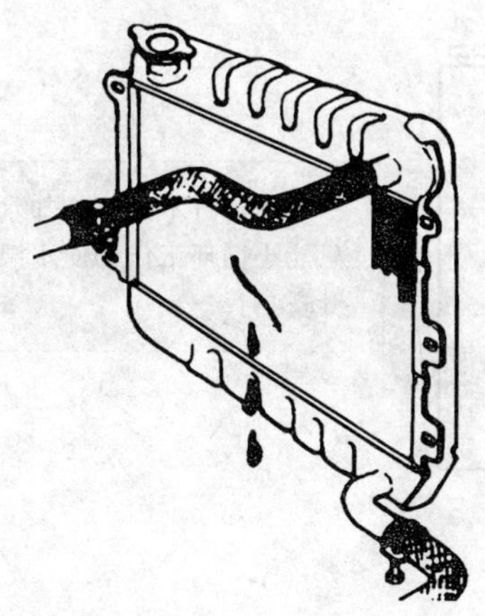

水箱有细小裂纹。

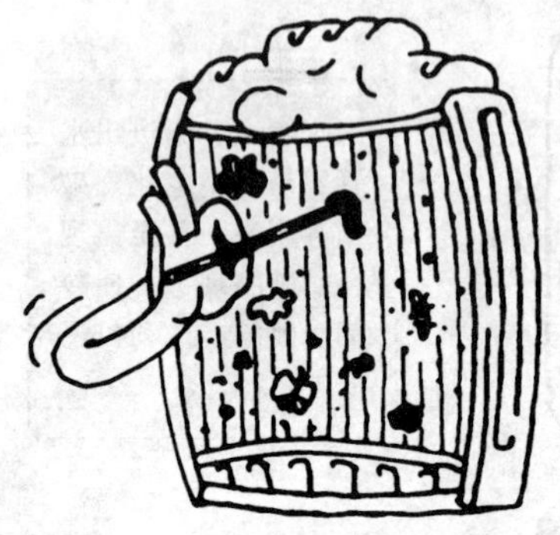

水箱一般是由散热效果好的薄铜板和水道管芯构成。如果水箱散热器部分挂有泥土或在高速行驶时被撞进的飞虫覆盖，会明显降低水箱的散热效果。所以在日常检查中应注意水箱表面的清洁。

排除方法：焊修水箱漏水处，清洁水箱表面。如果发现水箱漏水，应到维修站修补水箱的漏水处。

诊断六　节温器损坏

若节温器主阀门不能随水温升高适时开启，使冷却水只能小循环工作，不能通过水箱冷却，从而使水温升高。

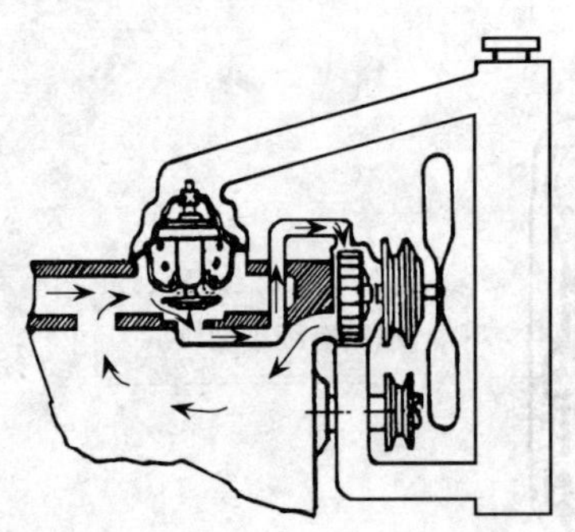

节温器打不开，冷却水只能小循环工作，使水温升高。

排除方法：检查或更换节温器。

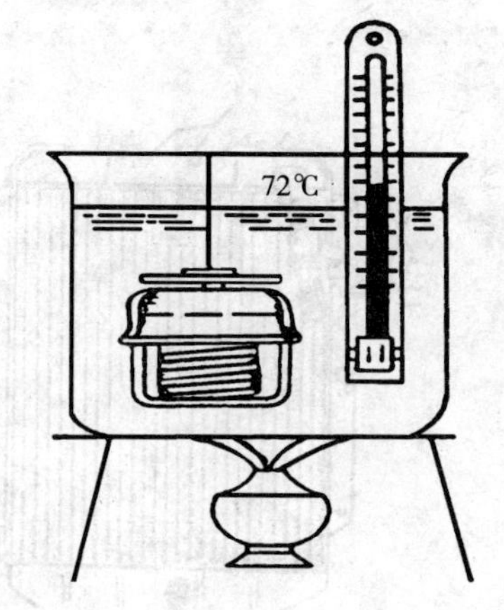

把节温器放在一个容器内，加入 80℃ 以上的热水，节温器应张开，否则节温器有故障，需更换。

诊断七　水箱水垢过多

水箱水垢太多造成水路不通，影响正常散热。

排除方法：清洗水箱水垢。

方法一：拆下水箱，用人工的方法清洗水箱芯。

若水箱表面脏污，可用水和毛刷冲洗。冲洗时，先用水润湿水箱表面脏污处，然后用水管从水箱的后面向前冲洗水箱。对于附着比较牢固的杂物，可以使用毛刷清洗掉，不要使用刀片等工具硬撬，以免损坏水箱。

方法二：不拆水箱，用 3.5 升的食用碱、1.5 升的煤油、6 升 90℃的水混合搅拌后加入水箱，再添加适量的清洁冷却软水直至水箱加满。发动机工作 8 小时后将水全部放掉，再加水冲洗，冲洗时发动机工作，上面加水，下面放水，直至放出的水是清洁干净的为止。

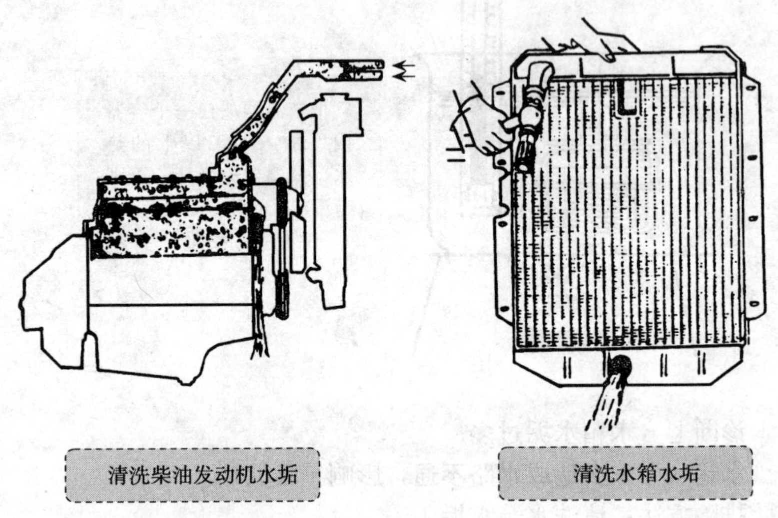

清洗柴油发动机水垢　　清洗水箱水垢

十二、机油压力过低

1. 故障现象

发动机正常工作时，机油压力的指针应指在 2～4 之间；怠速时机油压力的指针应指在 1 处。若指针指向 0，则表明机油压力过低。

2. 故障原因

机油压力过低的故障原因与排除方法

故障原因	排除方法
机油量不足	添加机油
机油突然泄漏	去维修站更换泄漏处密封部件
机油过稀或机油太脏	清洗机油滤清器、更换机油
机油压力显示装置不良	检查或更换机油传感器、线束与机油表
机油压力调整不当	调整机油压力

3. 故障诊断与排除

诊断一　机油量不足

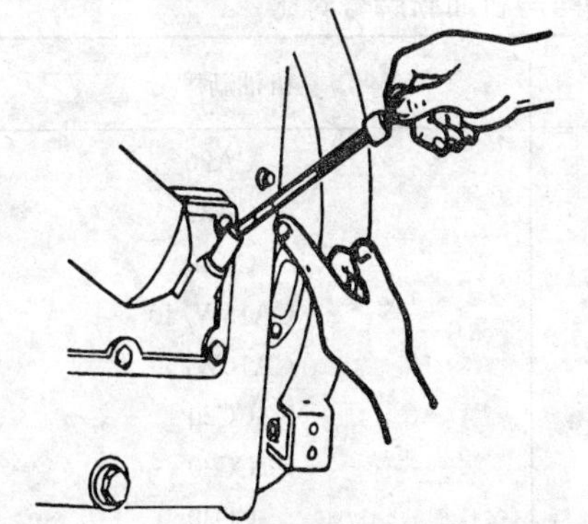

当机油压力始终过低时，应先检查发动机的机油量。在柴油发动机停止工作半小时后，抽出机油油尺，油、渍应在上、下划线之间，如低于下划线时，应及时补加。

排除方法：添加机油。

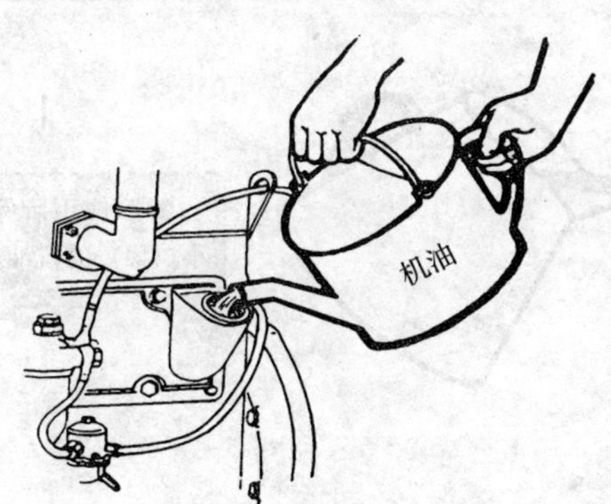

及时添加相同标号的发动机机油。

更换机油的步骤：

第 1 步：在柴油发动机工作结束后，趁热放出机油。放油应不断摇动曲轴，使油道中、滤清器中脏油一同排出。

第 2 步：将油底壳中注入适量柴油，用小柴油发动机或启动机带动柴油发动机旋转，然后放出清洗后的柴油。

第 3 步：按季节加入规定标准的新机油。

第 4 步：根据季节、气温选用不同牌号的机油。我国柴油发动机机油黏度大小分成 HC-8、HC-11、HC-14 三种牌号。有时，由于说明书中的规定和实际情况不符，也有些地区供应的柴油发动机机油使用新牌号。此时，可找出相近的牌号相互代用。

机油旧牌号与机油新牌号对比

机油旧牌号	机油新牌号
HC-8	CA20
HC-11	CA30
HC-14	CA40
寒区-14	CA15W/40
严寒区-14	CA10W/40
低凝-8	CC20
低凝-14	CC20
中增压-11	CD30
中增压-11	CD40

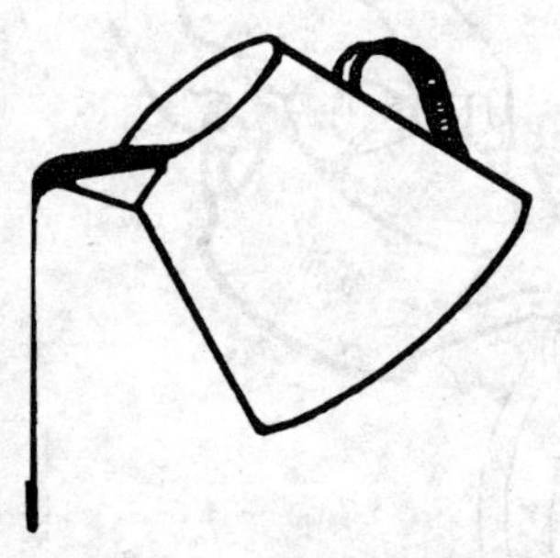

冬季选用牌号较小（稀）的机油。

夏季选用牌号较大（稠）的机油。

诊断二　机油突然泄漏

发动机使用中，若突然发现机油压力突然降低，一般是由机油汇漏造成，如曲轴前后油封损坏、机油管损坏、机油滤清器密封圈损坏等均会造成机油泄漏。

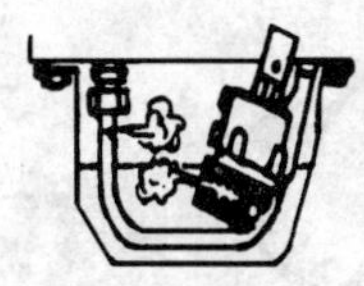

机油滤清器密封垫破裂。
机油感应塞损坏。
机油泵出油管破裂或限压阀在泄漏位置卡死。

排除方法：去维修站更换泄漏处密封部件。

诊断三　机油过稀或机油太脏

发动机发动之初，机油压力正常，但使用一会儿出现机油压力迅速下降。造成这种症状的原因有机油存量不足和机油过稀两种。检查机油尺，如果机油油量正常，则说明机油黏度过小，应予以更换。

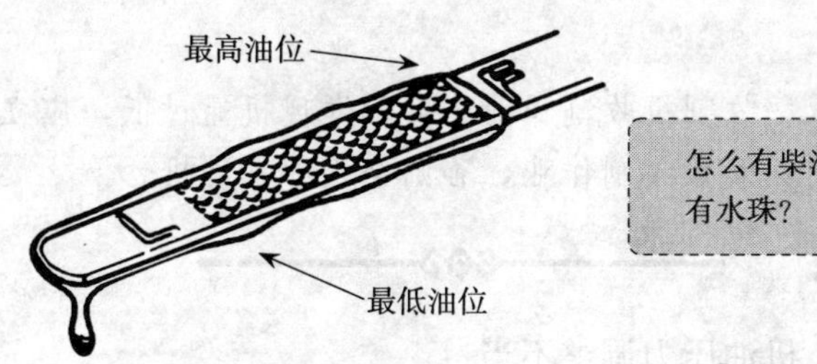

怎么有柴油味？
有水珠？

如果检查机油尺，发现机油量增加，在机油尺上可以看到水珠或闻到柴油味，说明机油中混入了冷却水或柴油。此时，也必须更换机油。

排除方法：清洗机油滤清器、更换机油。

诊断四　机油压力显示装置不良

当拆下机油传感器时，若有机油喷出，说明油表损坏或导线接通接触不良。

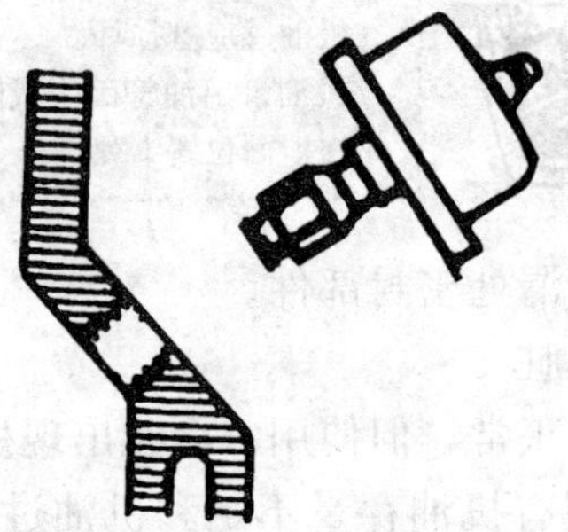

若无机油喷出，说明机油油路堵塞，应检查滤清器、机油限压阀等部位。

排除方法：检查或更换机油传感器、线束与机油表。

如果在水稻收割机收割作业中突然发现机油过低，应立即停机检查修理，切勿勉强收割作业，否则会损坏发动机。

诊断五　机油压力调整不当

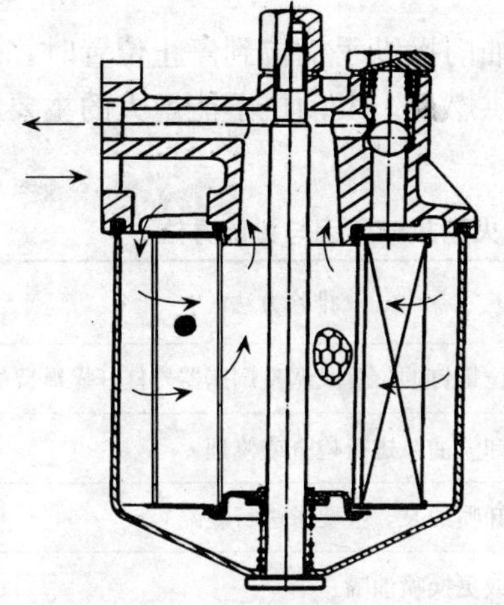

机油滤清器上的调压阀调整不当，使发动机的机油压力达不到规定的要求。

排除方法：调整机油压力。

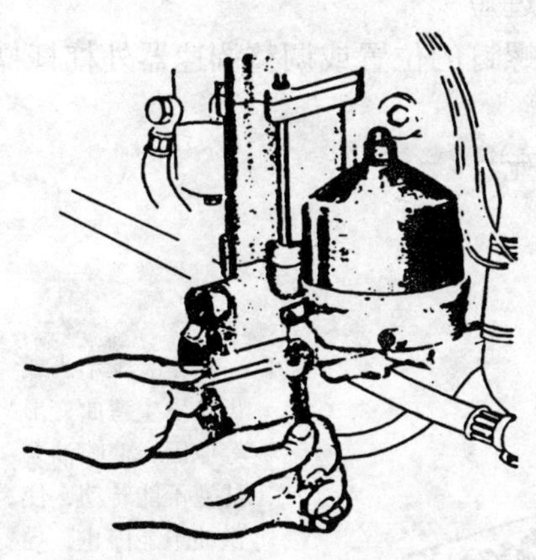

调整时，先拧下机油滤清器上的调压阀锁紧螺母，再用起子转动调节螺丝。旋进调压螺丝，机油压力升高；旋出则机油压力降低。直到调整到规定范围为止，调整后，将锁紧螺母拧紧。

十三、发动机不能熄火

1. 故障现象

当把水稻收割机的油门操纵手柄拉到停机位置时，发动机仍不能停止运转。

2. 故障原因

发动机不能熄火，说明油门操纵手柄拉到停止位置时，燃油系统仍在工作，继续向汽缸内供燃油。发动机不能熄火的主要原因在于燃油系统以及控制机构。

发动机不能熄火的故障原因与排除方法

故障原因	排除方法
手油门拉杆行程过短	调整低速限位螺钉的位置或调整调速器外杠杆操纵臂的长度
油量调节齿杆卡死	去维修站拆卸喷油泵进行检查或修理
喷油泵柱塞装配不当	去维修站拆卸喷油泵，按要求进行装配
喷油嘴滴油	清洗喷油嘴或更换喷油嘴

3. 故障诊断与排除

诊断一　手油门拉杆行程过短

排除方法：调整低速限位螺钉的位置或调整调速器外杠杆操纵臂的长度。

诊断二　油量调节齿杆卡死

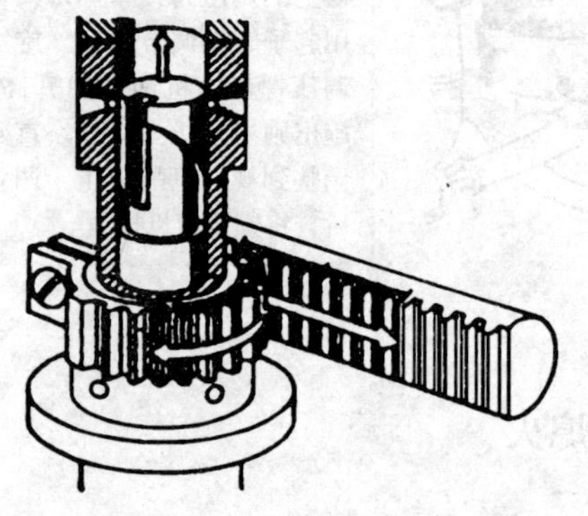

由于装配不当或齿条发生弯曲变形等原因，使喷油泵柱塞不能转动，使供油不能停止，导致发动机不能停车。

排除方法：去维修站拆卸喷油泵进行检查或修理。

诊断三　喷油泵柱塞装配不当

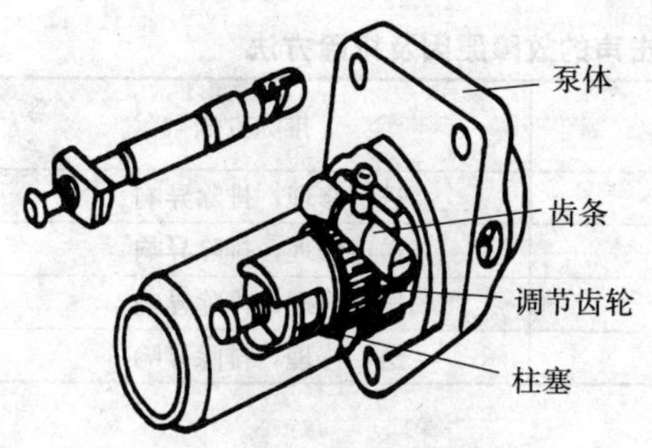

在喷油泵装配时，如果齿条、齿轮、柱塞 3 个零件的记号未对准或没有按规定要求进行装配，使油门操纵手柄拉到停机位置时，柱塞上的直槽不能对准套筒上的回油口，喷油泵不能停止泵油，造成发动机不能停机。

排除方法：去维修站拆卸喷油泵，按要求进行装配。

诊断四　喷油嘴滴油

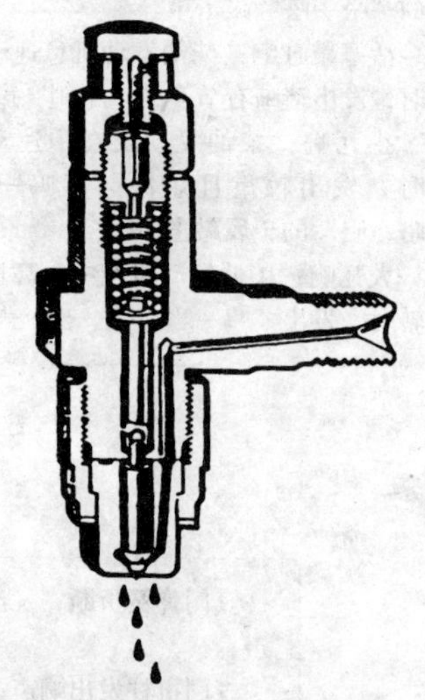

喷油嘴针阀关闭不严，使喷油嘴滴油。

排除方法：清洗喷油嘴或更换喷油嘴

十四、发动机出现敲击声

1. 故障现象

柴油发动机出现的敲击声多为柴油发动机机械部分异常而发出的，是比较严重的异响。

2. 故障原因

发动机出现敲击声的故障原因及排除方法

故障原因	排除方法
活塞销响	送厂修理，排除异响
活塞敲缸响	送厂修理，排除异响
小瓦响	送厂修理，排除异响
大瓦响	送厂修理，排除异响

3. 故障诊断与排除

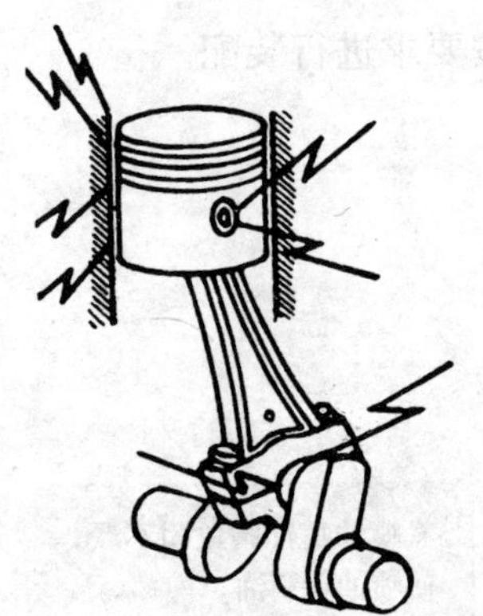

活塞销响：柴油发动机在中速运转时，发出比活塞敲缸更加清晰有节奏的“嗒、嗒”敲击声。

活塞敲缸响：柴油发动机怠速动转时，发出清晰有节奏的“刚刚”声。

小瓦响：柴油发动机在中速动转时，发出较重且短促的“呜—嗒、嗒、呜”的金属敲击声。

大瓦响：柴油发动机在中、高速运转时，发出“呜—当、当、当”声。

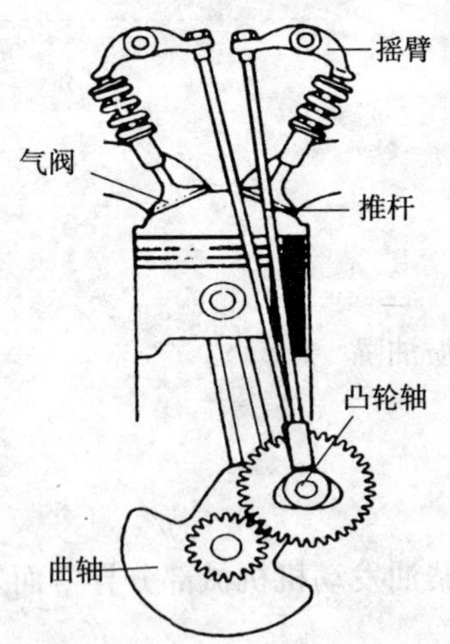

气门弹簧折断，发出响声；

气门挺柱发出响声；

摇臂与气门尾端发出撞击声。

上述响声，均表现为节奏明显的金属敲击声，并随柴油发动机转速而变化。出现上述异响，均表明柴油发动机出现严重的故障，必须立即送厂修理。

排除方法：送厂修理，排除异响。

十五、发动机出现爆震声

1. 故障现象

柴油发动机燃烧时产生不正常响声。

2. 故障原因

发动机出现爆震声的故障原因及排除方法

故障原因	排除方法
柴油规格不对	更换规格合适的柴油
供油时间过早	调整校正柴油发动机供油正时

3. 故障诊断与排除

柴油发动机燃烧时产生的不正常响声，是在柴油发动机特定转速时出现的，这种响声可以通过调整来排除。

造成柴油发动机爆震响的原因有使用的柴油规格不对、供油时间过早等。

排除方法：调整校正柴油发动机供油正时。

检查与调整柴油发动机供油正时的方法如下：

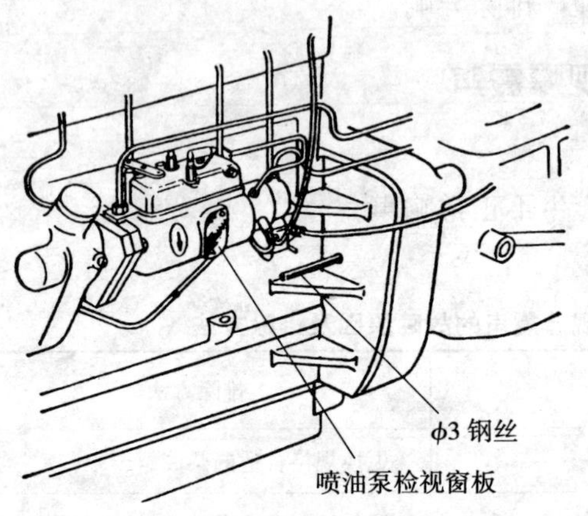

一边转动曲轴，一边用直径为 ϕ3 毫米的钢丝插入汽缸体后端与变速箱连接的凸缘平面上的小孔中，这个位置就是第一缸供油正时的位置。

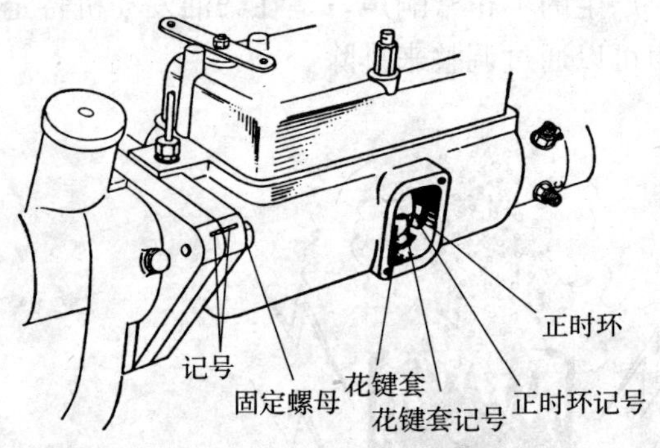

由分配泵的检视窗口向观察，此时分配泵花键上的“A”记号的刻线应与正时环上的刻线对正，说明供油正时符合要求。

十六、发动机出现摩擦声

1. 故障现象

柴油发动机运转时出现连续的异常声音，随柴油发动机转速的变化而增大。常见的连续声异响有风扇皮带松动或损坏时的滑磨声、发电机轴承损坏和水泵轴承损坏的响声、正时齿轮啮合不良的响声等。

2. 故障原因

发动机出现摩擦声的故障原因及排除方法

故障原因	排除方法
风扇皮带过松	更换风扇皮带
发电机轴承损坏严重	更换发电机轴承
水泵轴承磨损严重	更换水泵轴承
正时齿轮啮合间隙过大，造成啮合不良	收紧正时齿轮

3. 故障诊断与排除

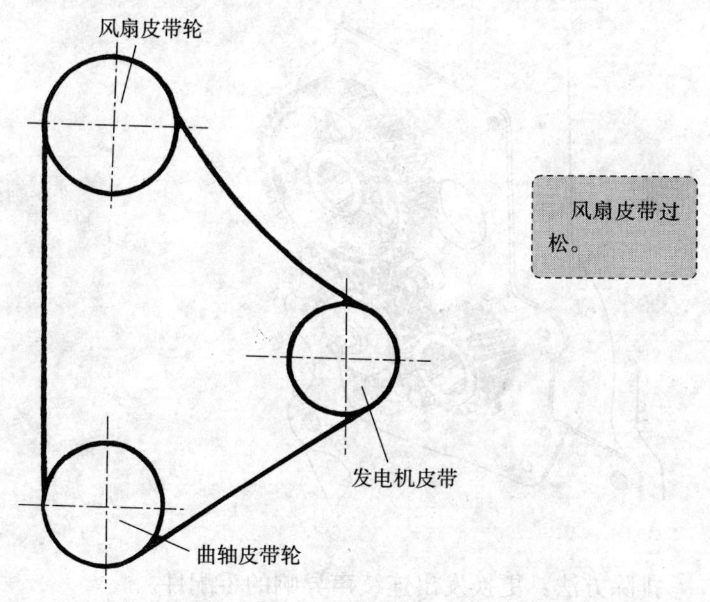

风扇皮带过松。

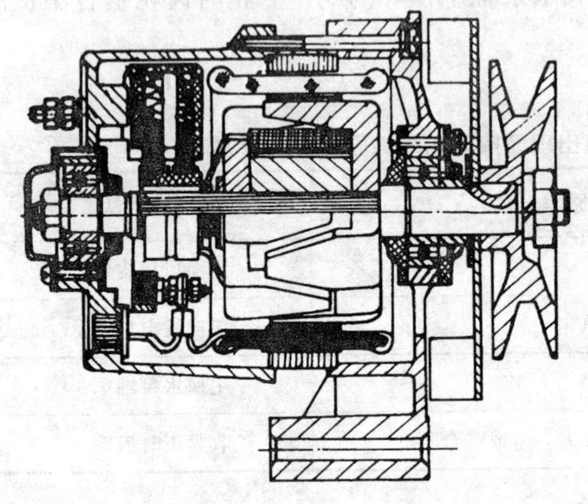

发电机轴承损坏严重。

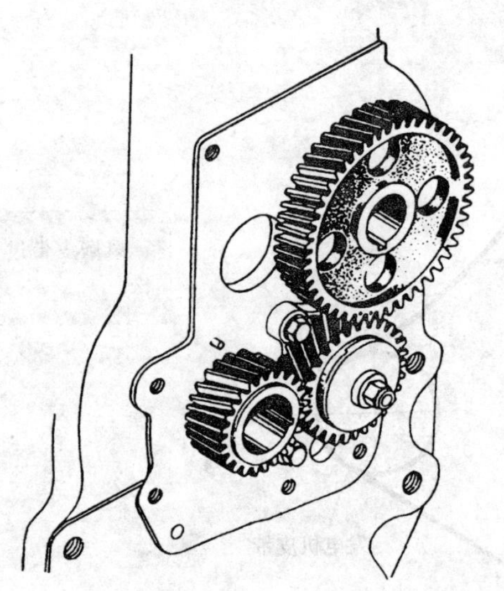

水泵轴承磨损严重。

排除方法：更换发出连续声异响的零配件。

当柴油发动机出现连续声的异响时，应及时到维修站进行修理，排除异响。如果农田作业或在途中出现异响时，应及时处理，以免零件损坏，影响行驶安全。

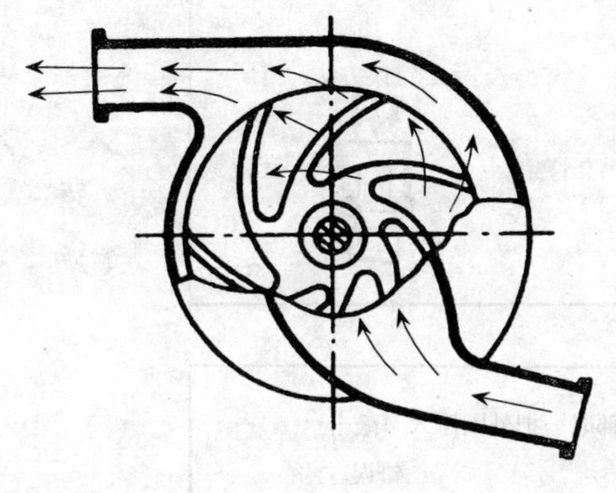

正时齿轮啮合间隙过大，造成啮合不良。

（1）轴承的好坏判断

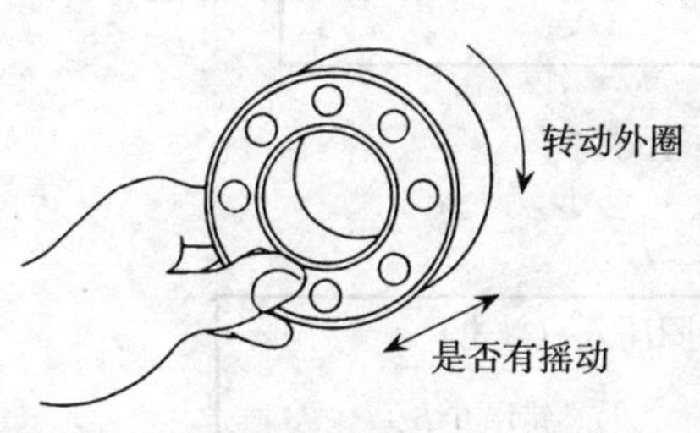

①开放型的用手拿住内圈，当转动外圈时，确认是否平稳快速转。

②树脂封口、金属封口型的，因中间封入黄油，不能快速转动，如果能快速转动，则中间已无黄油，须更换。

③检查内圈与外圈是否有摇晃。

（2）轴承的安装与拆卸

在安装轴承时，应注意垃圾、灰尘，应用清洗油仔细清洗后再行安装。安装时，特别是嵌入轴上时，由于紧配合较多，因使用油压机等慢慢地压入。压入时应预先在轴承的内径以及轴承的外径上涂抹高黏度的油。

①使用压力机安装轴承：

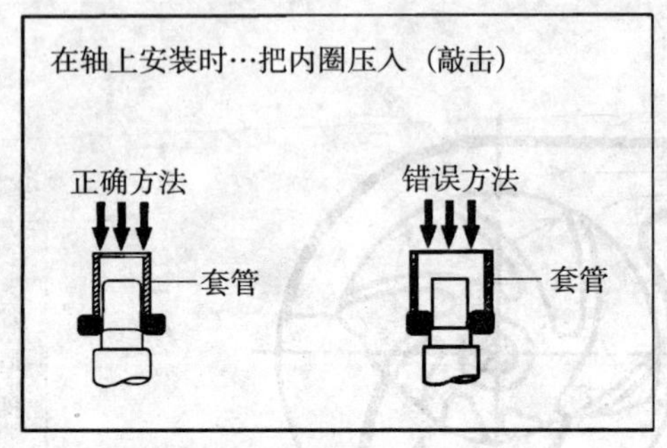

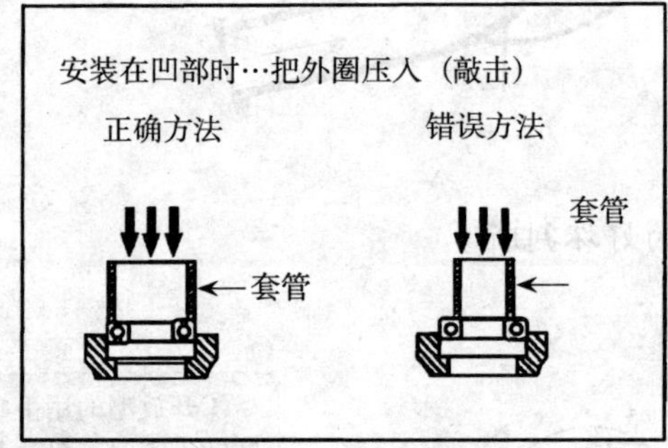

②使用铁锤安装轴承：

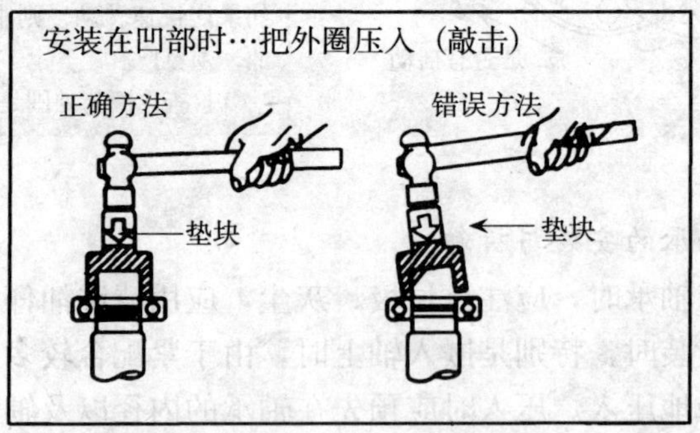

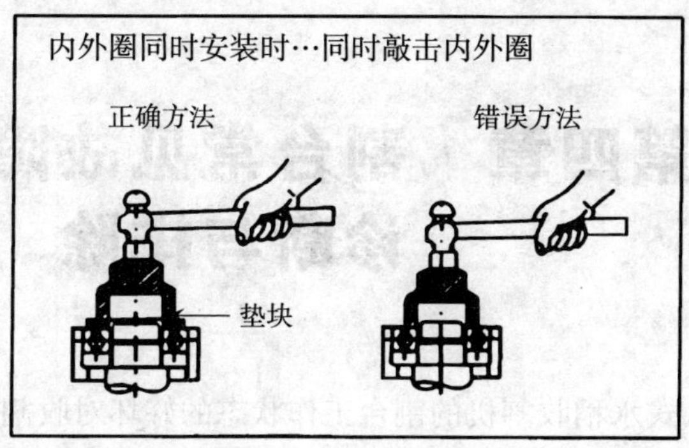

如果水稻收割机在收割作业出现异响，切勿勉强继续作业，应请专业修理人员鉴定和处理后，方可继续收割作业，否则会损坏机件，严重时会使发动机报废。

第四章　割台常见故障诊断与排除

半喂入式水稻收割机的割台工作状态的好坏对收割机作业质量影响很大，当割台发生故障时应及时排除。

收割台常见的故障主要有漏割、拔出稻根、输送困难、输送堵塞等。

一、漏割

1. 故障现象

水稻收割机收割水稻时，在割幅范围内出现一些水稻未割，仍站在田间。

2. 故障原因

漏割的主要原因及排除方法

故障原因	故障排除
遇有障碍物，切割器卡死	停机排除障碍物
动刀片与定刀片间隙过大	调整动刀片与定刀片之间间隙
动刀片与定刀片不对中	进行对中调整
刀片损坏	更换刀片
割台传动机构卡死或损坏	修复卡死零件或更换损坏零件
分禾器前端高度不一致	调整分禾器前端高度
收割方向不适合	根据水稻倒伏情况改变割取方向

3. 故障诊断与排除

诊断一　遇有障碍物，切割器卡死

稻田里有石块、木棍、铁丝等障碍物进入收割机切割器内，使切割器被障碍物卡死，切割器不能正常工作，从而导致漏割；或者割刀上堆秧有泥块、草屑等杂物，阻挡了动刀片的运动，也会产生漏割。

排除方法：立即停机，排除障碍物。

在排除卡在切片器内的障碍物时，发动机必须熄火，且不要用手去触摸切割器的刀刃，以防受伤。

诊断二　动刀片与定刀片间隙过大

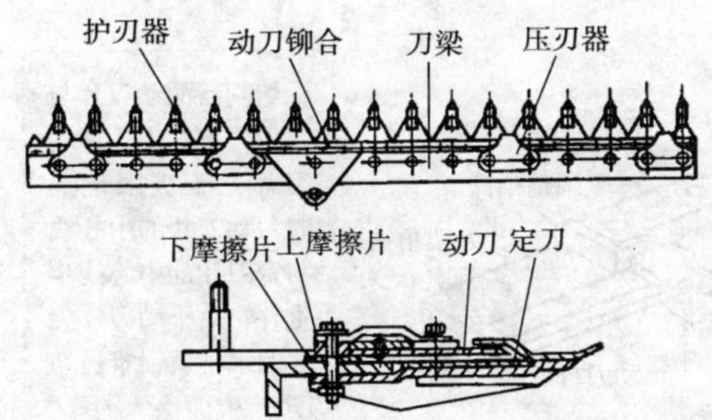

切割器的动刀片与定刀片间隙过大时，部分水稻茎秆会钻入间隙内，不能被切断，从而造成漏割。

排除方法：正确调整动刀片与定刀片之间的间隙。

①调整方法：

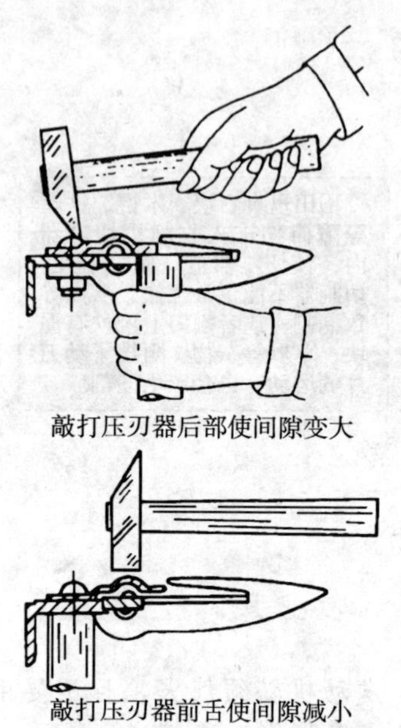
敲打压刃器后部使间隙变大

敲打压刃器前舌使间隙减小

动、定刀片前、后端间隙都大，用小锤敲打压刃器前部；间隙都小时，敲打压刃器后部，或在压刃器与护刃器梁间适当增加垫片。动刀片和压刃器的间距最大不应超过 0.8 毫米。

②标准值：当割刀处于极限位置，即动刀片处于定刀片上面时，动刀片与定刀片前端间隙＝0.1～0.5 毫米，动刀片与定刀片后端间隙＝0.3～1.0 毫米。

诊断三　动刀片与定刀片不对中

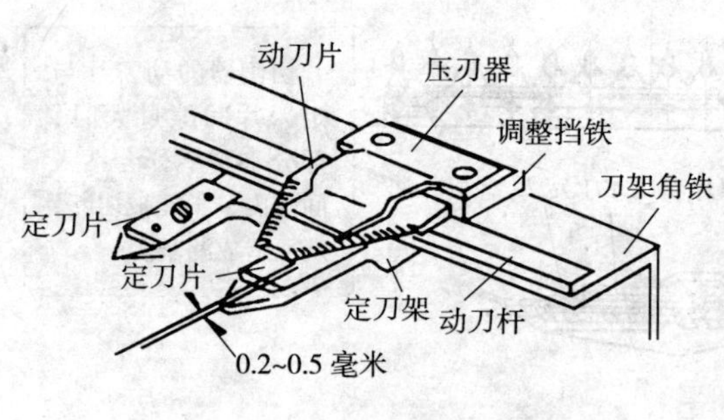

切割器的动刀片与定刀片不对中，即动刀片处于极限位置时，动刀片的中心线与定刀片的中心线步重合，处于动刀片尖部的水稻就很难被切断，从而会产生漏割。

排除方法：进行切割器对中调整（或重合度调整）

①调整方法：

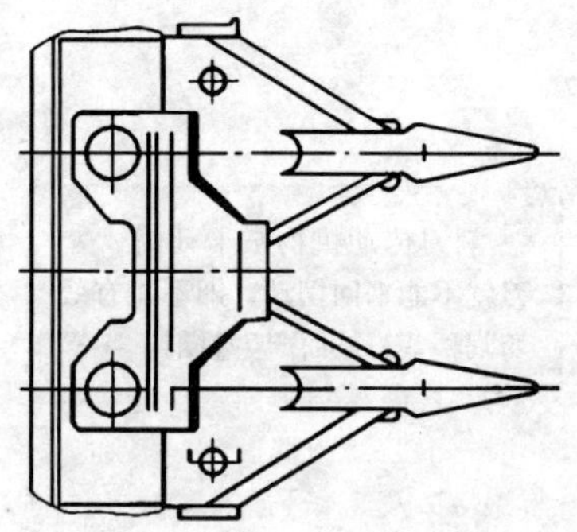

驱动装置为曲柄连杆机构的，通过改变连杆长度进行调整;采用摆环机构的，通过改变摆杆前支座球面轴承的位置进行调整；采用行星齿轮传动机构的，通过微调螺钉作微量调整。

②参考值：当工作幅宽≤2 米时，切割器偏差≤3 毫米；当工作幅宽≥2 米时，切割器偏差≤5 毫米。

诊断四　刀片损坏

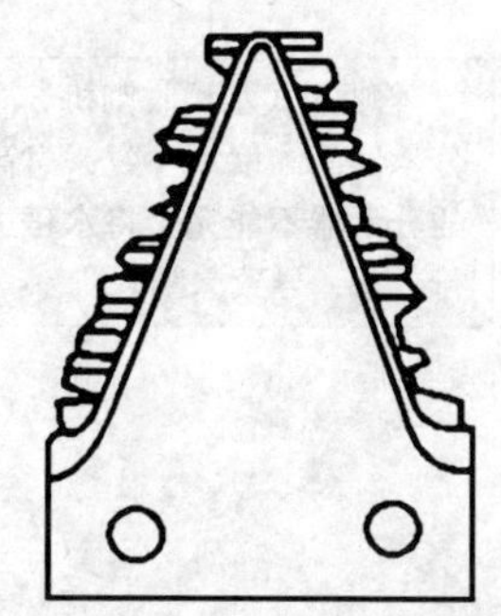

刀片损坏，如缺齿、磨钝等，切割力量不够，不能完全切断稻秆，从而产生漏割。

排除方法：更换损坏的刀片。

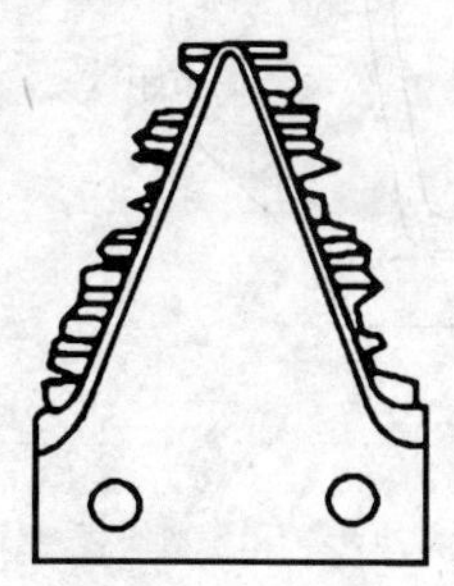

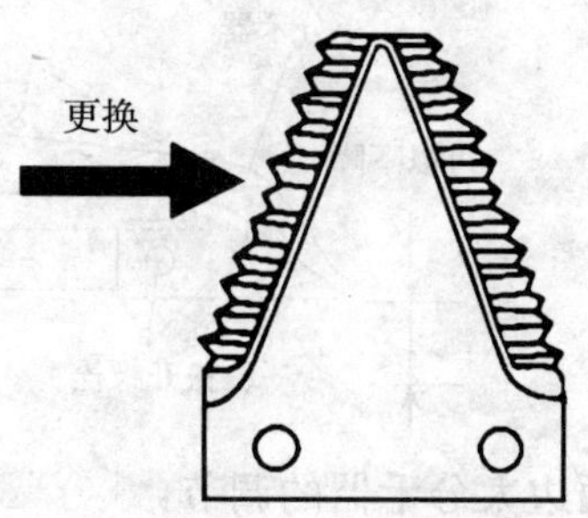

诊断五　割刀传动机构卡死或损坏

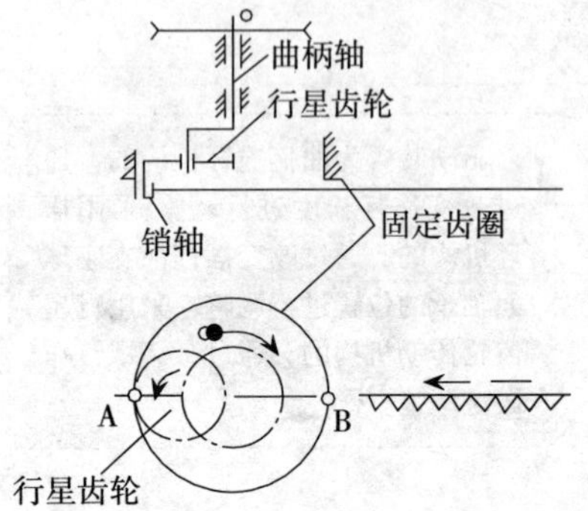

割刀传动机构被卡死时，割刀就不能来回摆动，即不能有效切割稻茎，从而产生漏割。

排除方法：修复卡死零件或更换损坏零件。

诊断六　分禾器前端高度不一致

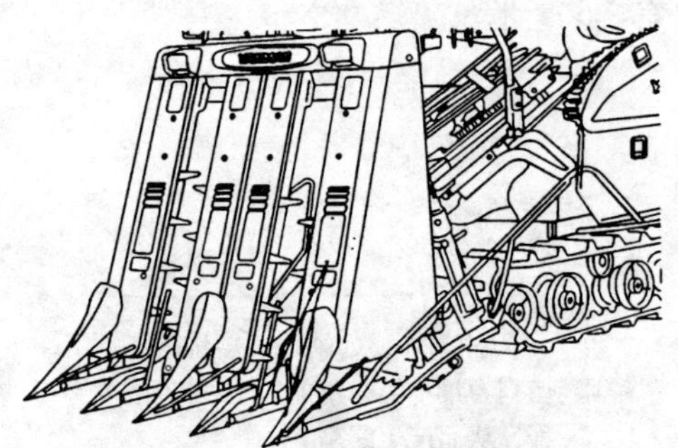

半喂入式水稻收割机 5 个分禾器的高度不一致，过高的分禾器不能完全将水稻进行分禾，导致漏割。

排除方法：调节分禾器前端高度。

①中间 3 个小分禾器的调节：

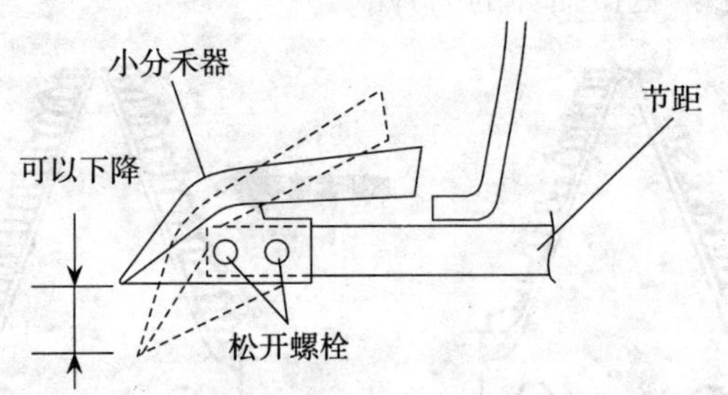

②两边大分禾器的调节：

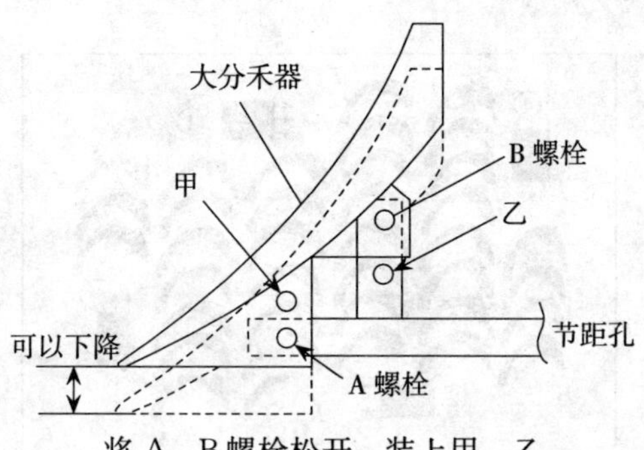

将A、B螺栓松开，装上甲、乙

在一些田块表面有较多硬物作业时，为了防止割刀损坏，可将5个分禾器下移30毫米，可延长割刀的使用寿命。

诊断七　收割方向不适当

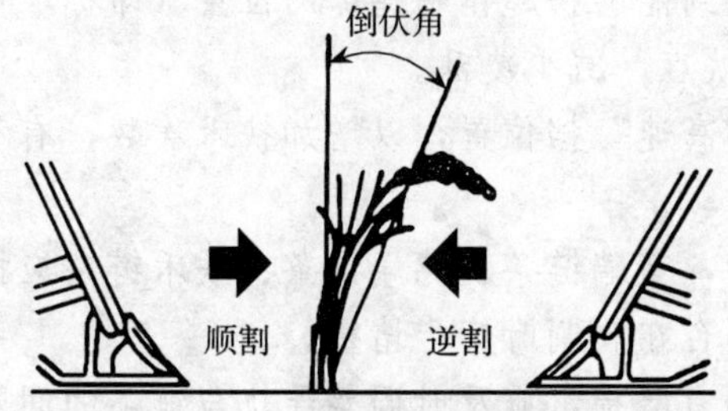

当水稻有一定倒伏角度时，收割方向就很重要，尤其是对倒伏严重的水稻，可能产生漏割。

排除方法：根据水稻不同倒伏情况，采用正确的割取方向。

倒的程度 / 割取方向	完全倒伏	中等倒伏	稍稍倒伏
①顺割	△	○	◎
②逆割	×	△	△
③左倒伏割	△	△	○
④右倒伏割	×	△	△

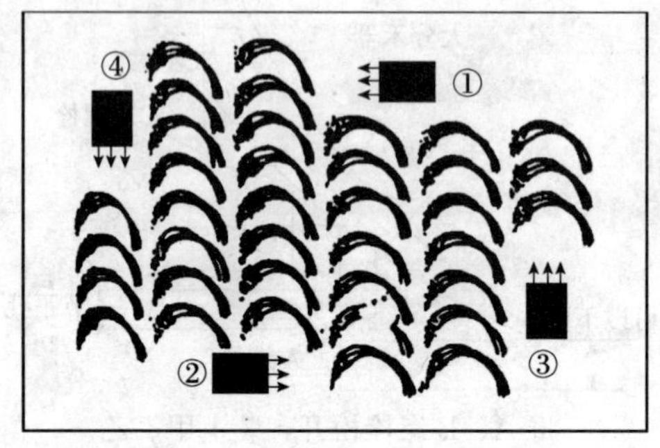

◎…适合收割　　○…注意收割

△…注意慢慢收割　　×…收割困难

※根据作物的状态选定速度。

收割倒伏严重水稻的操作方法：

（1）使用锋利的割刀，定刀和动刀的间隙应在0～0.5毫米。

（2）扶禾爪高度应调整到能够扶起作物穗部的位置（即标准位置的上一挡），使作物容易扶直，减少凌乱。

（3）扶禾速度应调到“高速”挡位置，以增加扶禾次数，有利于倒伏作物的扶禾作用。

（4）收割部位的传动带，茎端链条、穗端链条、扶禾链条应按规定要求张紧，过松易使割台在收割时产生堵塞。

（5）输送链压紧导轨如有磨损，应及时调整导轨与链条的间隙为零，使作物秸秆不易卷入脱粒滚筒内。

（6）脱粒部顶盖的清洁度调节手柄应放在“开”的位置，以减小脱粒室负荷。

（7）脱粒室内的切草刀应锋利，否则应及时更换，以保证作物脱粒的净度，减少谷粒损失。

（8）在作业中割台高度应保持在分禾器离地面高度20毫米。过高扶禾爪不起作用，不能完成收割作业；过低则易把作物根部拔起，加速割刀磨损。

(9) 割幅宽度应以略小于正常割幅宽度为好（一般为右侧分禾器的内侧空开约200～250毫米），以减轻收割部负荷。

(10) 脱粒深浅应采用自动控制，不宜调整过深，以减小脱粒室负荷。

(11) 在收割中应保持直线行驶，不要左右摇摆。收割速度宜慢勿快，以防堵塞。

(12) 在收割时要注意观察作业情况，应以先看前方→右分禾器→脱粒深浅链条进入脱粒部的入口处顺序来回边看边作业。根据情况及时调整收割速度、割幅宽度、割台高度、脱粒深度等，以保持良好的作业状态。

(13) 对不符合收割的倒伏作物不能强行作业，否则容易造成水稻收割机早期磨损，而且作物浪费严重。

二、拔出稻根

1. 故障现象

在收割水稻时，有时出现将水稻连根拔起现象。

2. 故障原因

拔出稻根的故障原因及排除方法

故障原因	故障排除
分禾器插入稻根或泥中	调整分禾器前端高度
割取速度过快	正确选择主副变速手柄位置
动刀片与定刀片间隙过大	调节动、定刀片的间隙
刀片损坏	更换刀片

3. 故障诊断与排除

诊断一 分禾器插入稻根或泥中

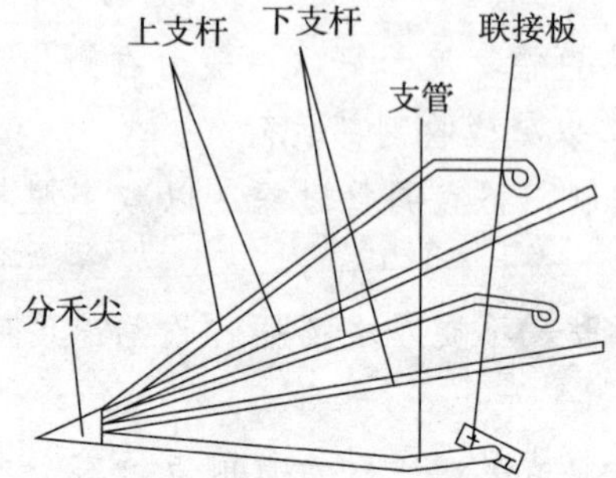

割台分禾器的分禾尖高度过低，使其插入稻根或泥土中，将水稻连根拔起，出现拔出稻根现象。若部分水稻连根拔起，可能是5个分禾尖步在同一水平线上。

排除方法：用主操纵手柄使分禾器的前端调节到离地面5～10厘米高度范围内；或调整5个分禾尖在同一水平线上。

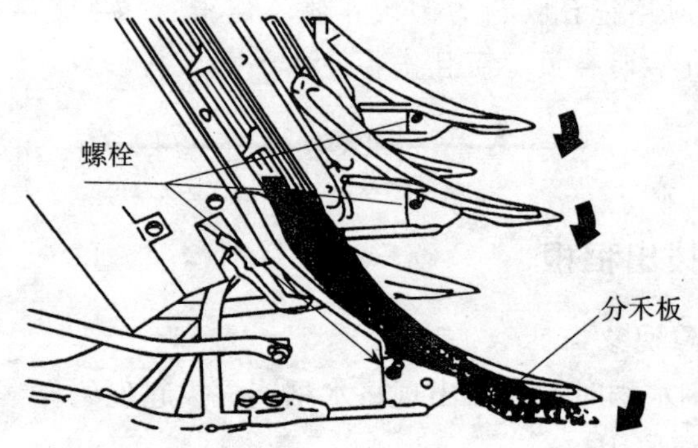

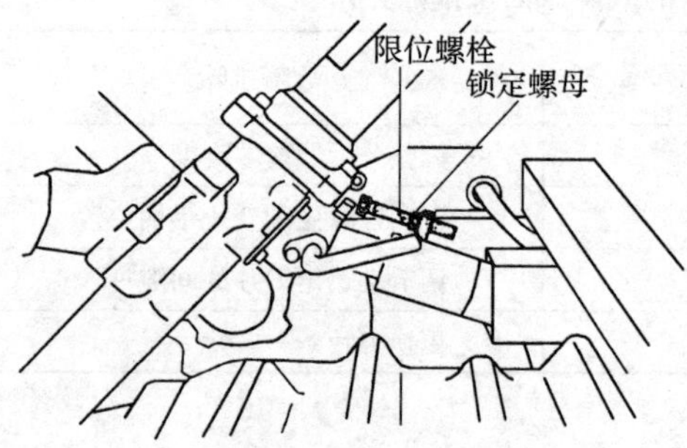

当分禾器在最低位置时，常插入泥土中，则应使用油缸限位螺栓调节割台高度，其步骤：

第1步：松开锁定螺母。

第2步：转动限位螺栓进行调节，然后固定锁定螺母。

诊断二　割取速度过快

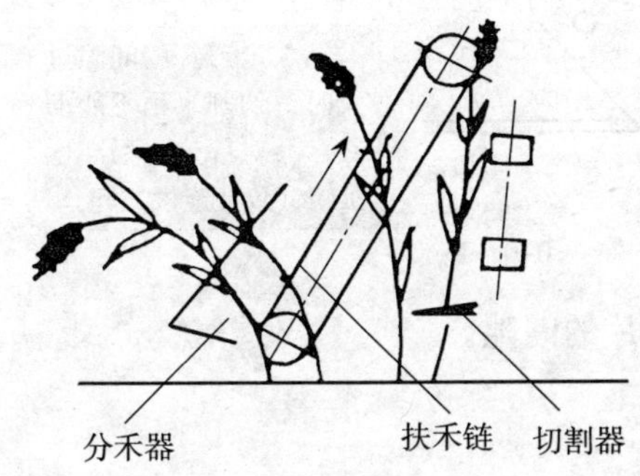

变速手柄放在高速处时，水稻收割机的行驶速度过快，使切割器的切割时间过短，漏割区面积增加，会产生扯拉水稻，将其连根拔起。

排除方法：根据作物状态，选择主、副变速手柄的位置。

<table>
<tr><th rowspan="2">工作条件
（作物的状态）</th><th colspan="3">变速手柄的位置</th></tr>
<tr><th>副变速</th><th>扶禾变速（Ce-2M 型）</th><th>主变速手柄</th></tr>
<tr><td>1. 直立
2. 半倒伏</td><td rowspan="2">高速</td><td>标准</td><td rowspan="4">从“N”起步，进行收割作业，根据茎秆输送状态以及发动机功率的余量，从“1”到“5”逐渐提高速度。</td></tr>
<tr><td>1. 由于半倒伏，穗部输送滞后时。
2. 不能排列整齐输送时。</td><td>高速</td></tr>
<tr><td>1. 由于全倒伏，穗部输送滞后时。
2. 脱粒滚筒频繁发出拍搭拍搭的声音，并有马力下降的感觉时。</td><td>低速</td><td>标准</td></tr>
<tr><td>1. 长距离回转</td><td>行走</td><td>—</td></tr>
<tr><td>2. 装卸车</td><td>低速</td><td>—</td><td>从“N”到“1”的微速，发动机标定转速。</td></tr>
</table>

诊断三　动刀片与定刀片间隙过大

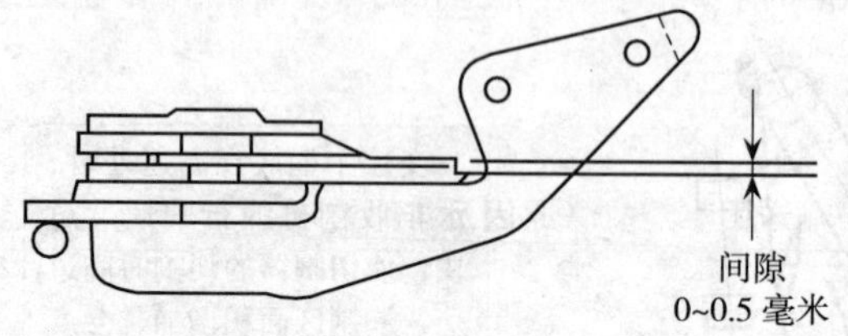

动、定刀片的间隙过大时，切割水稻不能彻底，会对部分水稻产生扯拉，致使连根拔起。

排除方法：调节动、定刀片的间隙。

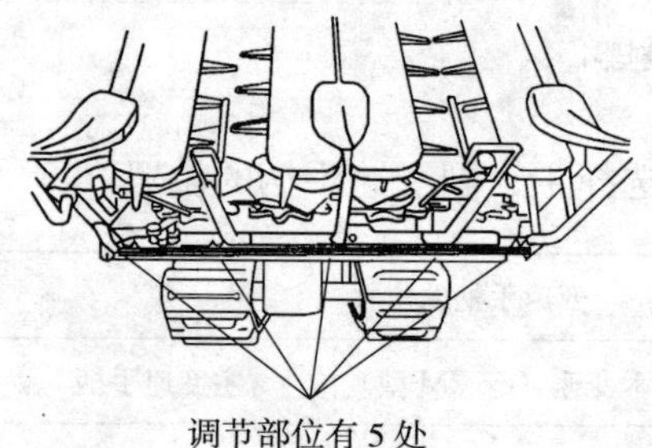

垫片调节
螺母 M8
动刀
标准间隙 0.1~0.5 毫米
极限 0.7 毫米以下

诊断四　刀片损坏

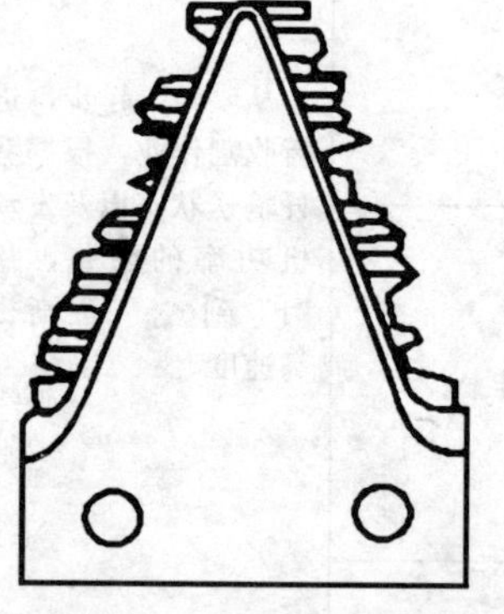

刀片缺齿或磨损严重，割断稻秆困难，若不能完全切断稻秆，在刀片惯性力作用下，就会将未切断的稻秆连根拔起。

排除方法：更换刀片。

三、收割作物输送困难

1. 故障现象

水稻收割机在前进收割作业时，不能将发动机的动刀可靠地传递到收割部件，使收割台时转时不转，收割的作物不能及时输送到脱粒装置。

2. 故障原因

收割作物输送困难的故障原因及排除方法

故障原因	故障排除
割取离合器驱动皮带过松	调整割取离合器驱动皮带
割取离合器损坏	更换割取离合器
输送链条或导轨磨损	更换损坏的链条或导轨

3. 故障诊断与排除

诊断一　割取离合器驱动皮带过松

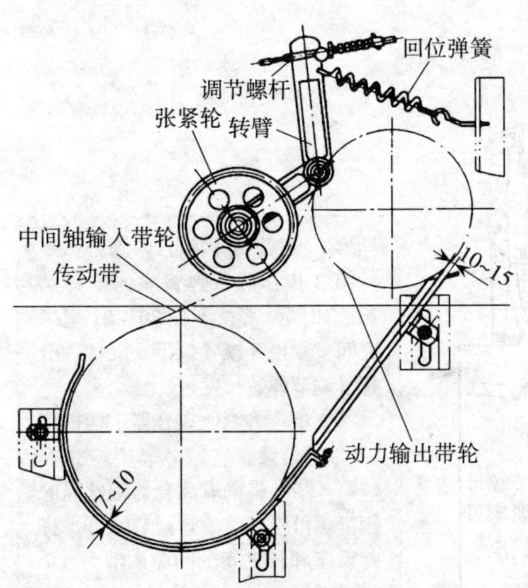

割取离合器的驱动皮带过松，则发动机的动力很难传递到割台，使割台运转困难，从而导致收割的作物及时输送。

排除方法：调整割取离合器皮带的张紧度。

将割取离合器手柄扳到“关”位置，确认张紧弹簧的弹簧长度在 79～81 毫米之间。然后将割取离合器手柄扳到“开”位置，调节割取离合器钢丝绳的调节螺母，使弹簧座和杆之间的间隙为 8～10 毫米。

(1) 检查方法

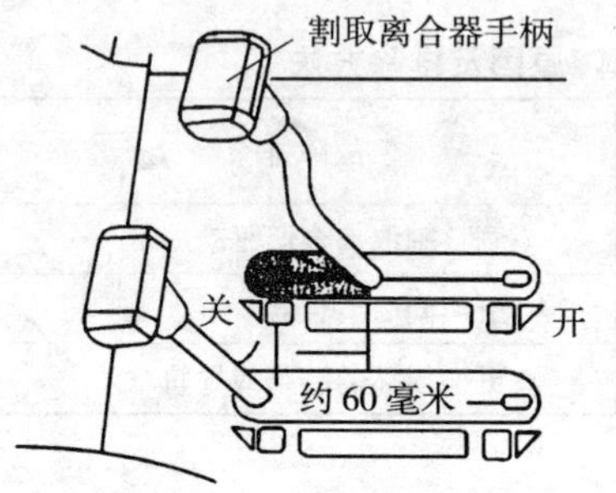

把割取离合器轻轻的拉向“开”的位置、拉到离合器需要用力时停下，这时从“关”的位置到停下的位置应为 60 毫米。

(2) 调节方法

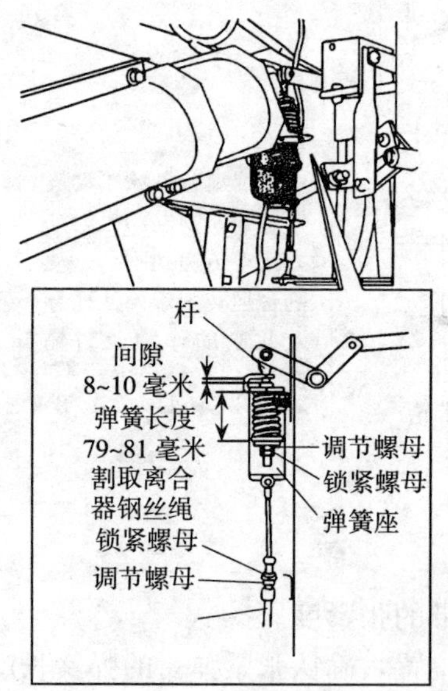

第 1 步：拆下接粮台内侧盖。

第 2 步：确认弹簧座内的弹簧长。如果弹簧长不在 79 ~ 81 毫米之间，则松开锁紧螺母，旋转调节螺母调节弹簧长度。

第 3 步：将割取离合器手柄扳到“开”的位置。

第 4 步：将割取离合器钢丝绳的锁紧螺母松开。旋转调节螺母，将弹簧座和杆之间的间隙调节为 8 ~ 10 毫米。

第 5 步：用锁紧螺母固定好。

诊断二　割取离合器损坏

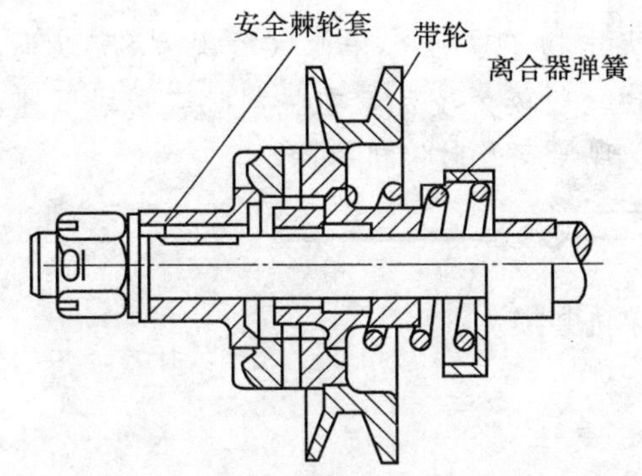

割取离合器为单向离合器，离合器内部磨损，使单向离合器打滑，不能传递动力，即不能输送已收割的作物。

排除方法：更换割取离合器。

单向离合器的功能是收割机在前进作业时将发动机的动力可靠地传递到收割机，后退时迅速地切断动力，以实现水稻收割机作业的需要。在使用中由于操作不当，极易造成单向离合器早期磨损，使收割台不能正常工作。为此，必须掌握正确的使用方法：

(1) 收割部的驱动带应定期进行检查或调整，使张紧弹簧的长度保持在102毫米左右，不能过松或过紧，否则应及时调整弹簧的长度。

(2) 水稻收割机在作业中应做到平稳接合动力，平稳变速，平稳转向，切不可急停、急进、急变速、急转向，以减少单向离合器的冲击负荷。

(3) 在收割作业中注意观察收割台的作业情况，发现割台堵塞时，应立即分离收割离合器，停机后人工清除全部堵塞物后再开始作业。切不可在堵塞物未清除或清除不完全时，接合收割离合器，这样极易造成单向离合器早期损坏。

(4) 合理控制收割作物的喂入量。如收割高产作物时应采取减少割幅，降低车速，以减少单向离合器过量负荷。分禾器碰撞变形后应及时恢复到正确的宽度，以防止宽度过大造成喂入量增加而引起堵塞。

（5）对不易收割的倒伏作物不能强行作业（顺割为85°以下，逆割为70°以下）。倒伏作物一般较为凌乱，在收割时应采用低速，脱粒深浅采用自动控制，发现堵塞及时停机排除。

诊断三　输送链条或导轨磨损

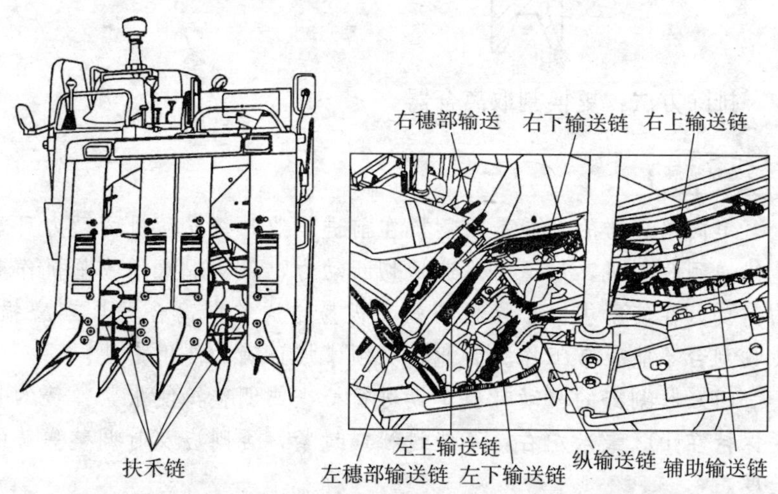

割台的输送链有很多，主要有扶禾链、左穗部输出链、右穗部输出链、左上输出链、左下输出链、右上输出链、右下输出链、纵输出链、辅助输出链等。若某一输出链的链条或导轨磨损，均会导致输送不畅。

排除方法：更换损坏的链条或导轨。

四、割台堵塞

1. 故障现象

收割的水稻在割台上堵塞，输送不畅。割台堵塞是水稻收割机在作业中常见的故障，它往往影响收割机的正常作业。

2. 故障原因

割台堵塞的故障原因及排除方法

故障原因	排除方法
扶禾链条过松	调节扶禾链条张紧度
上输送链失效	调节左、右上输送链条张紧度
下输送链失效	调节左、右下输送链条张紧度
穗部输送链工作失效	调节穗部输送链张紧度
纵向输送链工作失效	调节纵向输送链张紧度
辅助输送链工作失效	调节辅助输送链张紧度

3. 故障诊断与排除

诊断一　扶禾链条过松

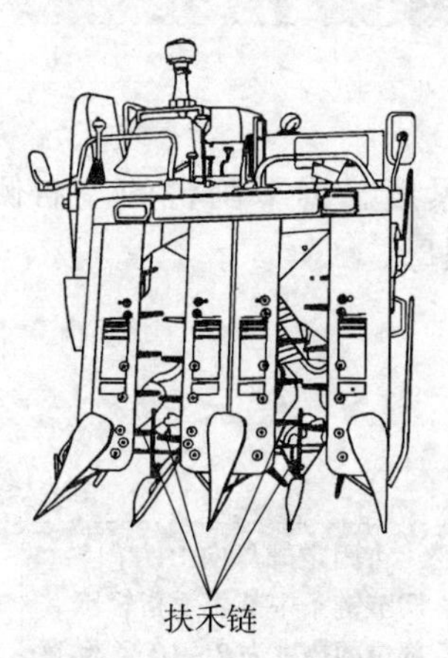

若水稻在扶禾链处堵塞，可能是扶禾链条过松，导致输送作物困难。

排除方法：调节扶禾链张紧度。

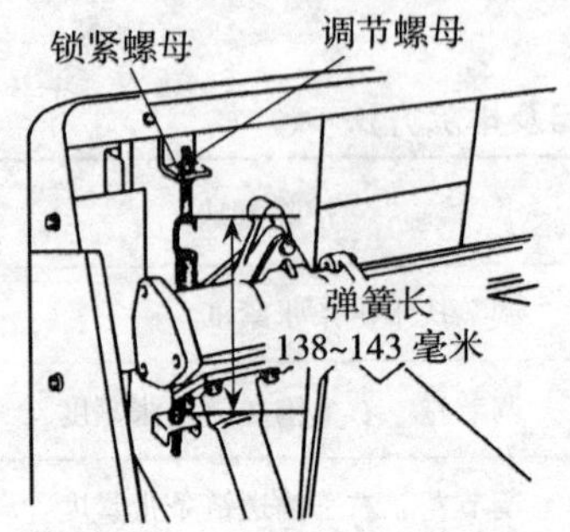

拆下割台顶罩；松开锁紧螺母，拧转调节螺母，调节弹簧长度在 138~143 毫米，再用锁紧螺母紧固。

诊断二　上输送链失效

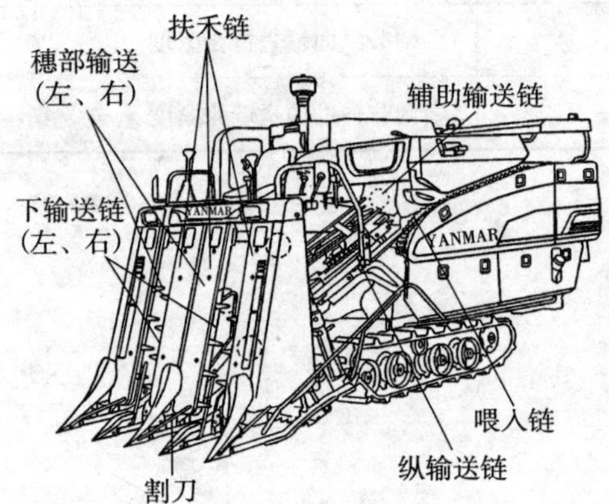

若水稻堵塞在上输送链交汇处，可能是上输送链失效，如输送链过松、张紧轮运转不灵、输送导流杆变形等，输送能力下降。

排除方法：调节左、右上输送链张紧度。拆下割台的左右侧盖，并分别松开上左、右输送链的固定螺母。

(1) 调节左上输送链

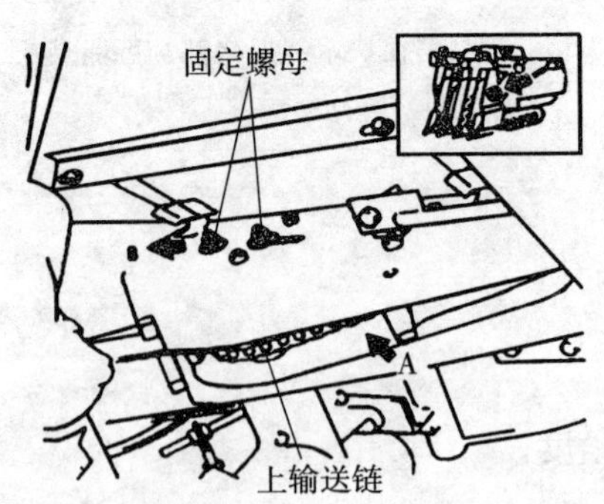

将固定螺母向 B 方向转，调节链条中部用手指轻压 A 部位的挠度为 7 ~ 10 毫米。

（2）调节右上输送链

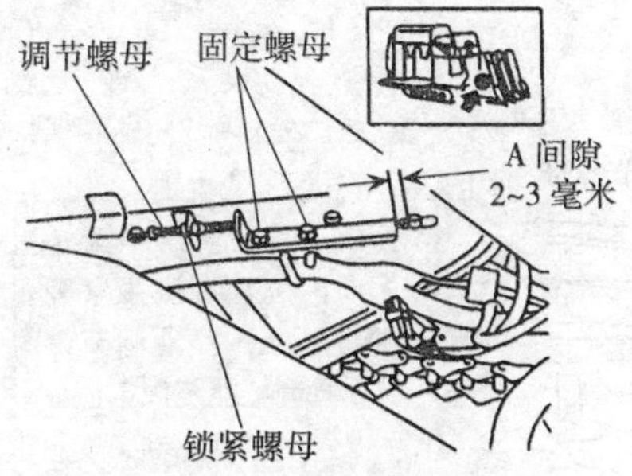

松开拧紧螺母，拧动调节螺栓，调节 A 间隙为 2～3 毫米。然后将各自固定螺母拧紧。

诊断三　下输送链失效

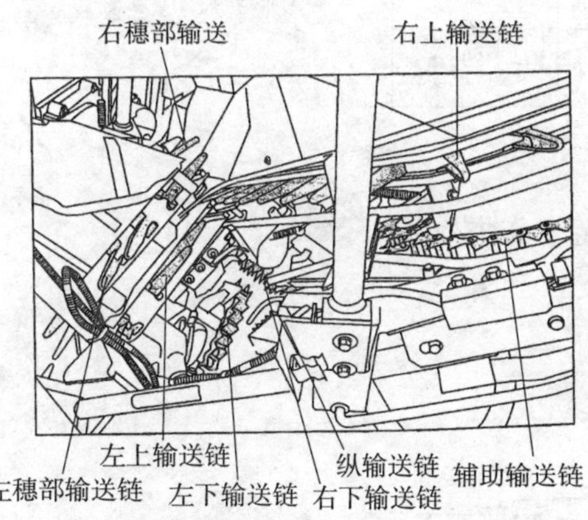

若水稻堵塞在下输送链处，即表明下输送链工作不良，可能出现链条过松、张紧轮卡死等故障。

排除方法：调节左、右下输送链张紧度。

（1）调节左下输送链

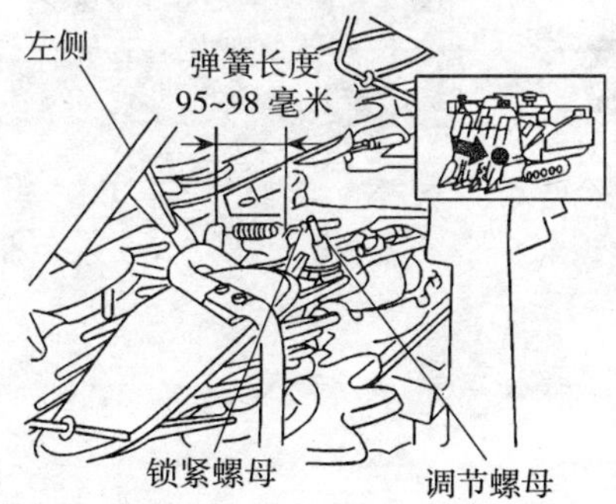

第 1 步：拆下割台左侧盖。

第 2 步：松开左侧张紧弹簧的锁紧螺母，拧动调节螺母，调节弹簧长度至规定值。

第 3 步：用锁紧螺母固定。

张紧弹簧长度的规定值为 95～98 毫米。

(2) 调节右下输送链

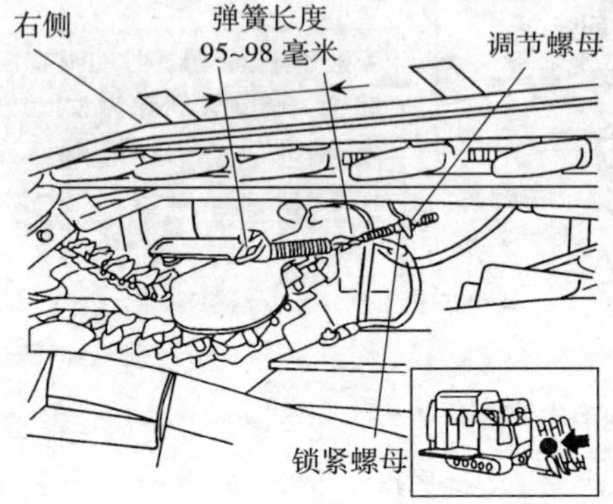

第 1 步：拆下割台右侧盖。

第 2 步：松开右侧张紧弹簧的锁紧螺母，拧动调节螺母，调节弹簧长度至规定值。

第 3 步：用锁紧螺母固定。

张紧弹簧长度的规定值为 95 ~ 98 毫米。

诊断四　穗部输送链工作失效

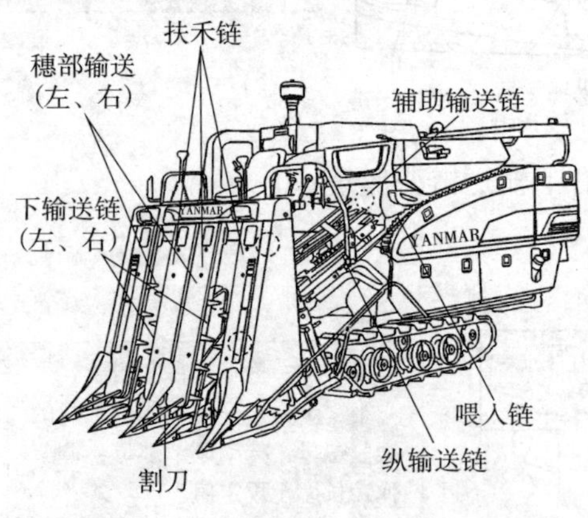

若水稻堵塞在穗部输送链处，则说明割台穗部输送链工作失良，即发生链条松动、卡死等现象。

排除方法：调节穗部输送链。

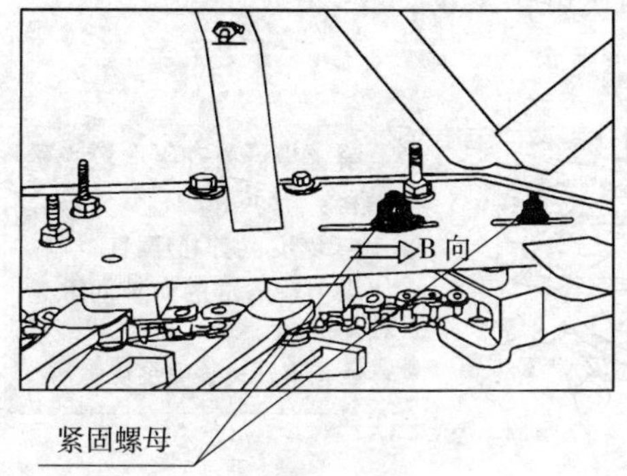

松开割台穗部输送链张紧度的调节螺母，将螺母朝 B 方向移动。

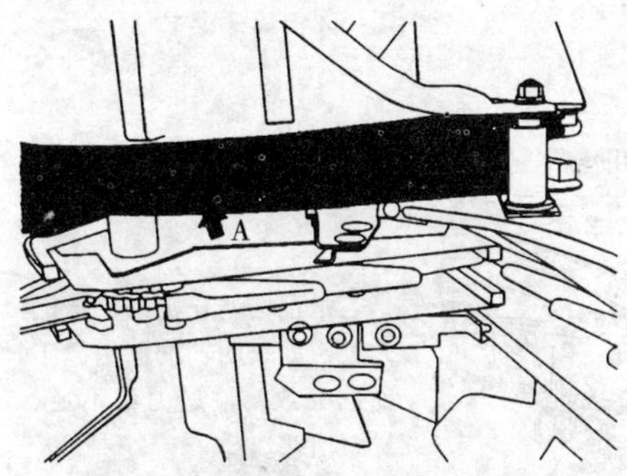

用手指轻轻压在 A 处，使其挠度达到 3～7 毫米后，拧紧调节螺母。

诊断五　纵向输送链工作失效

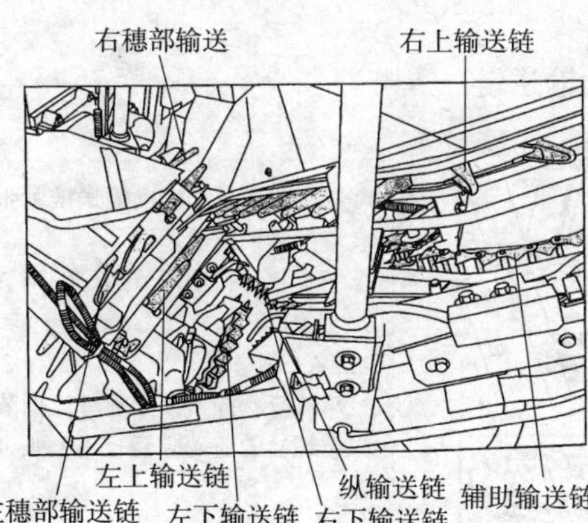

若水稻堵塞在割台纵向输送链处，则表明纵向输送链工作失效，输送能力不足。

排除方法：调节纵向输送链张紧度。

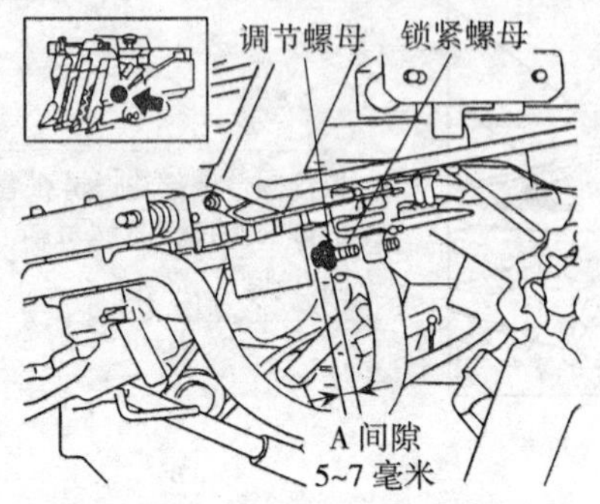

第 1 步：松开纵向输送链张紧装置的螺母。

第 2 步：拧松调节螺母，使纵向输送链的调节间隙达到 5 ~ 7 毫米。

第 3 步：拧紧锁紧装置。

诊断六　辅助输送链工作失效

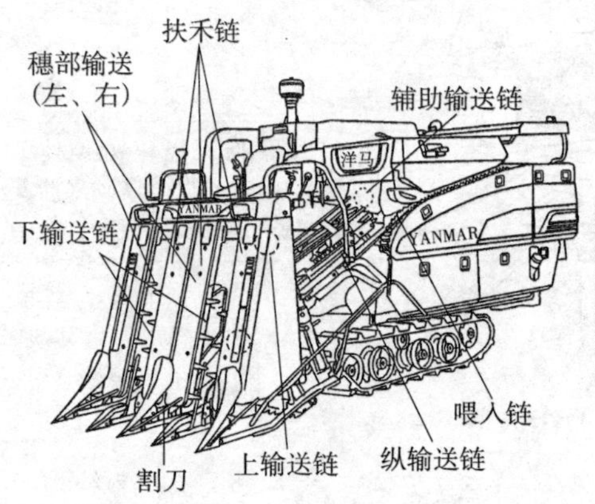

若水稻堵塞在辅助输送链之处，即表明辅助输送链工作已失效，输送力量不足，导致堵塞。

排除方法：调节辅助输送链。

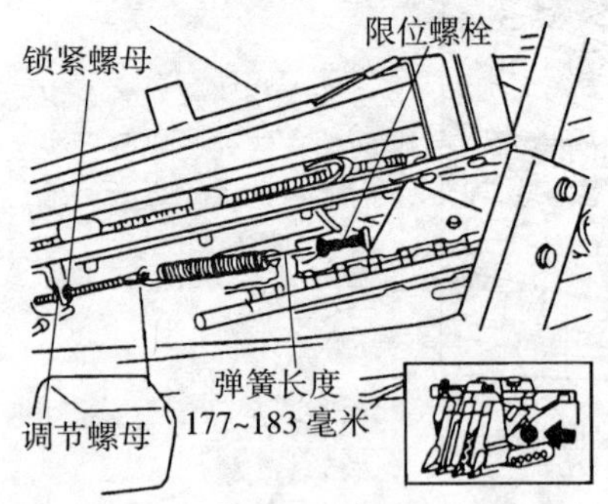

第 1 步：松开辅助输送链紧张装置的紧锁螺母。

第 2 步：转动调节螺母，调节张紧弹簧的长度，使其达到 177 ~ 183 毫米。

第 3 步：拧紧锁紧螺母。调节限位螺栓的前端应轻轻碰上张金臂。

防止割台堵塞应注意以下事项：

（1）收割的作物应干燥，不能过湿、露水较多。作物高度需在55毫米以上，否则容易使作物连根拔起，堵塞茎端链条，而且也不易脱粒。倒伏角应符合顺割在85°以下，逆割在70°以下的要求。收割过度倒伏的作物易使割台堵塞。在收割时应减少割幅，降低车速，注意观察，发现堵塞及时停车清除。

（2）收割时应尽可能保持直线行驶。因弯曲作业易使分禾器的分草杆把待收割的作物压倒变形，造成扶禾器输送时作物凌乱，发生堵塞。

（3）合理控制收割作物的喂入量。如收割作物产量过高时，应采取减少割幅、降低车速，避免负荷过大而造成堵塞。分禾器碰撞变形后，应及时恢复到正确的宽度，防止宽度过大造成喂入量增加而引起堵塞。

（4）割刀应保持锋利。每天收割结束后应清除泥土、杂草，检查、调整，及时更换磨损的割刀。保持定刀与动刀的间隙在0～0.5毫米。

（5）扶禾链需保持良好的张紧度。扶禾支架盖、扶禾爪磨损后应及时更换，以保证作物搬送不凌乱。

（6）经常保持爪形带，扶禾链、茎端链、穗端链、深浅等处在良好的张紧状态，过松时应及时调整，磨损严重时应更换。

（7）割台堵塞时不能加大油门强行通过，这样极易使传动构件损坏。正确做法是迅速停机，人工清除被堵塞的作物。

第五章 脱粒清选装置常见故障与排除

脱粒清选装置是水稻收割机的关键工作部件，其性能好坏对作业质量影响很大。

脱粒清选装置常见故障主要有脱不净、茎秆中夹带籽粒过多、稻谷含杂多、脱粒滚筒异响、籽粒破碎率高、切草机堵塞等。

一、脱不净

1. 故障现象

脱粒不净是指作物脱粒后，秸秆上仍留有一定数量的谷粒或作物仍保留原状未脱粒、谷粒上留有较长的枝梗等现象。这是水稻收割机作业中最常见的故障之一。

2. 故障原因

脱不净的故障原因及排除方法

故障原因	排除方法
脱粒深度过浅	调节脱粒深度
弓齿磨损严重	更换已磨损的弓齿
主滚筒转速过低	调节发动机的转速至2 800转/分钟
喂入链松、打滑	调整喂入链的张紧度
凹扳筛加强板磨损过大	更换凹板筛的加强板
脱粒深度自动控制装置失效	检修脱粒深度自动控制装置
未按下脱粒深度自动开关	按下脱粒深度自动开关

预防脱粒不净的方法：

①收割时应保持直线作业，不能弯曲行驶收割，否则易使作物凌乱不齐影响脱粒净度。

②应保持脱粒齿单侧的厚度不小于 2.5 毫米，否则需换面或更新。脱粒齿顶与承受网的间隙应保持在 3～5 毫米，过大时会影响脱粒效果，需及时调整。

③经常保持切草刀的锋利，切草刀下侧的刀刃被磨损时应及时换面或更新。

④脱粒室输送链条与导轨的间隙应在 0～2 毫米内，过大时需及时调整，使秸秆不能进入脱粒室。

⑤脱粒深浅不能经常调节过深，在不影响脱粒净度的情况下，应保持适当的深度，以减少脱粒室内卷入大量较长的秸秆。

⑥收割时油门应放在最大位置，使发动机转速保持在2 000转/分钟以上，否则会影响脱粒效果。如发现转速下降应及时检查排除，减少负荷。

⑦对作物产量高、生长密的田块，宜减小割幅、降低车速，以减轻负荷，增强脱粒性能。

⑧对下列情况不宜收割：作物长度小于 55 厘米，田块地面高低差过大，作物长短相差较大，作物尚未成熟，作物过湿，难脱粒品种。

3. 故障诊断与排除

诊断一　脱粒深度过浅

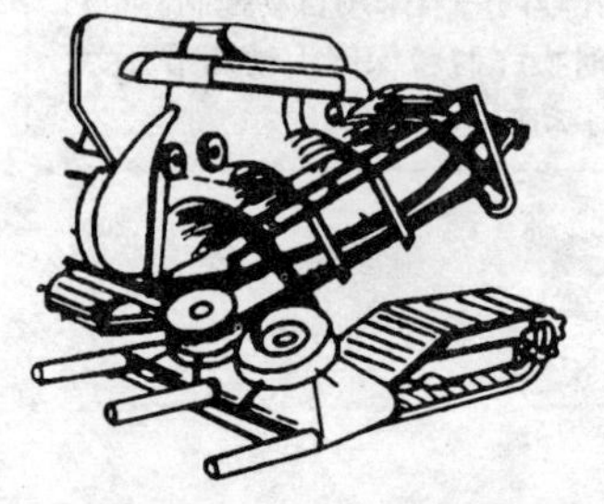

若脱粒深度过浅，水稻穗头不能完全进入滚筒脱粒，从而出现脱不干净。尤其是水稻长短不一时，更容易出现此现象。

排除方法：调整脱粒深度。

脱粒喂入深度一般自动控制，通过调节自动脱粒深度传感器位置，使穗头到达脱粒深度指示的位置，这种情况下脱粒性能较好。

也可以在刚下田时，将脱粒深浅装置调至脱粒深的位置，收割时再根据作物的高度、脱粒效果，扳动手动脱粒深度开关，按深度记号指示，调节脱粒深浅至恰当的位置。当收割穗幅差较大的作物或有脱粒不净时，可将脱粒深度适当调深；当收获过程中发现脱粒负荷较大时，可将脱粒深度适当调浅。

操作人员也应根据作物的生长高度及时调整割台高度。因为脱粒深度过深会使脱粒滚筒内稻草屑增多，加大脱粒滚筒工作负荷，影响滚筒正常工作而造成脱粒不净；过浅又会使作物穗部不能有效进入脱粒室而导致漏脱。

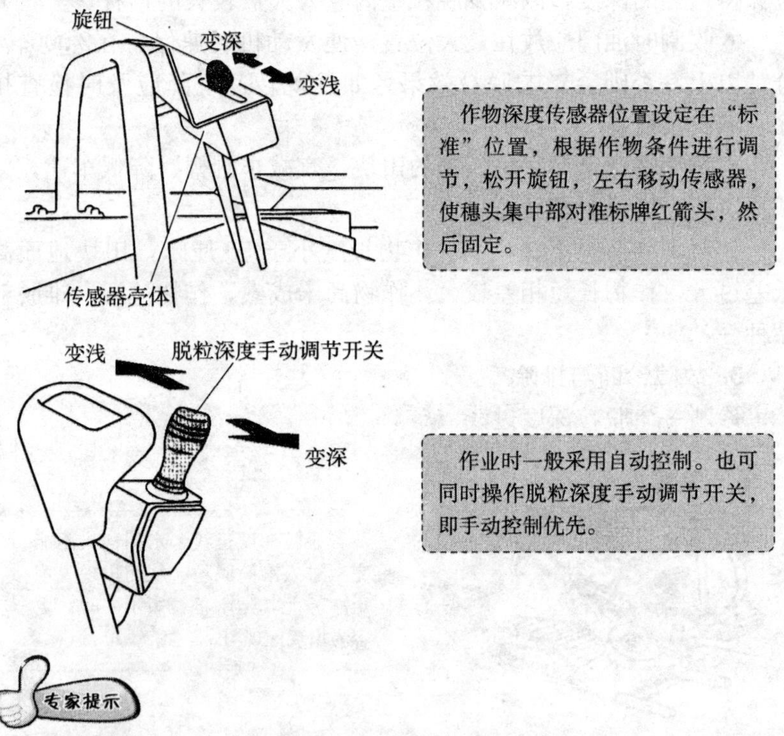

专家提示

自走式半喂入水稻收割机在进行作业时，由于作物高度不同，穗幅差有时相差很大，在不同地块作业时，其作物条件不一样，如果喂入深度不适当进行调整，可能出现脱不净而造成损失增加，为适应不同高度的物，减少损失，必须经常注意喂入深度的调整。

脱粒深度不能调整得过深，否则，大量较长水稻秸秆进入脱粒滚筒，增加了脱粒负荷，影响水稻收割机的使用寿命，应以脱净为准。

诊断二　弓齿磨损严重

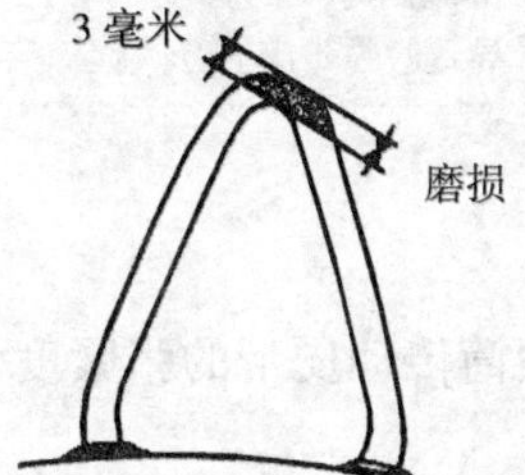

脱粒滚筒上的弓齿磨损严重，则脱粒梳刷不足，很难将穗头上的籽粒完全脱下，造成脱不干净。

排除方法：更换已磨损的弓齿。

停机熄火，打开喂入链台，根据弓齿更换需要，再打开主滚筒壁上两个维修窗盖，松开螺栓。

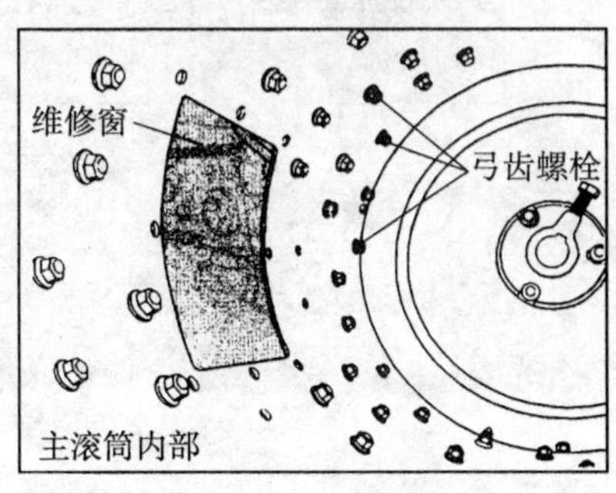

从主滚筒内侧松开相应螺栓，更换弓齿后，拧紧维修窗盖和喂入链台。

诊断三　主滚筒转速过低

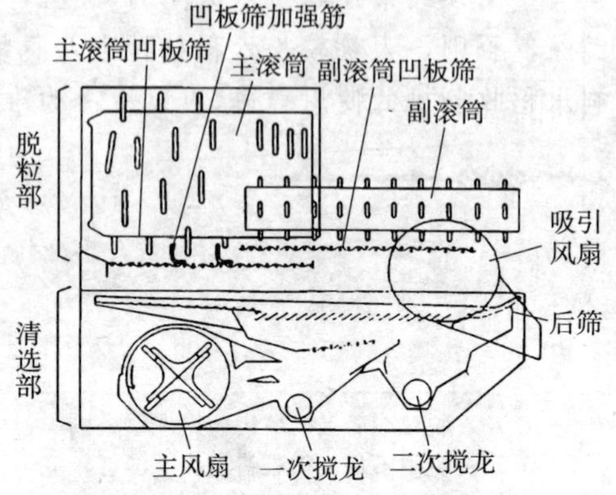

若发动机转速小于2 000转 / 分钟，则主滚筒的转速过低，主滚筒上弓齿冲击梳刷籽粒的强度不够，导致脱粒不净。

排除方法：调整发动机转速，检查主滚筒传动皮带的张紧度。

（1）调整发动机转速至标准转速

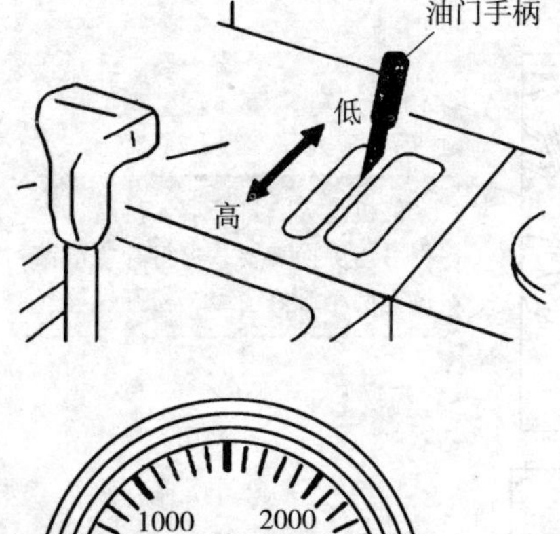

调节油门手柄，使发动机的转速表的指针指向“作业”位置，即转速达到标准转速 2 800 转 / 分钟。

（2）调整主滚筒传动皮带的张紧度

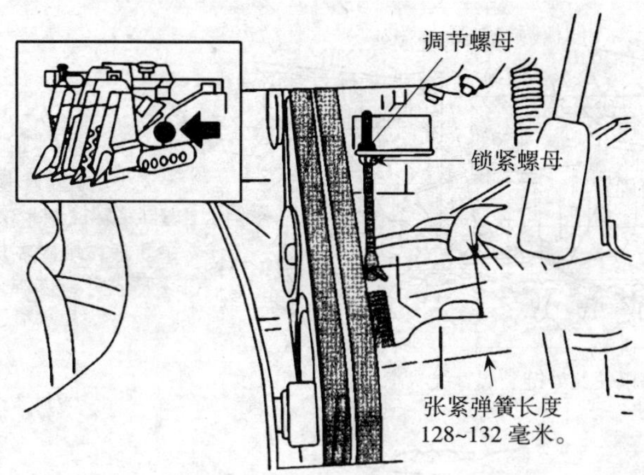

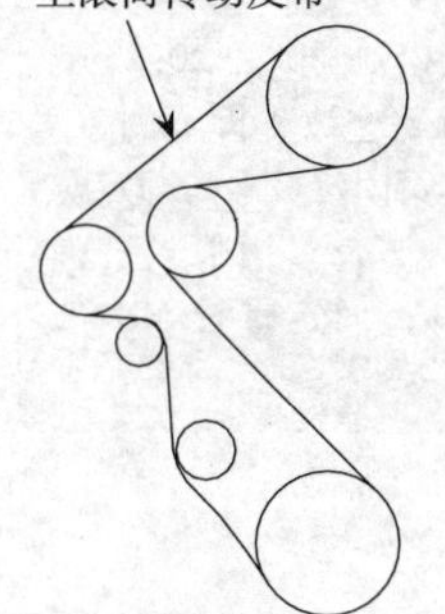

第 1 步：打开割台。

第 2 步：松开主滚筒传动皮带张紧度调节装置的锁紧螺母。

第 3 步：拧动调节螺母，使张紧弹簧达到 128 ~ 132 毫米。

第 4 步：拧紧锁紧螺母。

诊断四　喂入链松动打滑

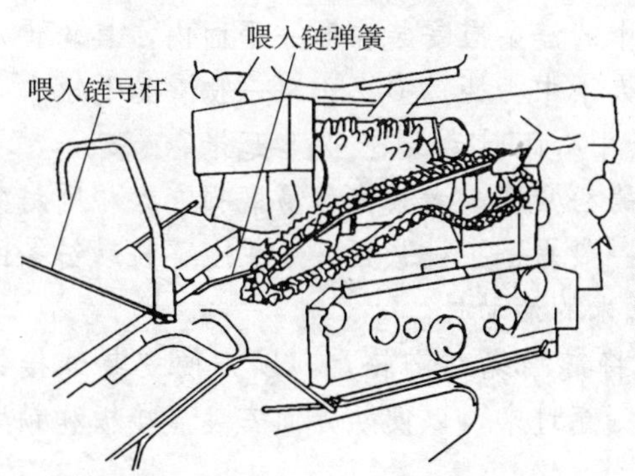

喂入链松动，使茎秆输送紊乱，少数穗头不能卷入粒室，造成未脱。

排除方法：调整喂入链的张紧度。

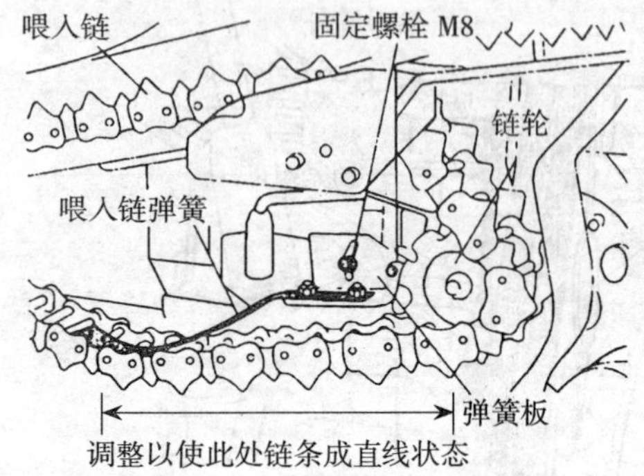

第 1 步：拆下侧盖。
第 2 步：松开弹簧固定板上的固定螺栓 M8（2 个）。
第 3 步：用固定螺栓 M8（2 个）固定。

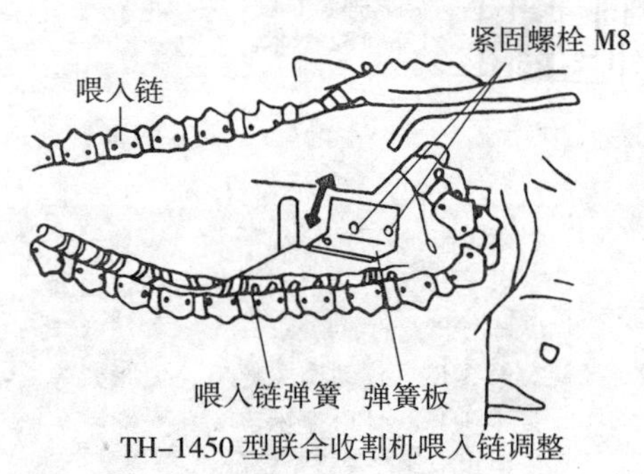

TH-1450 型联合收割机喂入链调整

TH-1450 水稻收割机规定喂入链松弛间隙为 20~25 毫米。调整方法：拆下侧盖；松开弹簧固定板上的固定螺栓 M8（2 个）用喂入链弹簧调节；固定螺栓 M8（2 个）。

为了提高链条的使用寿命，应注意以下要点：

（1）在同一传动回路中的链条应安装在同一平面内，其轮齿对称中心面的位置度偏差不大于中心距的 0.2%，一般情况下短中心距为 1.2～2.0 毫米，较长中心距时为 1.8～2.5 毫米。

（2）链条应保持适当的松紧度，太紧链条易磨损，太松则链条跳动大，影响使用寿命。一般当链条被张紧，用手上下拉动链条的另一边时，应有 20～30 毫米的活动量。

（3）安装链条时，可将链端绕到链轮上，以方便安装连接链节。连接链节应从链条内侧穿过来，以便从外面安装连接板和锁紧固件。

(4) 链条使用伸长后,如张紧装置调整量不足,可拆去几个链节继续使用。如链条在工作中出现爬齿或跳齿现象，则应更换新链条。

(5) 拆卸链节的销轴时，链节下要垫实东西避免打弯链板，冲打链条应轮流冲打链节的两个销轴，销轴头较大时，应先磨去后再冲打。

(6) 按时给链条加油润滑时，润滑油必须加到销轴与套筒的配合面上去。使用过程中应定期卸下链条进行润滑。卸下润滑时，先用煤油清洗链条，待干后放在机油或加有润滑脂的机油中加热浸煮20～30分钟。冷却后，取出链条沥干多余的油并将表面擦净，以免在上作时沾附灰土。如不热煮，可在机油中浸泡一寝。

(7) 用旧了的链条不要配用新的链节，以免传动发生冲突，拉断链条两头。

(8) 磨损严重的链轮上不要装用新链条，以免新链条迅速磨损。

(9) 在使用磨损了的链轮时，可以将链轮反过来使用，但必须保证安装位置。

(10) 水稻收割机存放不用时，卸下链条，清洗涂油装回原处，最好用纸包起来，存放在阴凉干燥处，链条表面清理后，涂抹油脂防止锈蚀。

诊断五　凹板筛加强筋损过大

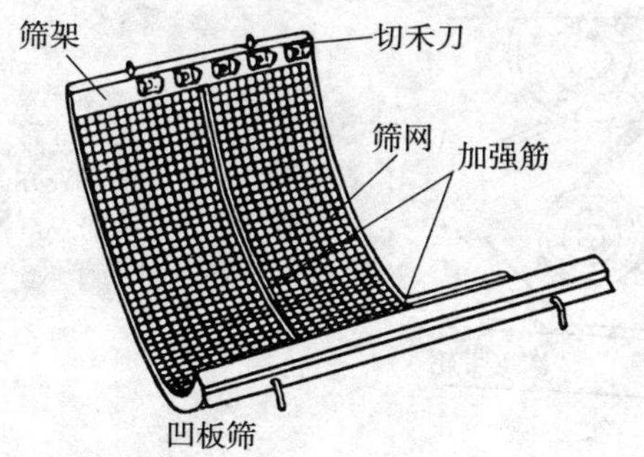

凹板筛的加强板可增加梳刷能力，可将一些不易脱下的籽粒进一步梳刷脱粒，若加强板磨损过大，则其辅助脱粒功能失效，一些不易脱下的籽粒仍会保留在穗头上，造成脱不净。

排除方法：更换凹板筛的加强板。

更换凹板筛的加强板的方法如下：

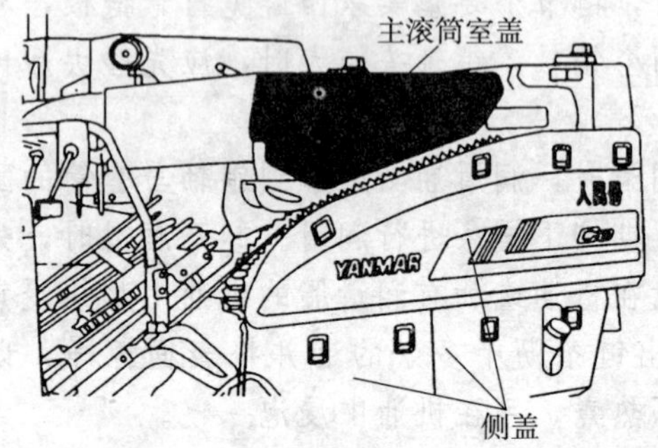

第 1 步：将割台下降到最低，打开脱粒侧盖和主滚筒室盖。

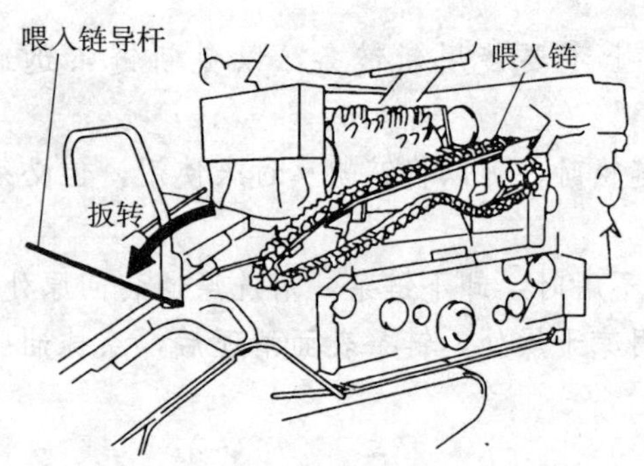

第 2 步：向上抬起并扳转喂入链导杆。

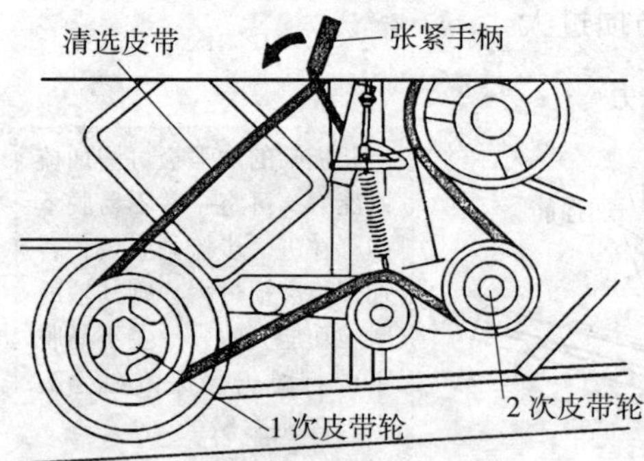

第 3 步：将 2 次皮带轮上面的张紧手柄按箭头方向扳转，将清选皮带从 1 次和 2 次皮带轮上卸下。

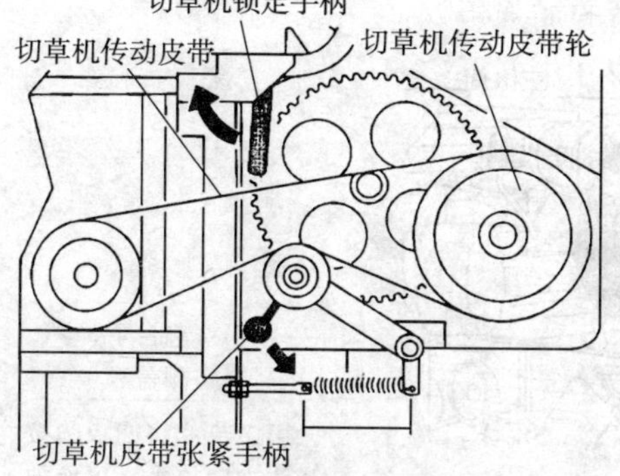

第 4 步：将切草机传动皮带从切草机传动皮带轮上卸下，将切草机皮带张紧手柄向箭头方向压，松开切草机锁定手柄，打开切草机。

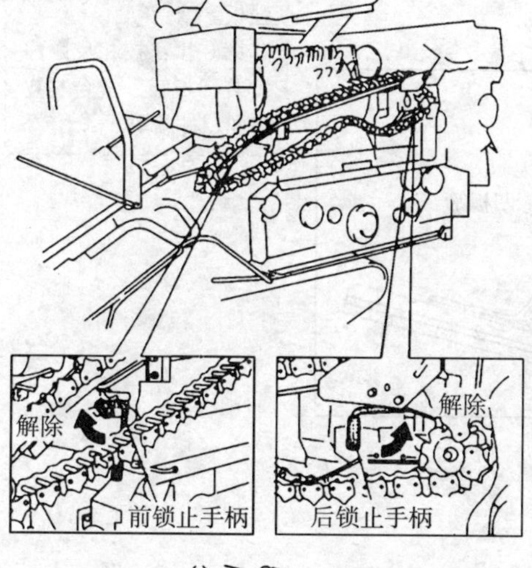

第 5 步：松开前后锁止手柄。

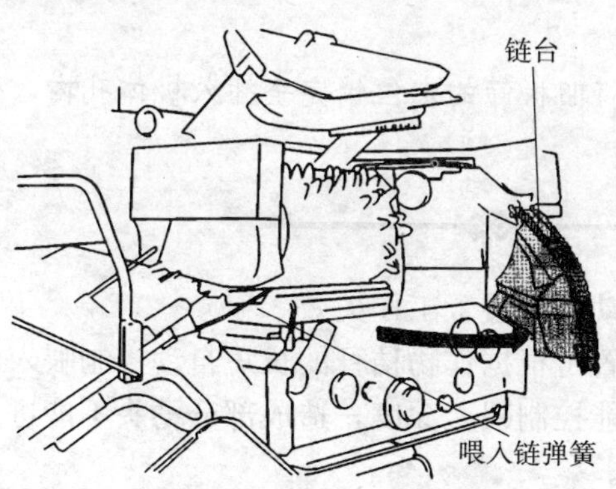

第 6 步：将喂入链弹簧向上抬起，拉出链台。

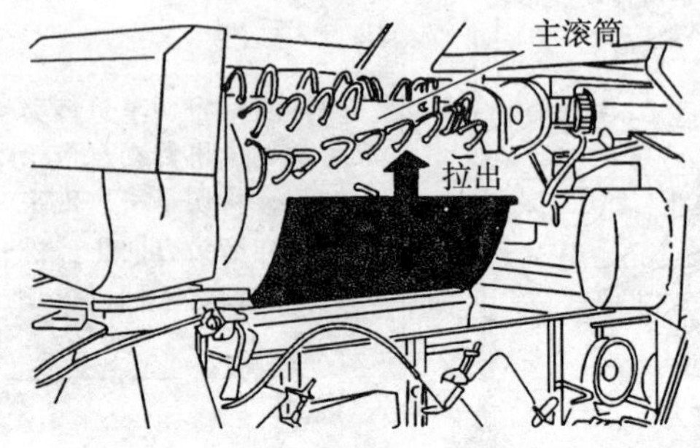

第 7 步：将凹板筛按箭头方向拉去，更换加强板。

第 8 步：按相反顺序安装凹板筛、链台、皮带轮、侧盖等。

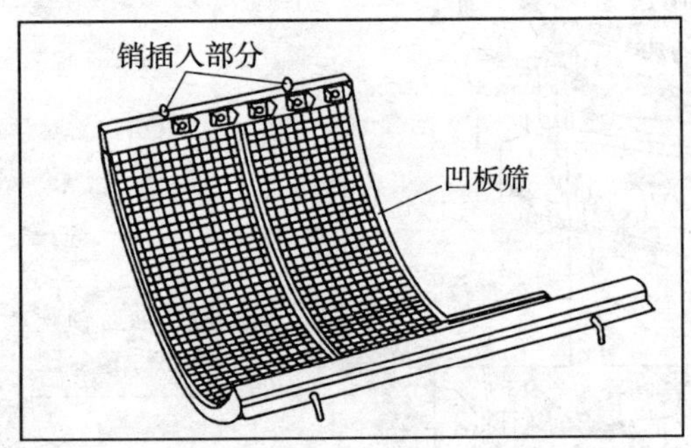

在安装凹板筛时，应将凹板筛的定位销完全插入机体孔内，否则会损坏脱粒滚筒。

诊断六　脱离深度自动控制装置工作失效

脱粒深度自动控制装置可根据作物秸秆的长短自动控制喂入深度，若其工作失效，则不能控制喂入深度，造成部分穗头不能进入脱粒室，从而出现脱不净。

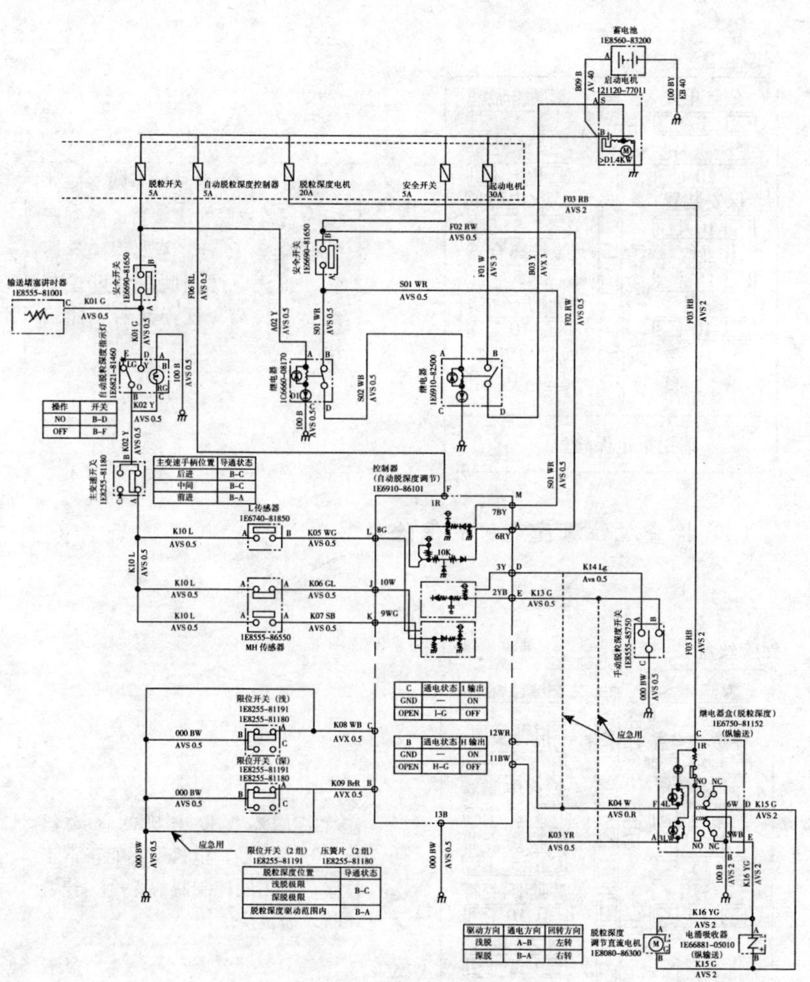

脱离深度自动控制装置的电路图

排除方法：检查自动脱粒深度自动控制装置。

（1）检查自动脱粒深度控制器的保险丝

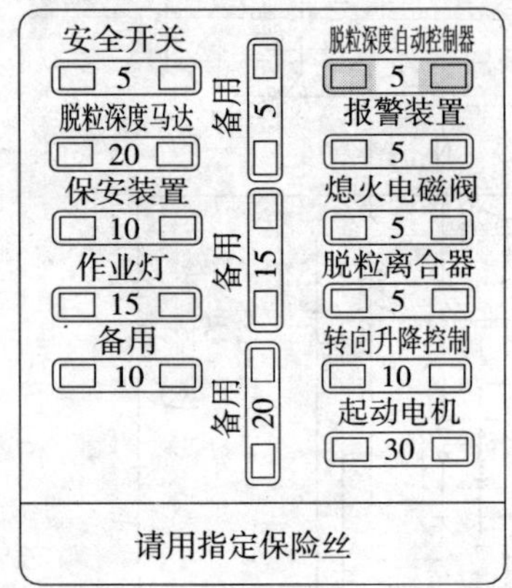

保险丝位于驾驶员左腿旁侧面板内，检查脱粒深度自动控制器的保险丝（5A），若此保险丝熔断，则无电源到脱粒深度控制器，即脱离深度控制器不能工作。

（2）检查脱粒深度电机的保险丝

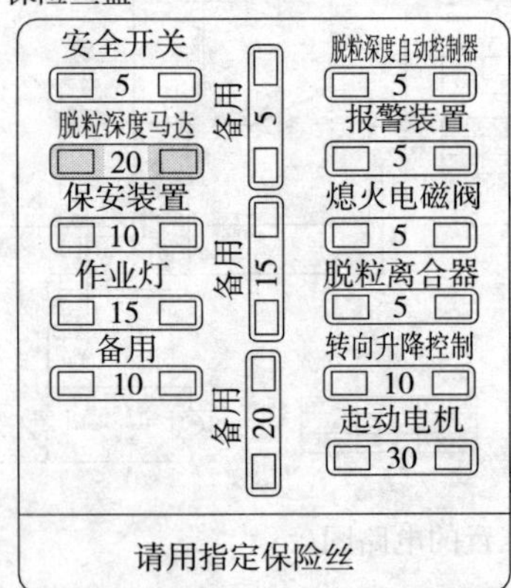

若脱粒深度电机的保险丝（20A）熔断，电机就不能正常工作，即不能控制脱粒深度。若熔断，需更换。

（3）检查脱粒深度传感器

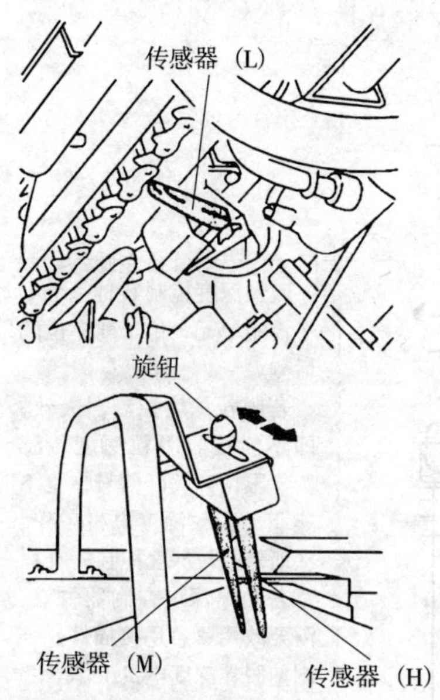

水稻收割机上有3个脱粒深度传感器（H、L、M），其信号输送给脱粒深度控制器，控制器根据这3个传感器是否与作物相接触来感知进入脱粒室作物穗头的位置信号工作，以调节脱粒深度。

若传感器上草屑或杂草缠绕，就会造成错误动作，使脱粒深度不精确，造成脱不净。

（4）检查限位开关

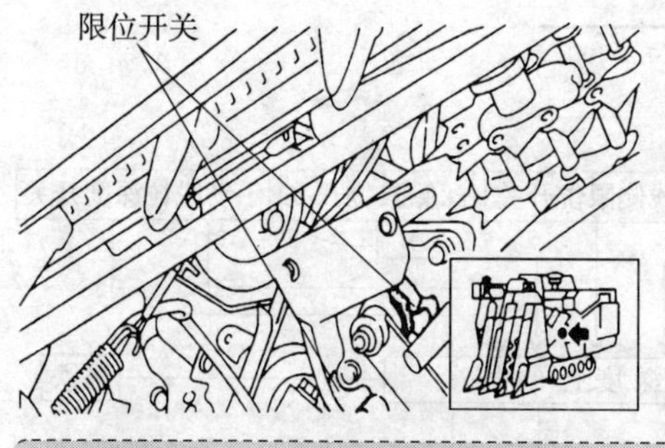

脱粒深度限位开关位于脱粒深度控制电机附近，用来感知纵输送链的极限位置，对脱粒深度电机起保护作用。限位开关是常闭触点的开关，当纵输送链运动至极限位置时，限位开关的常闭触点断开，脱粒深度控制器接受到此信号后，输出信号使电机停止工作，对电机起安全保护作用。

水稻收割机上有2个限位开关。

限位开关的信号也用于控制脱粒深度，若限位开关变形或堆积草屑，就会引起电路故障，造成脱粒深度控制失效，出现脱不净现象。

若限位开关失效，则只需用紧急节插件，使限位开关短路，即一直处于脱粒深度驱动范围内工作。

(5) 检查脱粒深度控制器

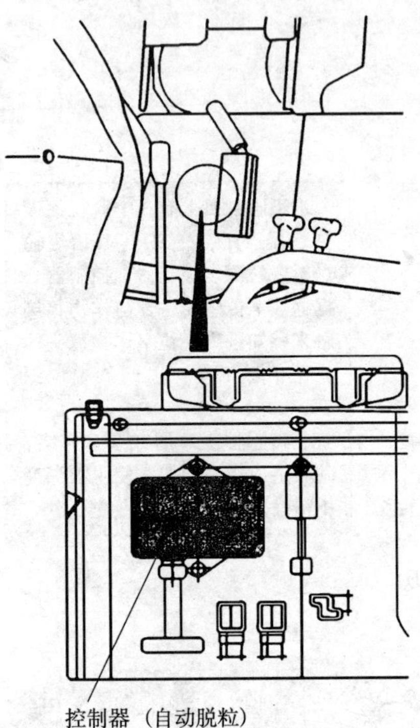

脱粒深度控制器是一个电子控制单元,位于驾座位的后侧。

若脱粒深度控制器失效,即不能接收脱粒深度传感器、限位开关的信号,也不能驱动脱粒深度电机工作,从而使脱粒深度控制失效。

若脱离深度控制器失效,需要改用紧急用接插件,强制使脱粒深度电机工作。

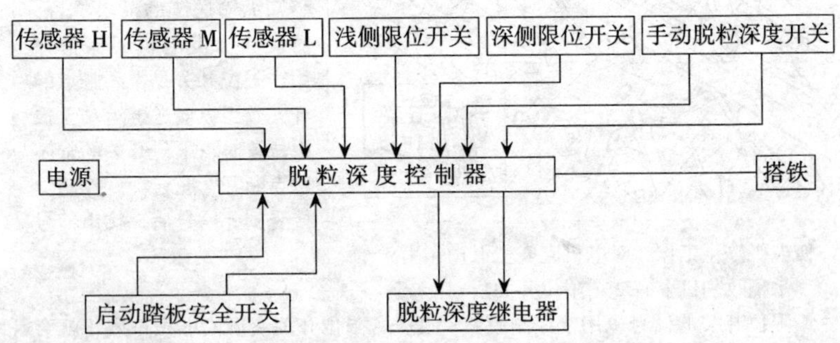

(6) 检查脱粒深度继电器与脱粒深度电机

脱粒深度继电器的作用是按照控制器提供的信号,向脱粒深度电机发出正转、反转或停止指令。脱粒深度继电器失效,则不能给脱粒深度电机供电，脱粒深度就不能调节，造成脱不净。

脱粒深度电机的作用是根据脱离神的控制器送来的信号，驱动纵输送链上下运动，调节谷物的脱粒深度。脱粒深度电机由定子、转子、轴承组成，其外部有两根线。两接线尖流过电流的方向不同，电机的转向也不同。若脱粒深度电机工作失效，如线路短路、断路、电机内部工作不良等，脱粒深度电机无法工作，造成脱不净。

脱粒深度电机的工作如下：

①当水稻较矮时：传感器 L 工作，传感器 M 和传感器 H 都不工作。控制器接受传感器或手动开关送来的信号后，使继电器 4 接线柱搭铁，此时电源正极经继电器接线柱 1，经二极管和线圈到继电器接线柱 4 搭铁。线圈工作带动 K1 动作，电源正极经继电器接线柱 1→K1→继电器接线柱 6→深度电机→继电器接线柱 5→K2→继电器接线柱 2→机体搭铁。电机正转，脱粒深度变深。

②当水稻高度合适时：传感器 L 与传感器 M 工作，传感器 H 不工作。脱粒深度控制器接受信号后，使继电器接线柱 4、5 均不

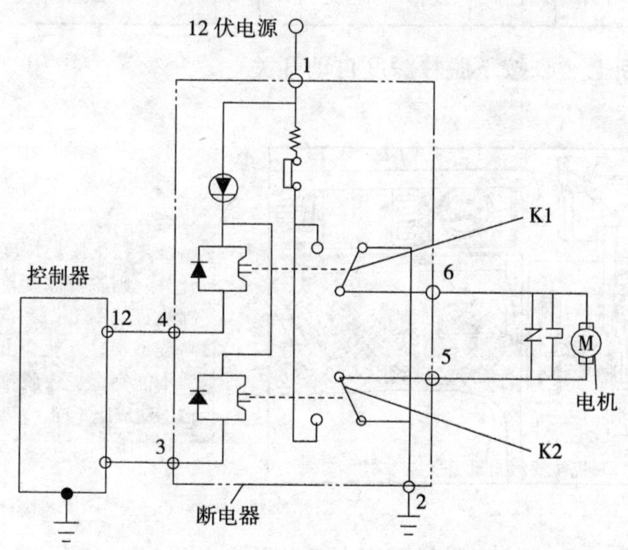

脱粒深度继电器与脱粒深度电机之间的接线关系

搭铁，此时继电器两线圈均不工作，K1、K2 均不动作，脱粒深度电机无电流流过，脱粒深度不变。

③当水稻较高时：传感器 L、传感器 M、传感器 H 均工作。脱粒深度控制器接受信号后，使继电器 3 接线柱搭铁。此时电源正极经继电器接线柱 1 经二极管和线圈使继电器接线柱 3 搭铁。线圈工作带动 K2 动作，电源正极经继电器接线柱 1→K2→继电器接线柱 5→脱粒深度电机→继电器接线柱 6→K1→继电器接线柱 2→机体搭铁。电机反转，脱粒深度变浅。

作物不同状态与脱粒深度电机工作状态的关系

作物高低状态	脱粒深度传感器			继电器接线柱		开关		电机工作状态	脱粒深度
	L	M	H	3号	4号	K1	K2		
较矮	工作	不工作	不工作	不搭铁	搭铁	接通	断开	正转	变深
合适	工作	工作	不工作	不搭铁	不搭铁	断开	断开	不转	不变
较高	工作	工作	工作	搭铁	不搭铁	断开	接通	反转	变浅

诊断七　未按下脱粒深度自动开关

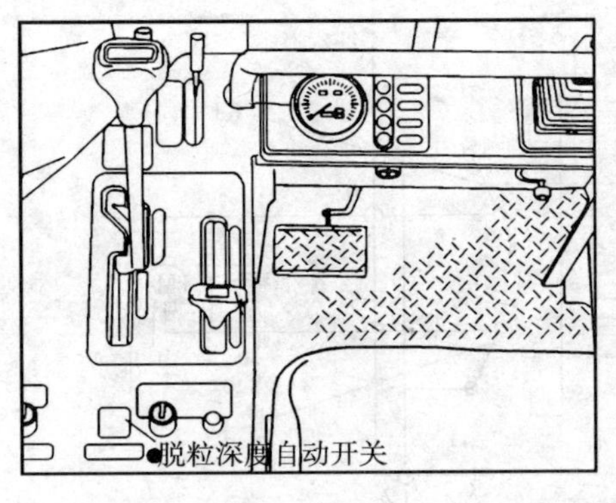

若未按下脱粒深度自动开关，则脱粒深度自动控制装置就不工作。当作物高矮不一时，就会出现穗头不能完全进入脱粒重脱粒，造成脱不净。

排除方法：按下脱粒深度自动开关。

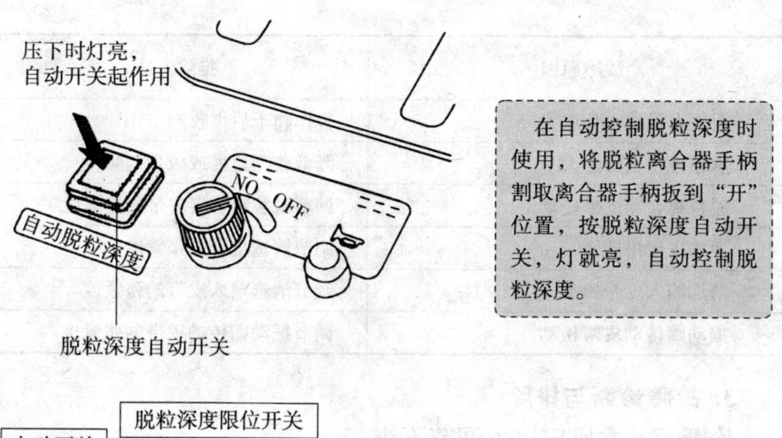

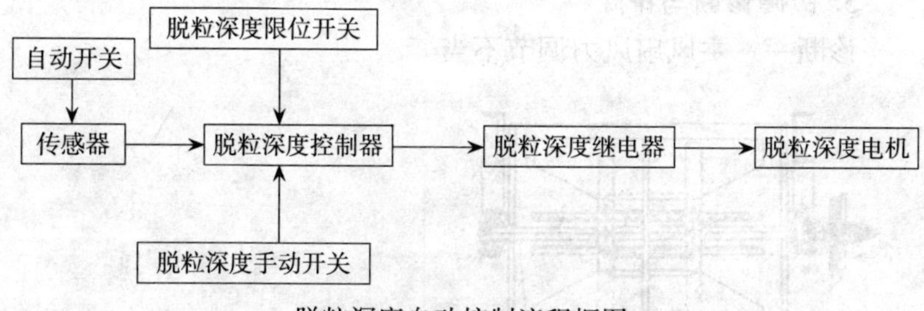

脱粒深度自动控制流程框图

二、茎秆中夹带籽粒过多

1. 故障现象

水稻收割机作业时，从振动筛尾部抛散茎秆中的籽粒过多。

2. 故障原因

茎秆中夹带籽粒过多的故障原因及排除方法

故障原因	排除方法
主风扇风力调节不当	降低主风扇风力强度
振动筛的清选手柄位置调节不当	根据作物状态调节清选手柄位置
送尘手柄的位置选择不当	根据作物状态调节送尘手柄的位置
发动机转速偏高	降低发动机转速
水稻密度过高	降低收割速度或减少割幅

（续）

故障原因	排除方法
收割水稻的水分过大	待作物干后再收割
水稻枝梗张力过大	降低收割速度或减少割幅
脱粒离合器皮带松动	调节脱粒离合器皮带的张紧度
清选皮带松动	调节清选皮带的张紧度
清选输入皮带松动	调节清选输入皮带的张紧度
振动筛传动皮带松动	调节振动筛传动皮带的张紧度

3. 故障诊断与排除

诊断一　主风扇风力调节不当

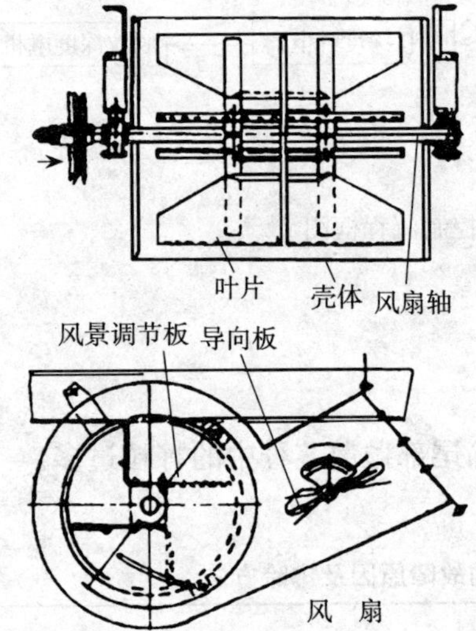

脱粒清选器主风扇的风力调节不当，使夹带在茎秆中的籽粒不能被清选出来，随茎秆排出机外。

排除方法：根据作物状态调节主风扇风力大小。

主风扇风力调节的基本原则：

①作物潮湿时，风力调大；

②作物干燥时，风力调小。

诊断二　振动筛的清选手柄位置调节不当

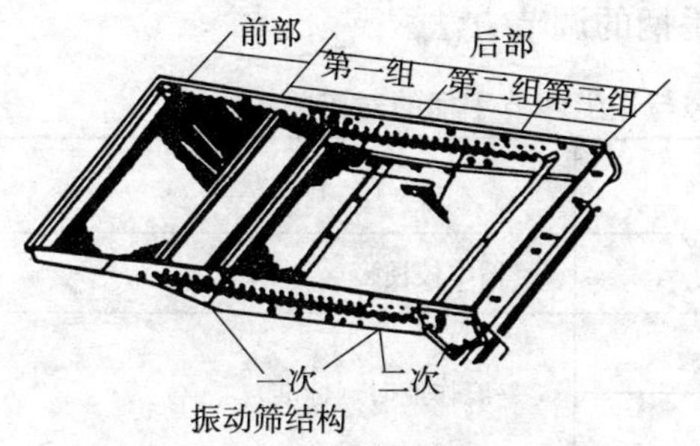

振动筛结构

振动筛清选调节手柄一般有5个位置，若位置调节不当，则振动筛的开度可能过小或过多，造成部分籽粒不能落入振动筛机，籽粒被带出机外。

排除方法：熟悉振动筛手柄的正确操作方法。

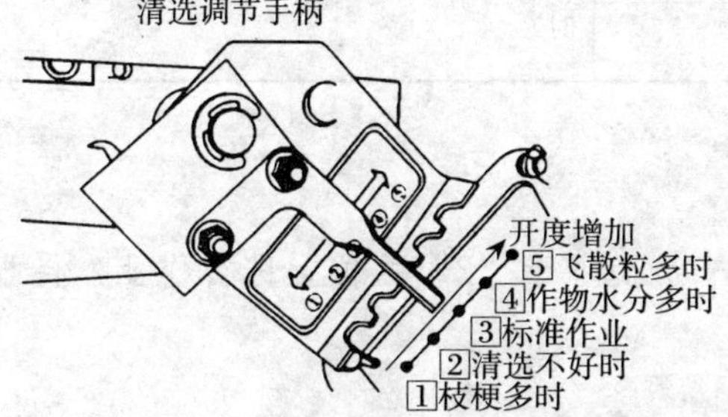

清选手柄上的5个位置，对应不同的作物状态，应根据作物状态，及时调节清选手柄位置。

作业条件	筛片手柄的位置
标准作业	3
清选不好时	2或1
枝梗多时	
飞散粒多时	4或5
作物水分多时	

作物不同状态与振动筛清选手柄对应关系

诊断三　送尘手柄的位置选择不当

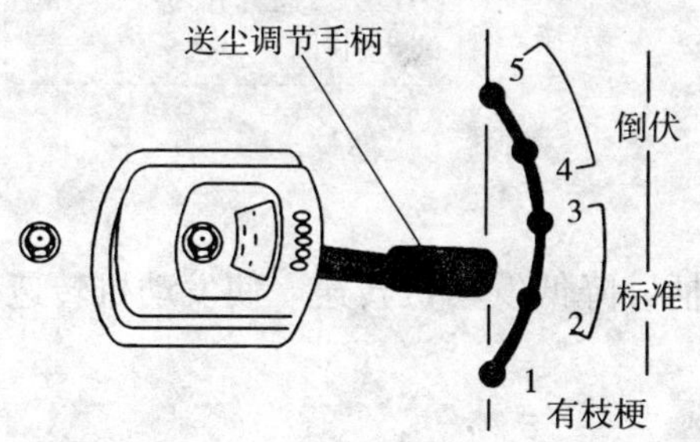

若送尘手柄位置选择不当，使草屑在主滚筒内流动速度过快，部分籽粒与茎秆被夹带离开脱粒室，有可能带出机外。

排除方法：熟悉送尘手柄的调节方法。

不同作物状态与送尘调节手柄的对应关系

作业条件	作业状态
1	稻中枝梗多
2	一般作业时（标准）
3	
4	主滚筒室内长时间出现嗒嗒声（倒伏时）
5	

调节时，先将送尘调节手柄置于“2”的位置进行作业，再根据作业状态进行调节。

诊断四　发动机转速偏高

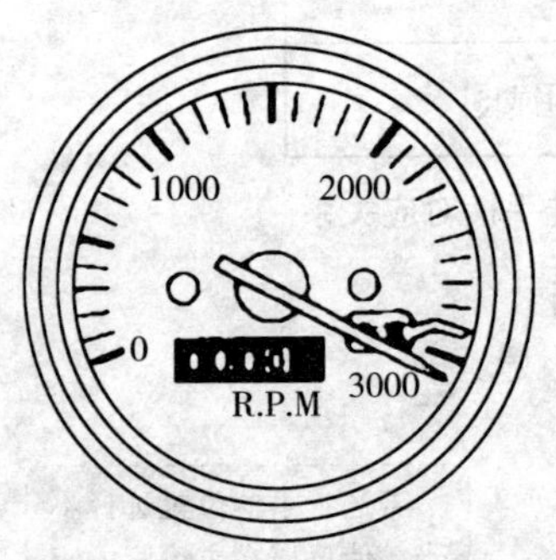

若发动机转速高于3000转/分钟，则清选风扇的风力过大，将籽粒与茎秆一起飞出机外。

排除方法：调节油门手柄，降低发动机转速，使发动机转速处于2 800转/分钟。

诊断五　水稻密度过高

若水稻密度过高，如亩产量在600千克以上时，脱粒负荷增加，使脱下的茎秆在振动筛上来不及完全清选，部分籽粒就被带出机外。

排除方法：降低收割机速度或减少割幅。

诊断六　收割水稻的水分过大

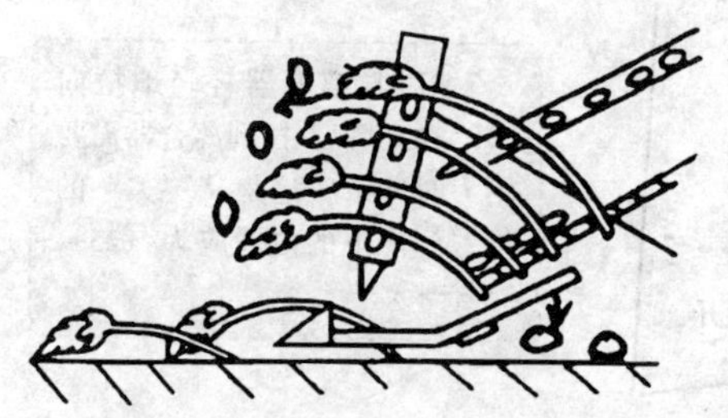

若收割水稻的水分过大，如谷物含水率在26%以上，作物经过滚筒处理时，未通过凹板筛筛网掉到振动筛上，而不是凹板筛后部直接掉到振动筛上，堆积后颠出，造成损失。

排除方法：待作物干后再收割，或等作物完全熟后再收割。

诊断七　水稻枝梗张力过大

一些水稻品种的枝梗张力过大，水稻穗头脱粒时间长，致使谷粒经过副滚筒处理后掉到振动筛上的量过多，被颠出。

排除方法：降低收割速度，减少割幅。

诊断八　脱粒离合器皮带松动

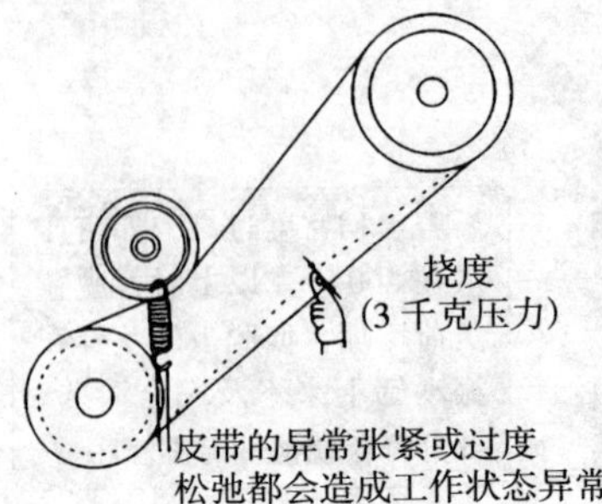

脱粒离合器皮带松动，使脱粒强度不足，部分籽粒被茎秆夹带排出机外。

排除方法：调节脱粒离合器皮带的张紧度。

（1）检查脱粒离合器皮带

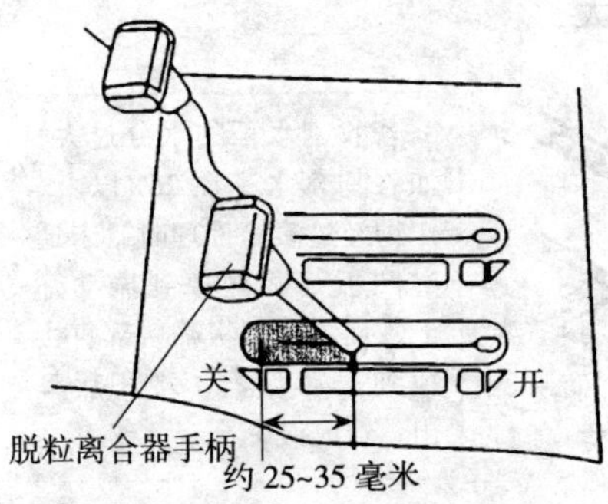

把脱粒离合器轻轻地拉向“开”的位置、拉到离合器需要用力时停下，这是从“关”的位置到停下的位置应为（25 ~ 35 毫米）。

（2）调节脱粒离合器皮带张紧度

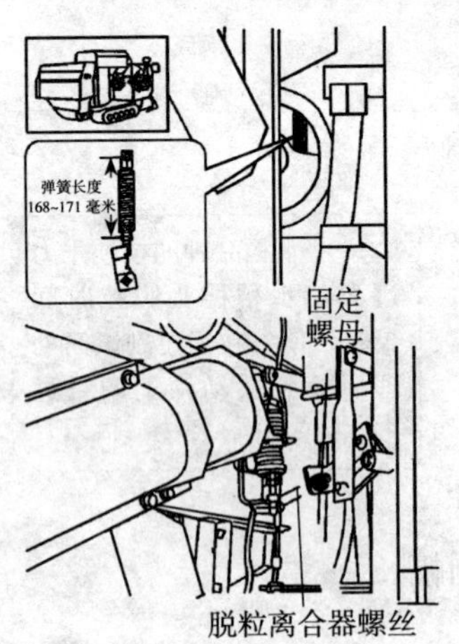

第 1 步：打开接粮台侧盖。

第 2 步：时脱粒离合器手柄位于“开”。

第 3 步：使弹簧长 168 ~ 171 毫米，拧松脱离离合器的固定螺母，转动调节螺母进行调节。

第 4 步：用锁紧螺母固定好。

出现以下情况时，应及时更换皮带，否则会造成作业质量下降或不能正常作业。

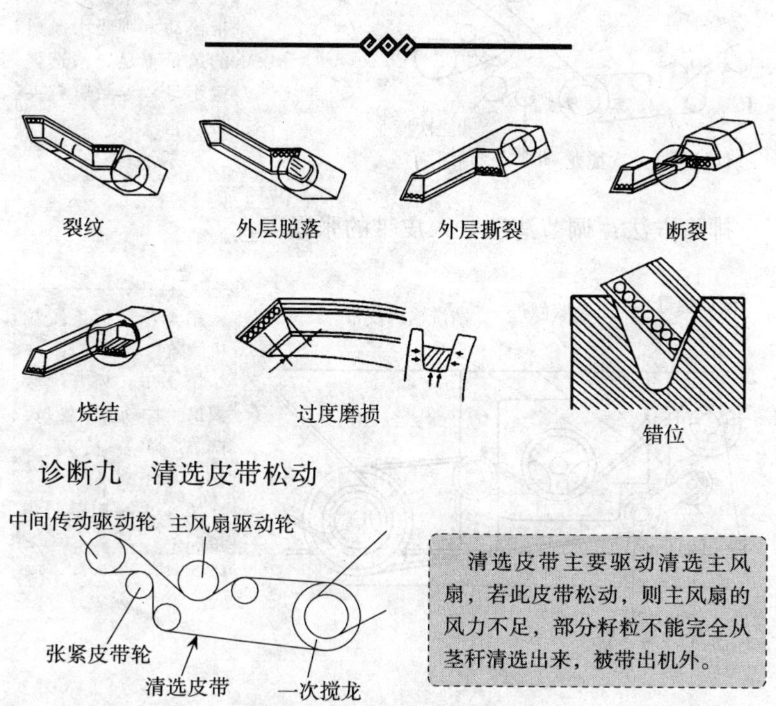

诊断九　清选皮带松动

清选皮带主要驱动清选主风扇，若此皮带松动，则主风扇的风力不足，部分籽粒不能完全从茎秆清选出来，被带出机外。

排除方法：调节清选皮带的张紧度。

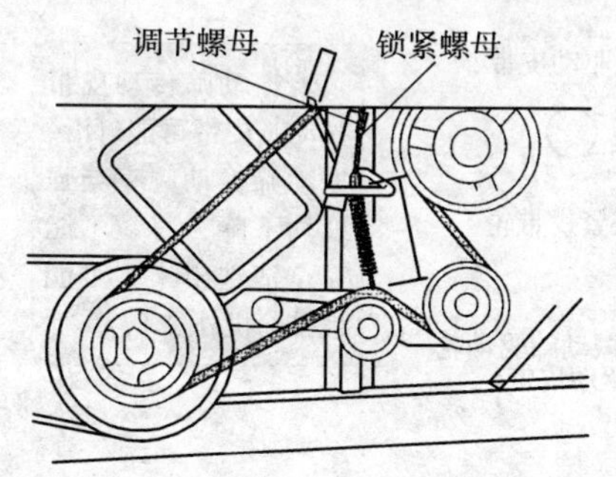

第 1 步：拆下脱粒机下侧盖。

第 2 步：松开锁紧螺母，拧动调节螺母，调节弹簧长度为 132～136 毫米。

第 3 步：用锁紧螺母固定。

诊断十　清选输入皮带松动

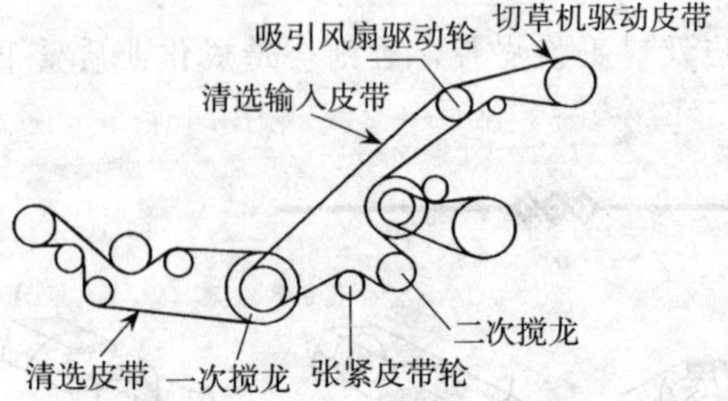

清选输入皮带主要驱动吸引风扇、切草机驱动皮带。若此皮带松动，则吸引风扇的风量不足，清选强度不足，导致籽粒夹带。

排除方法：调节清选输入皮带的张紧度。

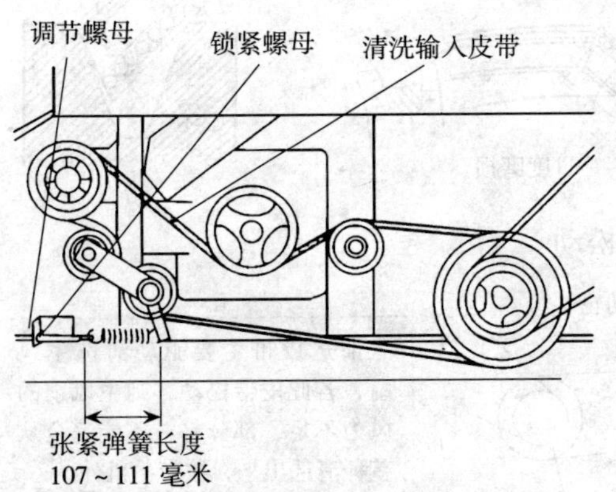

第 1 步：拆下脱粒机侧盖。

第 2 步：松开锁紧螺母，拧动调节螺母，调节弹簧长度为 101～111 毫米。

第 3 步：用锁紧螺母固定。

诊断十一　振动筛传动皮带松动

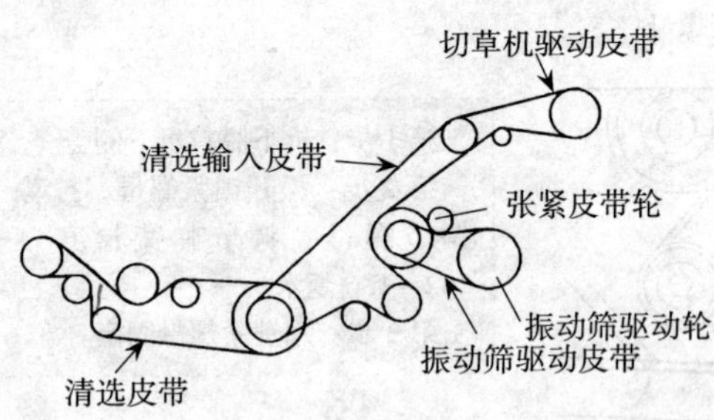

若振动筛传动皮带松动，皮带可能打滑，振动筛振动频率与强度均下降，籽粒不能完全清选出来，可能被排除机外。

排除方法：调节振动筛皮带的张紧度。

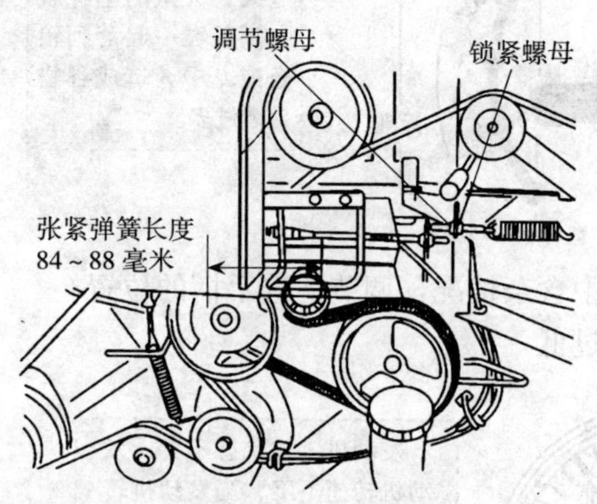

第 1 步：拆下脱粒机侧盖。

第 2 步：松开锁紧螺母，拧动调节螺母，调节弹簧长度为 84～88 毫米。

第 3 步：用锁紧螺母固定。

三、谷物含杂多

1. 故障现象

清选后谷粒中有小枝梗、草屑、穗头等杂物。

2. 故障原因

谷物含杂多的故障原因与排除方法

故障原因	排除方法
清选手柄位置调节不当	调节清选手柄位置
主风扇传动皮带过松	调节主风扇传动皮带的张紧度
振动筛叶片磨损或脱落	更换破损的振动筛
脱粒深度过大	调浅脱粒深度

3. 故障诊断与排除

诊断一　清选手柄位置调节不当

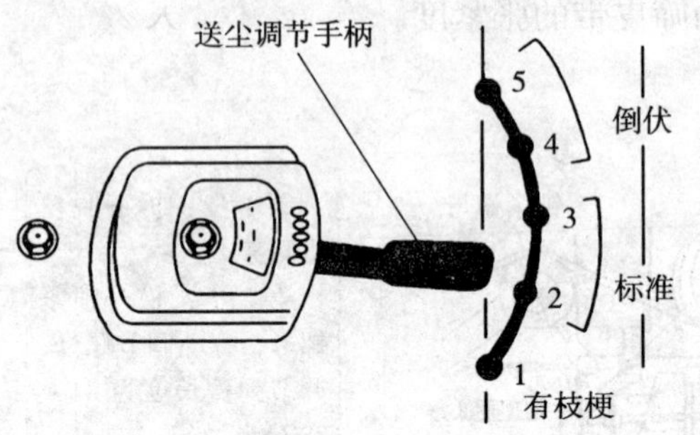

若清选手柄位置不当，使振动筛的开度过大，大量的茎秆就会随谷粒一起落到粮仓搅龙中，造成谷物含杂过多。

排除方法：根据谷粒中含杂情况，调节清选手柄的位置。

诊断二　发动机转速过低

发动机工作状态不良，发动机转速下降，当发动机转速低于2 500转/分钟时，谷物中含杂就会增多，这是因为传递到清选主风机的风量不足，不能将谷粒中的茎秆等杂物吹出机外。

排除方法：适当加大油门，若转速仍不能达到2 800转/分钟，则需要去维修站检修发动机转速过低的原因。

诊断三　主风扇传动皮带过松

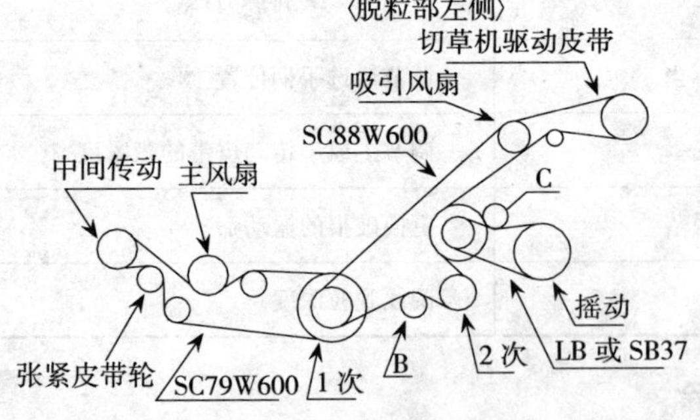

若清选主风扇的传动皮带过松，会引起皮带打滑，则风扇转速下降，风量降低，造成清选能力下降。

排除方法：调节主风扇传动皮带的张紧度。

主风扇风量的大小决定了籽粒清选的程度。风量大易清选干净，籽粒抛洒严重，风量小则不易清选干净，要取一个合适的位置才能既降低损失又保证清洁度。出粮口输出籽粒中夹杂的颖壳及短秆较多时，可放大风门，增大风量；当发现籽粒吹出机体过多时，应缩小风门，减少风量。

也有的机型是根据作物的种类等条件通过改变风扇的转数调节风力，以达到最佳的清选效果。

诊断四 振动筛叶片磨损或脱落

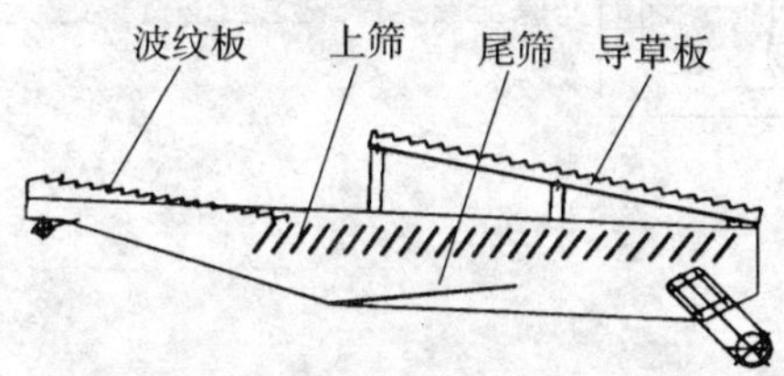

若振动筛叶片有磨损、脱落等现象，茎秆就会从破损处漏割到振动筛下方，进入谷物输送搅龙，造成含杂过多。

排除方法：更换破损的振动筛。

（1）振动筛的卸载方法

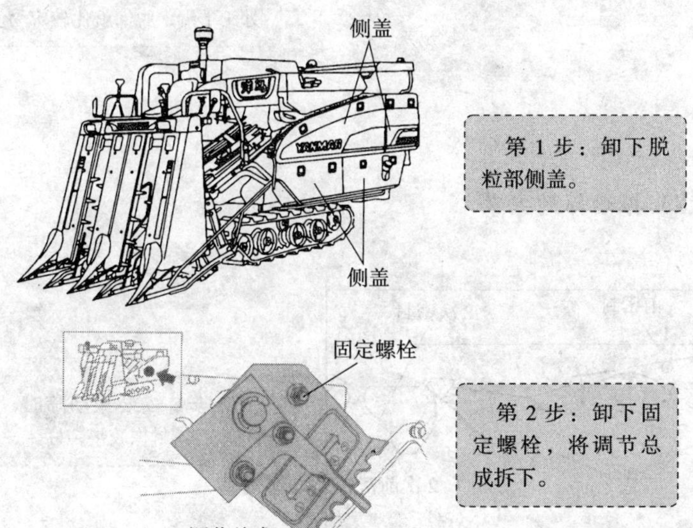

第 1 步：卸下脱粒部侧盖。

第 2 步：卸下固定螺栓，将调节总成拆下。

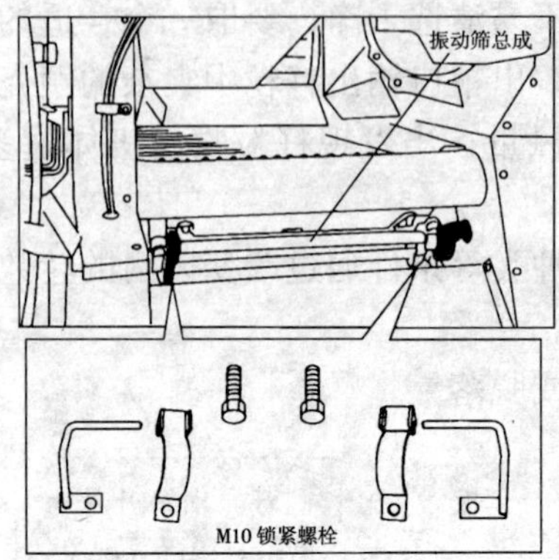

第 3 步：打开切草机，从振动筛总成后面松开 MIO 螺栓，将销和固定板卸下。

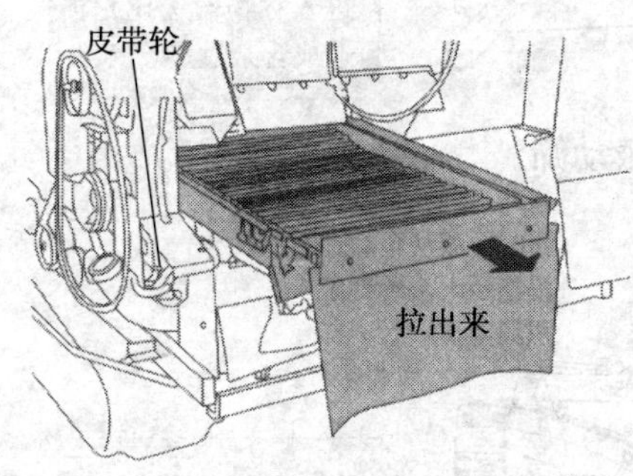

第 4 步：将振动筛总成从后面拉出来，旋转皮带轮轴处于下端，脱卸就比较容易。

（2）振动筛的安装

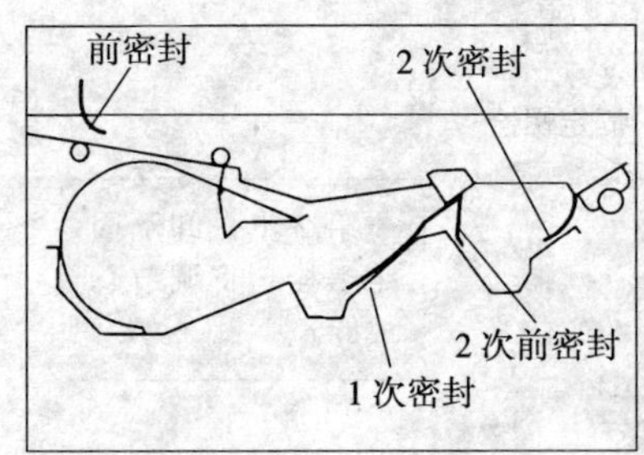

第 1 步：安装振动筛时，要将个各密封橡胶垫装好。

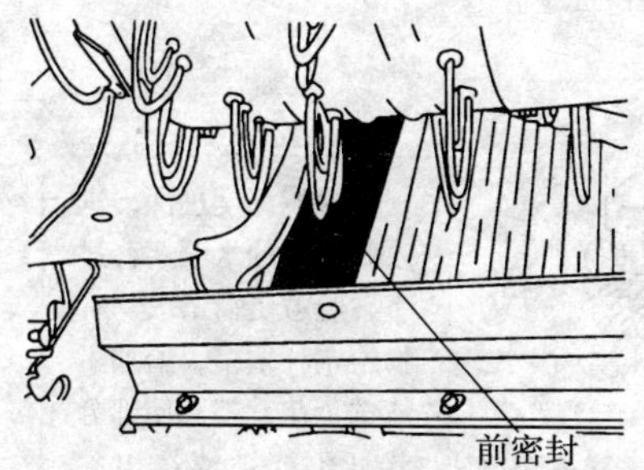

第 2 步：前密封在打开喂入链台，卸下凹板筛后安装。

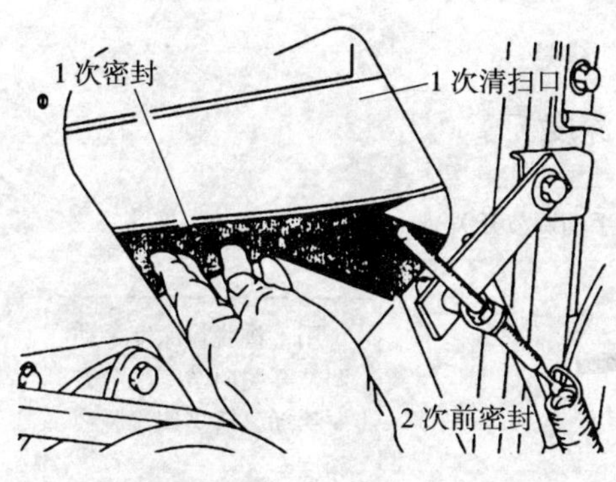

第 3 步：1 次密封和 2 次前密封在打开 1 次清扫口后进行。

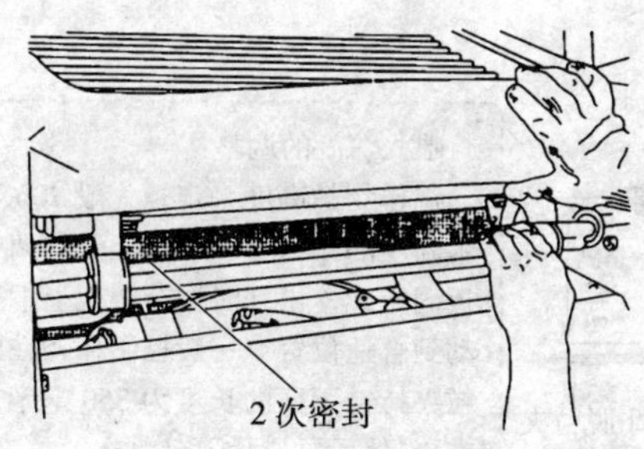

第 4 步：2 次密封从振动筛总成后部进行。

诊断五　脱粒深度过深

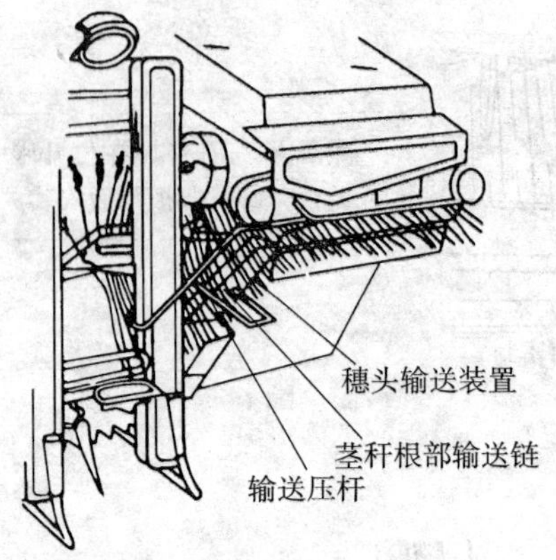

若脱粒深度过深，进入脱粒室的水稻茎秆过多，脱粒负荷增大，谷物中茎秆增多，增加了清选负荷，就会使部分茎秆不能被清选出谷物，造成含杂增多。

排除方法：调浅脱粒深度。

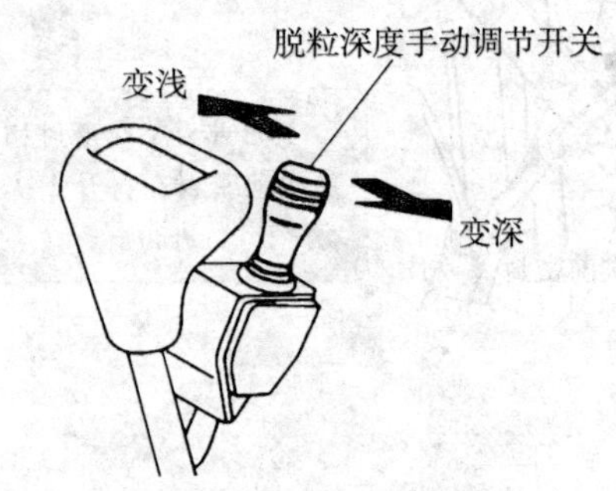

用手将脱粒深度手动调节开关向“变浅”方向移动，适当调浅脱粒深度。

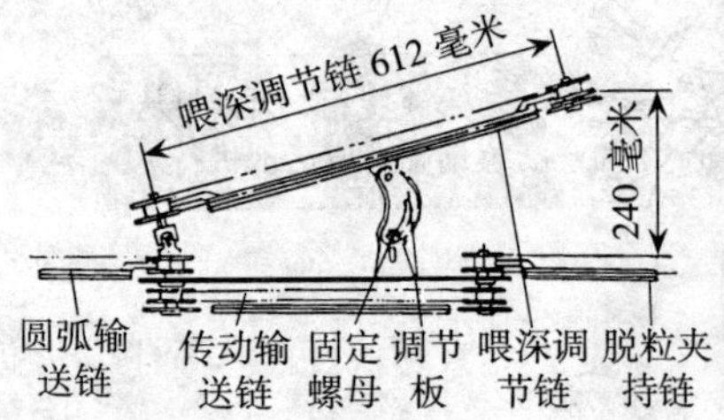

喂入深度的调整：

视作物的高度来定，一般 700 毫米高度的作物可调节链架上的调节板固定螺栓松开时调节链架上下移动到合适位置（一般控制作物在脱粒夹持链下面的长度为 350 毫米左右），然后再拧紧固定螺栓。

四、脱离滚筒异响

1. 故障现象

在水稻收割机作业时，脱离滚筒内部发出“咔嗒”异常声，同时工作效率有所降低。

2. 故障原因

脱离滚筒异响的故障原因及排除方法

故障原因	排除方法
水稻过分潮湿	待干燥后再收割
脱粒深度过深	调节脱粒深度开关使脱粒深度减小
脱粒深度传感器位置调节不当	重新调整至较浅位置
压草板与喂入链的间隙过大	调整压草板与喂入链之间间隙至规定值
主滚筒转速过快	用油门手柄将发动机转速调至2 800转/分钟
作业速度过快	降低作业速度
送尘调节手柄位置不对	调节送尘调节手柄位置
切禾刀磨损过高	更换或研磨切禾刀

3. 故障诊断与排除

诊断一　水稻过分潮湿

早上收割水稻时，有露水，使水稻潮湿，脱粒滚筒梳刷水稻穗头的阻力增大，发出“咔嗒”声。

排除方法：待露水蒸发，水稻干燥后再下田收割。

诊断二　脱粒深度过深

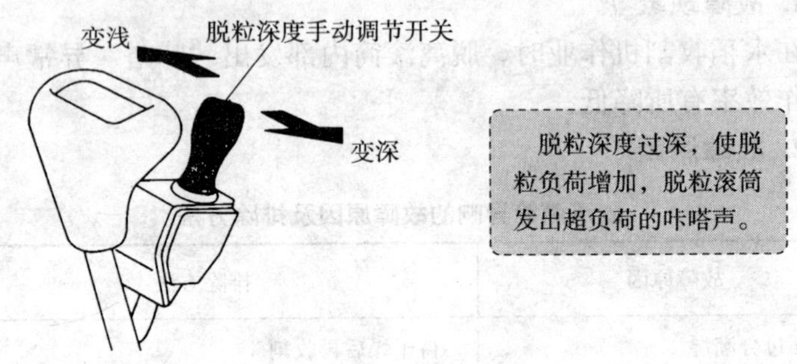

脱粒深度过深，使脱粒负荷增加，脱粒滚筒发出超负荷的咔嗒声。

排除方法：调节脱粒深度开关，使脱粒深度适当减小。

诊断三　脱粒深度传感器位置调节不当

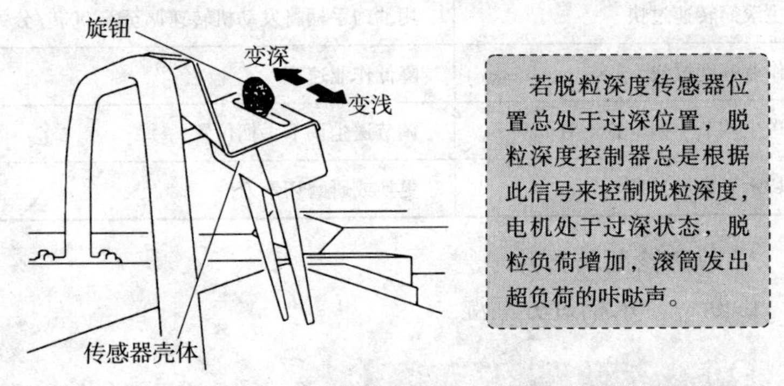

若脱粒深度传感器位置总处于过深位置，脱粒深度控制器总是根据此信号来控制脱粒深度，电机处于过深状态，脱粒负荷增加，滚筒发出超负荷的咔哒声。

排除方法：调节脱粒深度传感器至较浅位置。

脱粒深度限位开关位于脱粒深度控制电机附近，用来感知纵输送链的极限位置，对脱粒深度电机起保护作用。限位开关是常闭触点的开关，当纵输送链运动至极限位置时，限位开关的常闭触点断开，脱粒深度控制器接受到此信号后，输出信号使电机停止工作，对电机起安全保护作用。

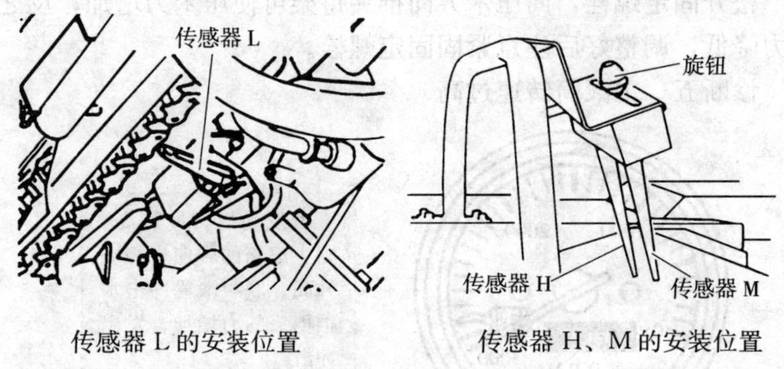

传感器 L 的安装位置　　　　传感器 H、M 的安装位置

诊断四　压草板与喂入链的间隙过大

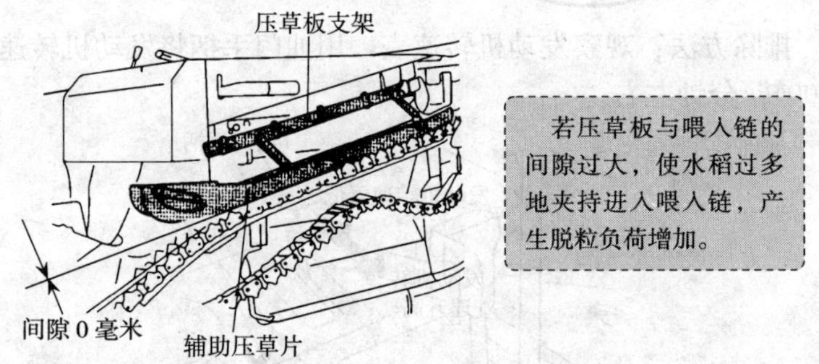

若压草板与喂入链的间隙过大，使水稻过多地夹持进入喂入链，产生脱粒负荷增加。

排除方法：减小压草板与喂入链之间的间隙。

每日检查压草板与喂入链的间隙应为 0。如有间隙，可利用辅助压草片及压草扳支架上的腰形孔调节紧固螺栓即可。每次作业前，应对压草板弹簧加油。检查弹簧导杆上下运动是否灵活。如有卡滞，拆下清洗并注油。

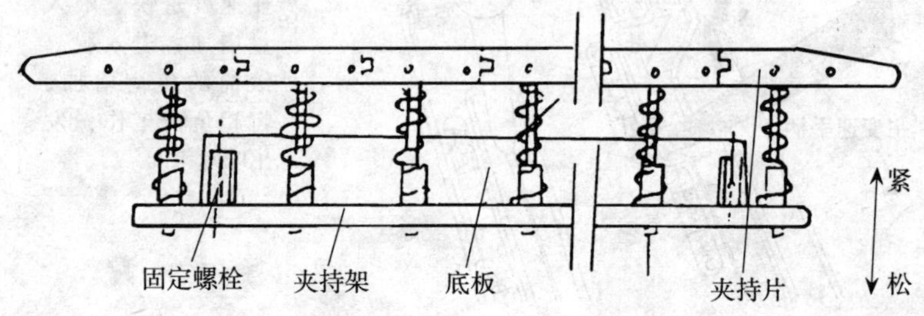

松开固定螺栓，向压禾方向推夹持架可使压禾力增加，反之压禾力降低，调整好后注意紧固固定螺栓。

诊断五　主滚筒转速过高

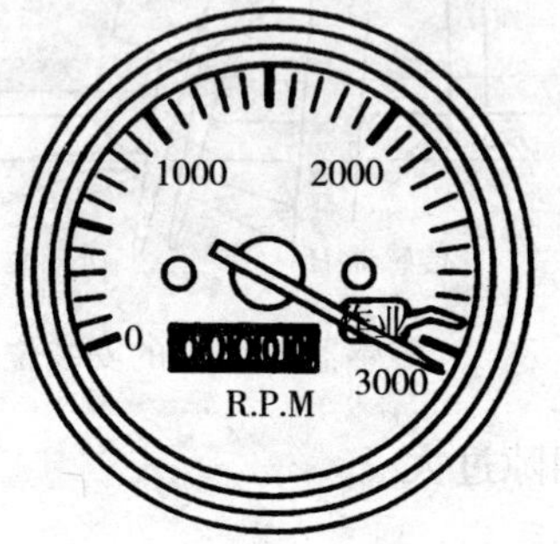

若发动机转速过高，则主滚筒的转速也相应升高，脱粒滚筒冲击水稻穗头的力增加，发出冲击声。

排除方法：观察发动机转速表，用油门手柄将发动机转速调至2 800转/分钟左右。

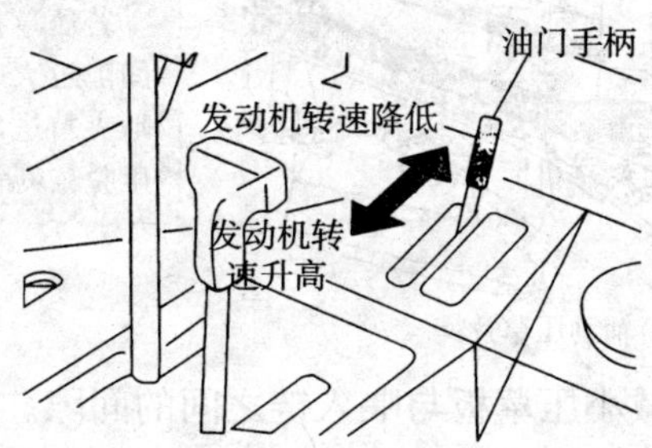

诊断六　作业速度过快

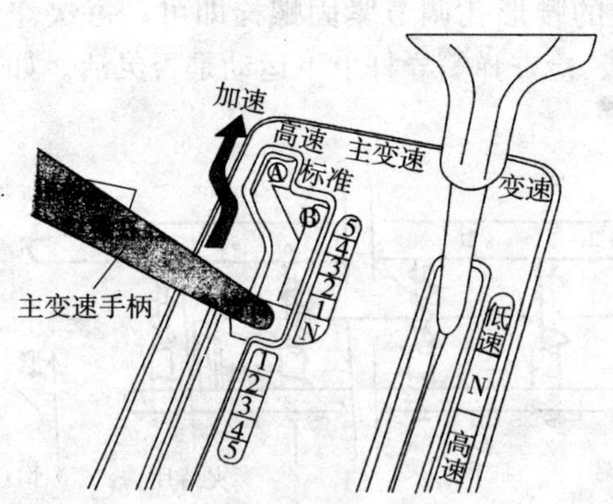

水稻收割机的作业速度过快，喂入量增加，进入脱离滚筒的负荷增加，将超负荷工作，发出咔哒声。

排除方法：要根据作物状态，选择主、副变速手柄的位置，适当降低作业速度。

诊断七　送尘调节手柄位置不对

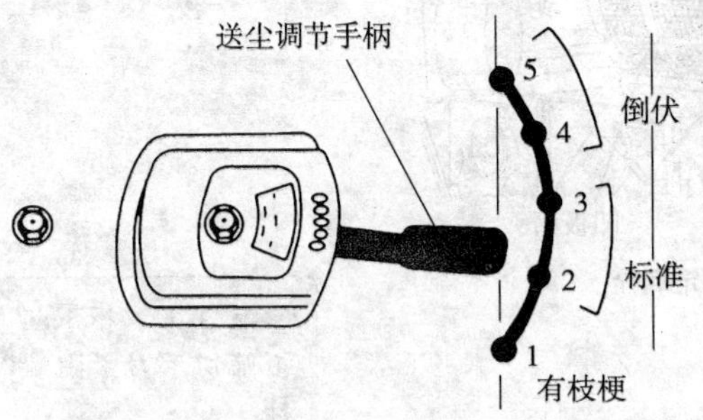

若送尘调节手柄位置不对，会使穗头脱粒延长，增加了脱粒滚筒负荷，尤其是收割倒伏水稻时，更易发出咔哒声。

排除方法：正确使用送尘调节手柄。

诊断八　切禾刀磨损过大

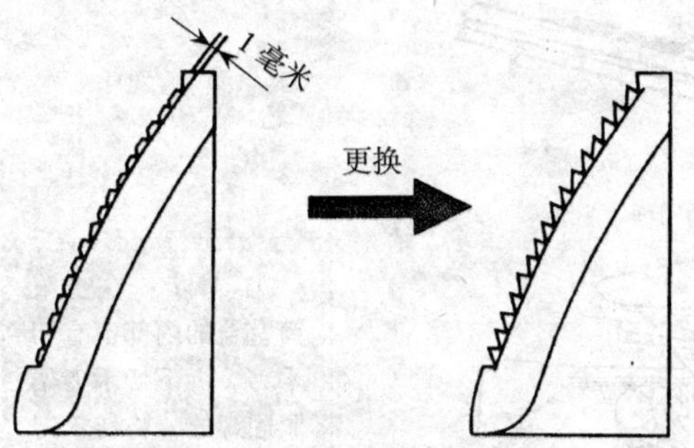

若切禾刀磨损严重时，切断缠在滚筒上稻草的能力下降，甚至不能切断，增加了脱粒滚筒的负荷，也会发出咔嗒声。

排除方法：更换或研磨切禾刀。

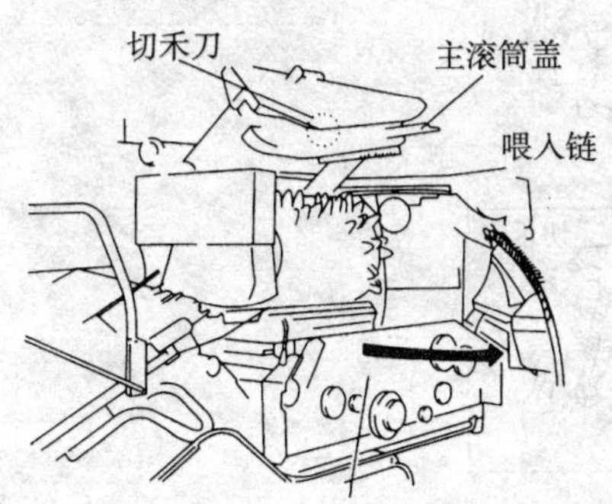

第 1 步：打开喂入链台。

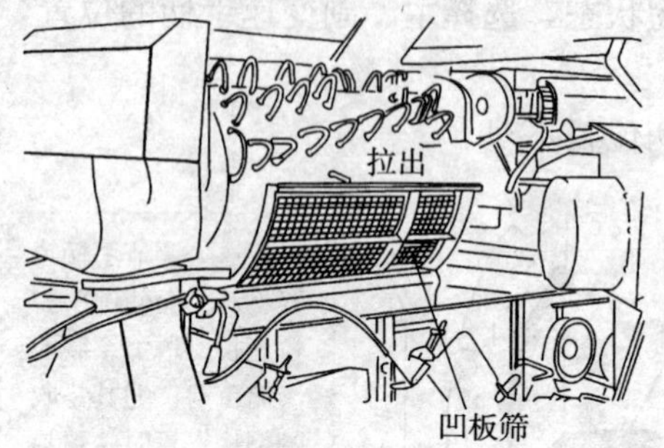

第 2 步：拉出凹板筛。

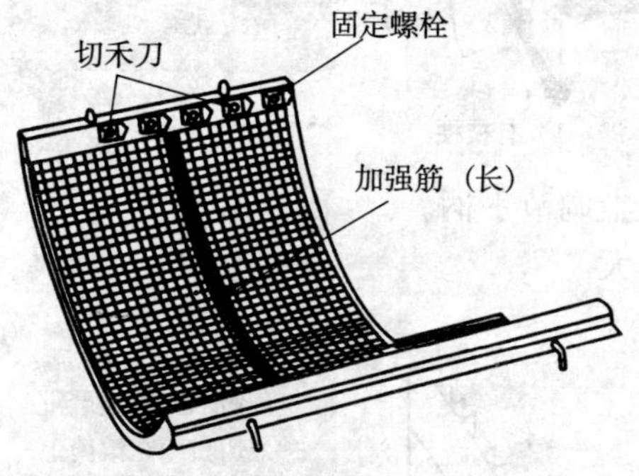

第 3 步：拆下凹板筛切禾刀紧固螺栓。

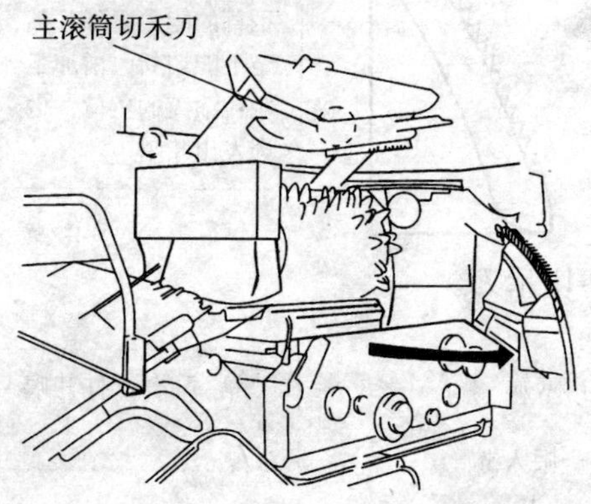

第 4 步：在主滚筒室盖的内部也有切禾刀。拆下切禾刀架紧固螺栓，将切禾刀按上列要领进行研磨。

当切禾刀的刃齿高≤1 毫米时，应更换切禾刀。

水稻收割机每工作 50 小时,应研磨切禾刀一次,或更换切禾刀。

五、籽粒破碎率高

1. 故障现象

水稻收割机作业时，脱下来的谷粒中有较多破碎的籽粒。

2. 故障原因

籽粒破碎率高的故障原因与排除方法

故障原因	排除方法
脱粒转速过高	正确配置传动皮带，将滚筒转速适当调低
滚筒室杂余物多，导致副滚筒负荷过大	减小喂入量，减小副滚筒负荷
送尘调节手柄开度过小	调节送尘手柄的开度
籽粒成熟过度	适时收割
各输送部分损坏变形，使间隙变小	修复或更换搅龙

3. 故障诊断与排除

诊断一 脱粒转速过高

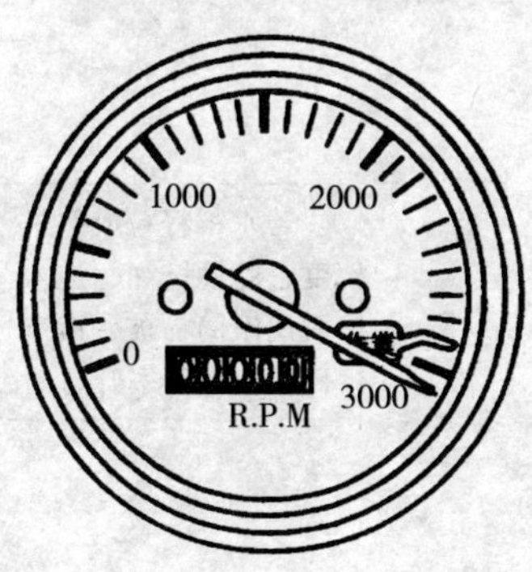

若脱粒转速过高，滚筒上弓齿的线速度大，冲击水稻穗头籽粒的力量较大，会引起谷粒破碎。

排除方法：通过油门手柄降低发动机转速，即可降低脱粒滚筒的转速。

诊断二　喂入量过大

若喂入量过大，脱粒滚筒室内杂余物较多，导致副滚筒的负荷过大，籽粒被揉擦时间增长，破碎率就会增加。

排除方法：降低行驶速度或减小割幅，降低喂入量。

诊断三　送尘调节手柄开度过小

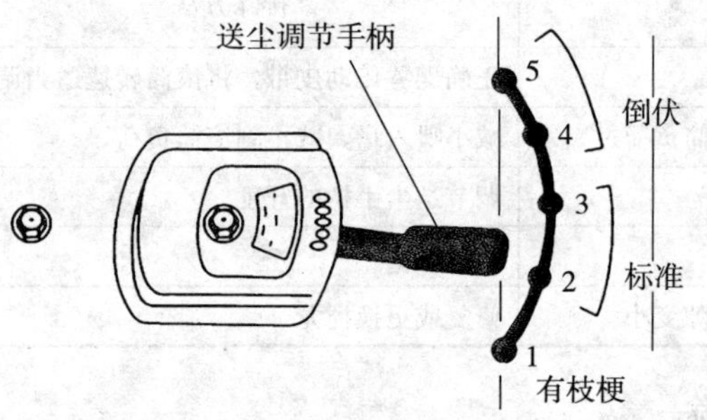

若送尘调节手柄开度过小，则在主滚筒室内的籽粒、草屑流动速度降低，停留时间加长，籽粒破碎率会增加。

排除方法：将送尘调节手柄开度曾大。

诊断四　籽粒成熟过度

若水稻籽粒成熟过度，脆性增加，进入脱离滚筒易被弓齿击碎，使破碎率升高。

排除方法：适时收割，掌握水稻的收割期。

诊断五　输送搅龙损坏变形

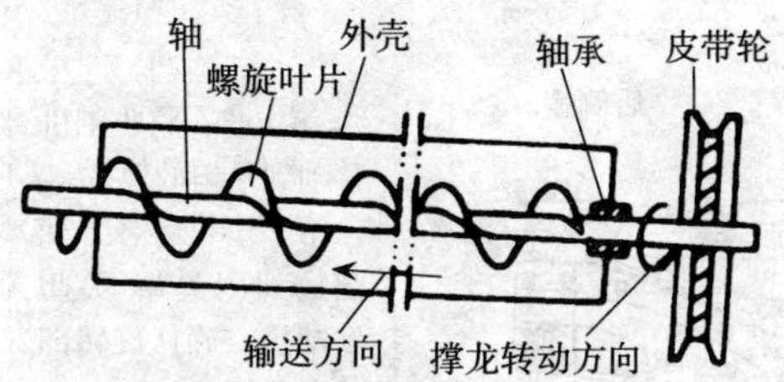

若输送谷粒的搅龙变形损坏，也会搅伤谷粒，使其破碎。

排除方法：维修或更换搅龙。

六、切草机堵塞

1. 故障原因

水稻收割机作业时，切草机处茎秆堆积，排草困难，甚至出现发动机自动熄火。

2. 故障原因

切草机堵塞的故障原因及排除方法

故障原因	故障排除
切草片磨损严重	更换切草刀片
切草机传动皮带松动打滑	调节切草机传动皮带的张紧度
排草传动皮带松动打滑	调节排草传动皮带的张紧度
喂入量过大	降低作业速度或减小割幅

3. 故障诊断与排除

诊断一　切草刀片磨损严重

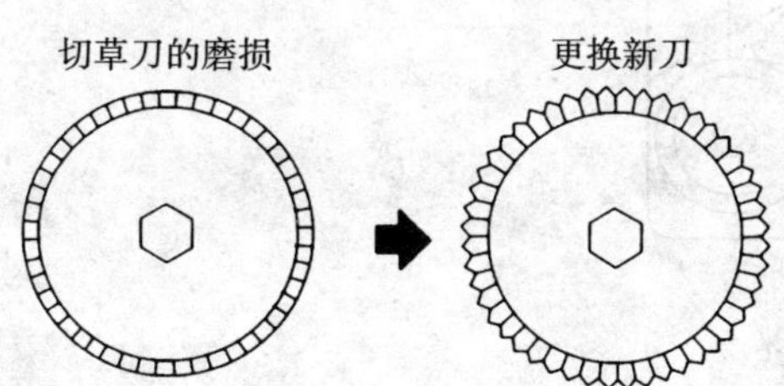

若切草刀的刀刃磨损严重，其皱纹状的凹凸减少，不锋利，就很难切断水稻茎秆，使茎秆堆积在排草处。

排除方法：更换切草刀。

(1) 更换切草机高速轴上的切草刀

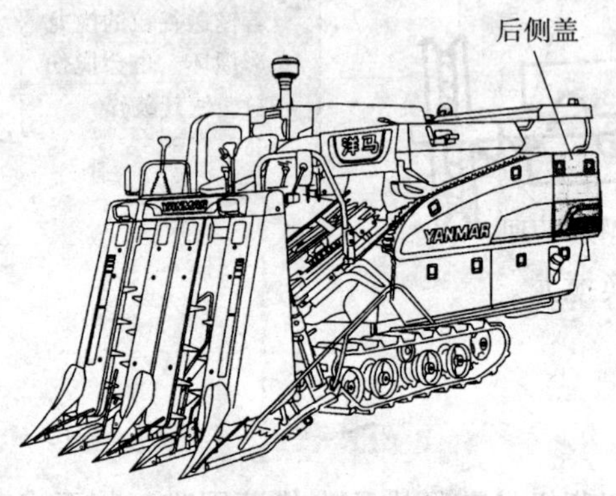

第 1 步：将收割机移动到平坦的地方。

第 2 步：将各手柄都放到“关”，关闭发动机，确认旋转部分完全停下。

第 3 步：将后侧盖和切草机的安全盖卸下。

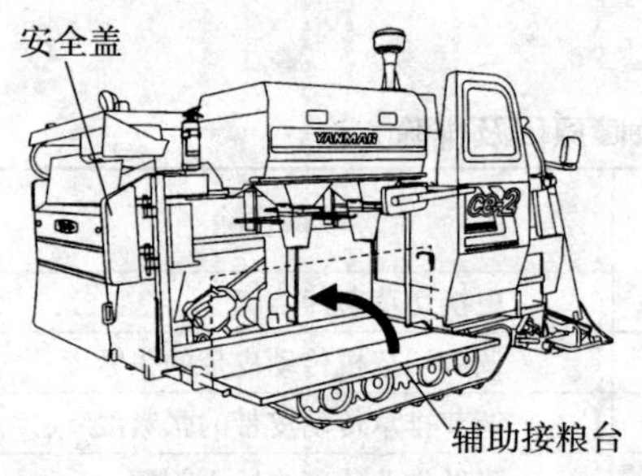

第 4 步：一边按箭头方向压切草机皮带张紧手柄，一边卸下切草机传动皮带。

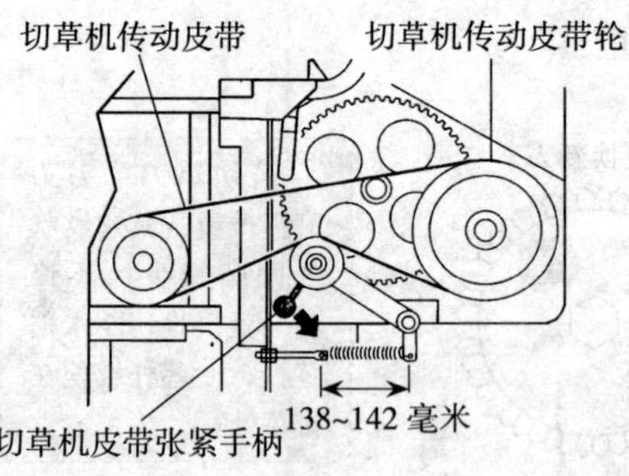

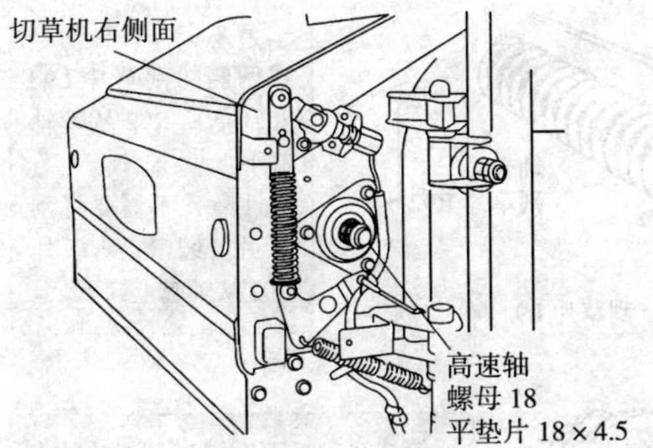

第 5 步：将切草机右侧面高速轴的螺母和平垫片卸下。

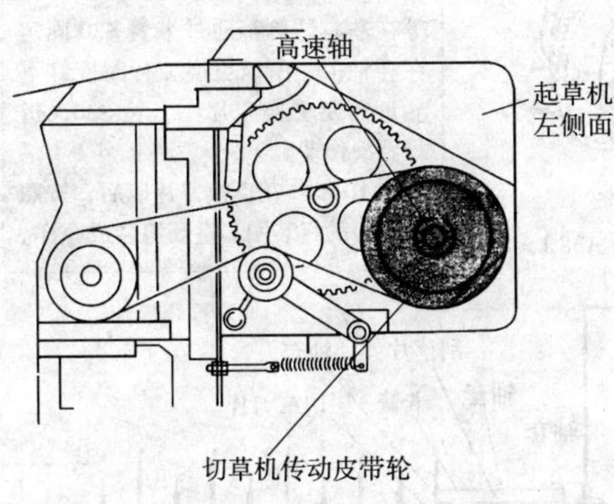

第 6 步：将切草机左侧面的高速轴，连切草机传动皮带轮一起拔出。

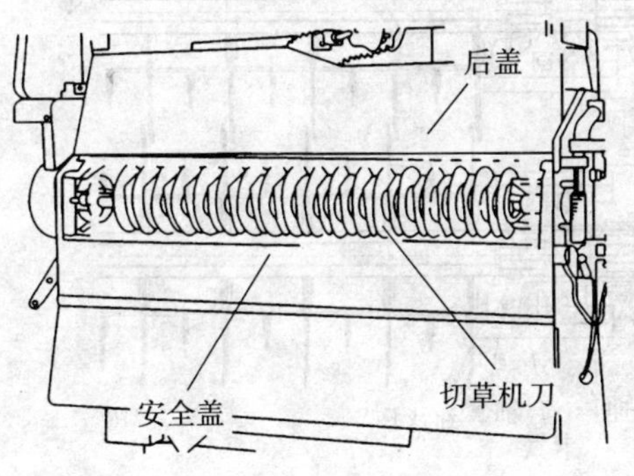

第 7 步：将包括刀片和刮草刀等的总轴总成取出。

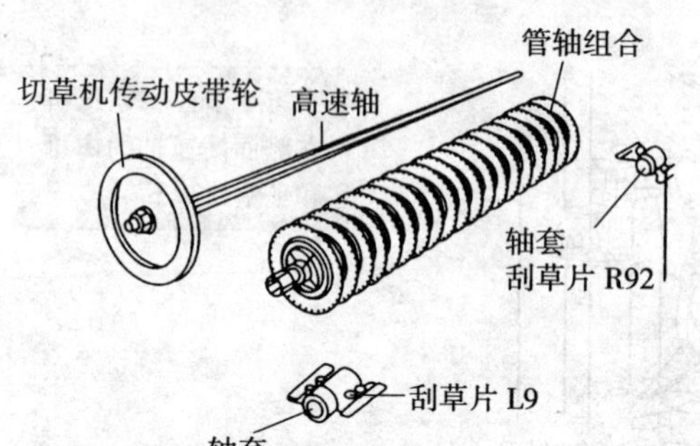

第 8 步：将管轴总成两侧的刮草片 L92 和刮草片 R92 从管轴卸下。

注意：不需要将刮草片 L92 和刮草片 R92 从轴套上卸下。

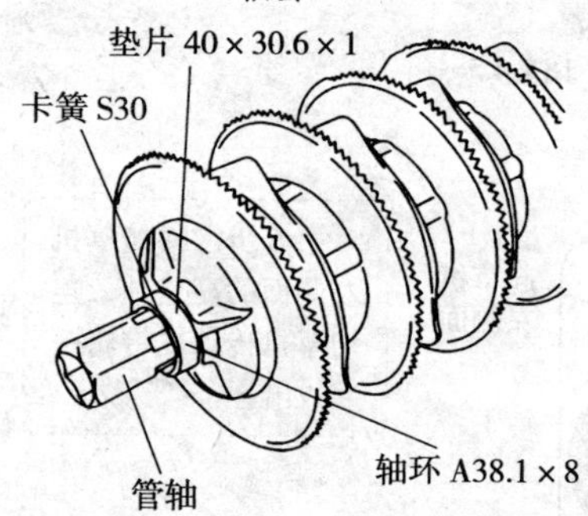

第 9 步：拆下固定切草刀片的卡簧 S30，然后分解总成。由于刀片等在左右两侧都通过卡簧 S30 固定在管轴上，所以更换刀片时应卸下靠近需要更换刀片一卡簧 S30，进行更换作业。

第 10 步：在更换刀片以后，按照切草刀的组装图，重新组装成原样。

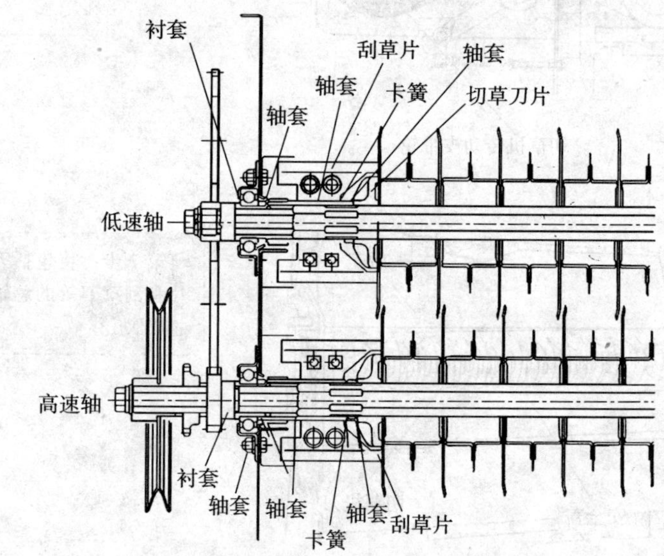

水稻收割机切草刀的组成（左侧放大图）

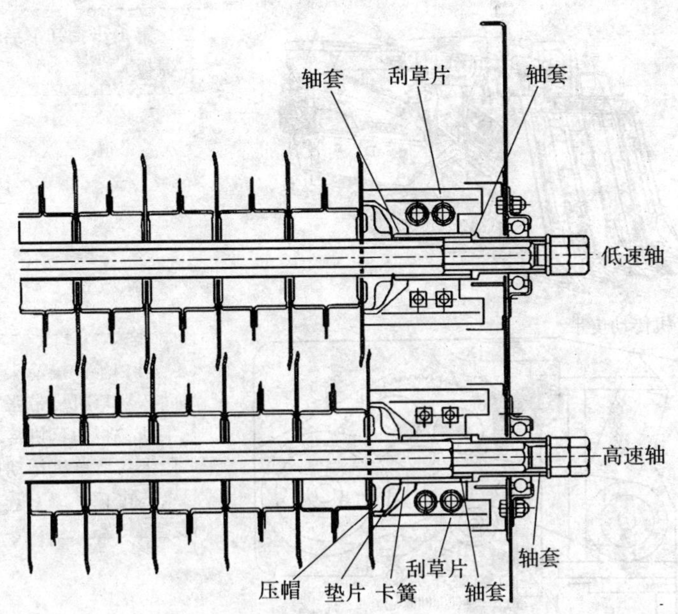

水稻收割机切草刀的组成（右侧放大图）

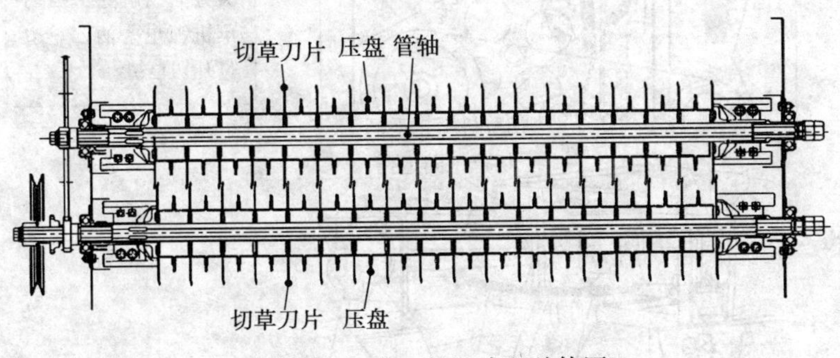

水稻收割机切草刀的组成（总体图）

（2）更换切草机低速轴上的切草刀

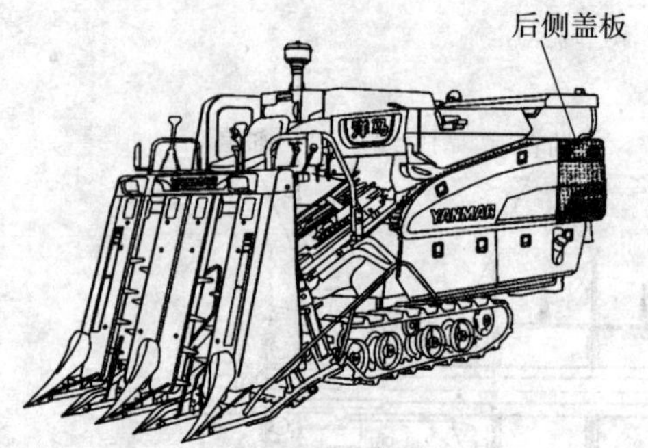

第 1 步：卸下后侧盖板。

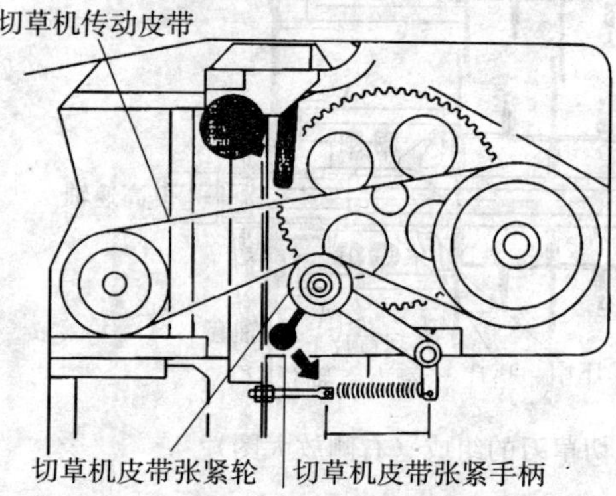

第 2 步：按箭头方向压切草机皮带张紧手柄，将切草机传动皮带从切草机传动皮轮上卸下。

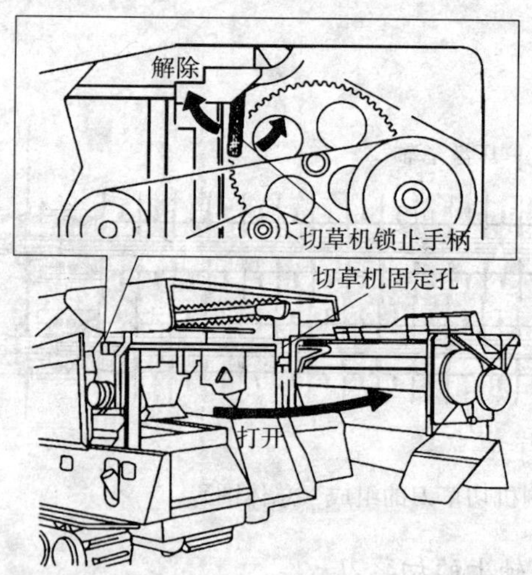

第 3 步：一边照箭头方向（解除）扳切草机锁止手柄，一边打开切草机。

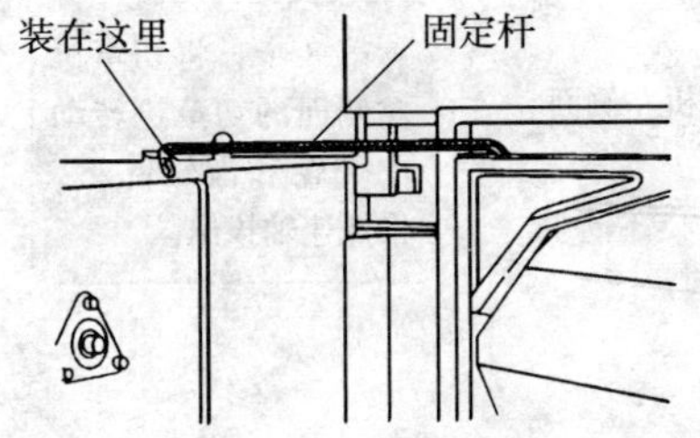

第 4 步：在打开后，固定杆固定切草机。

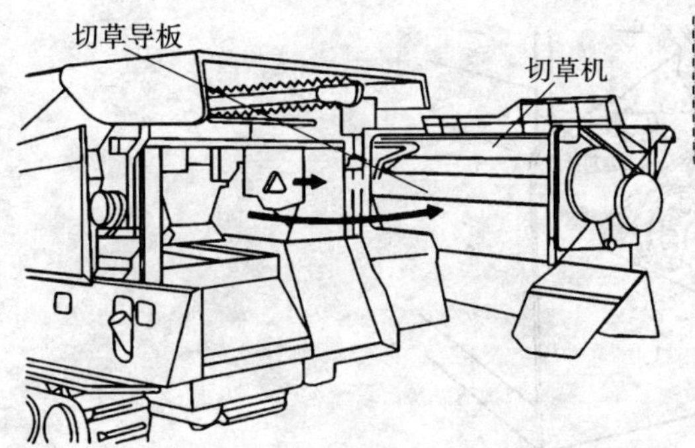

第 5 步：松开切草机导板的螺栓，将切草导板卸下。

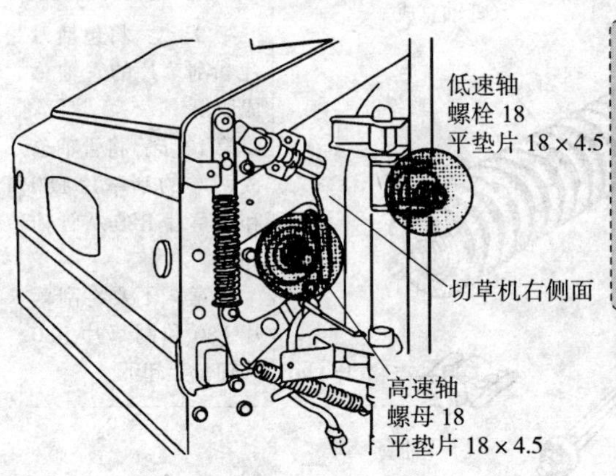

第 6 步：将切草机右侧面的高速轴的螺栓松开。

第 7 步：将切草机右侧面的低速轴的螺母 18（2 个）和平垫片 18×4.5 拆下。

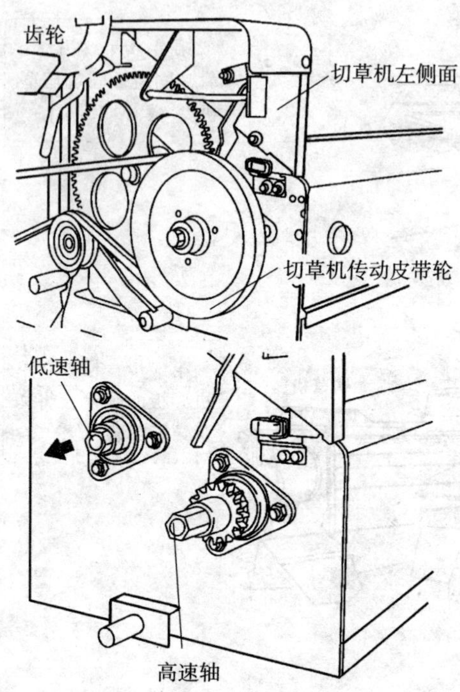

第 8 步：将切草机左侧面的切草机转动皮带轮和齿轮卸下，将低速轴拔出。

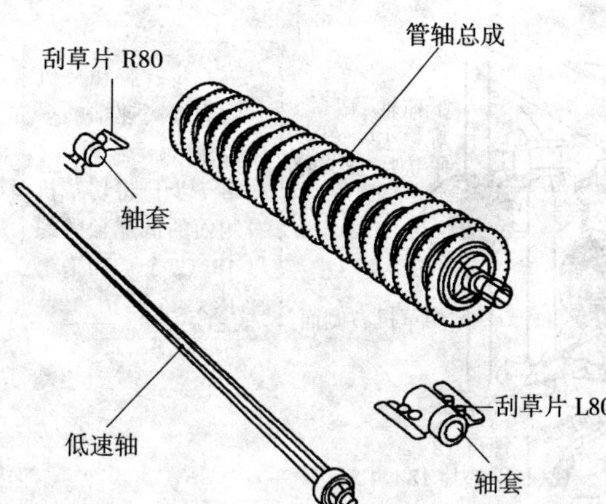

第 9 步：将包括刀片和刮草片的管轴总成取出。

第 10 步：将管轴总成两端的刮草片 L80 和刮草片 R80 从管轴卸下。

注意：不要将刮草片 L80 和刮草片 R80 从轴套上卸下。

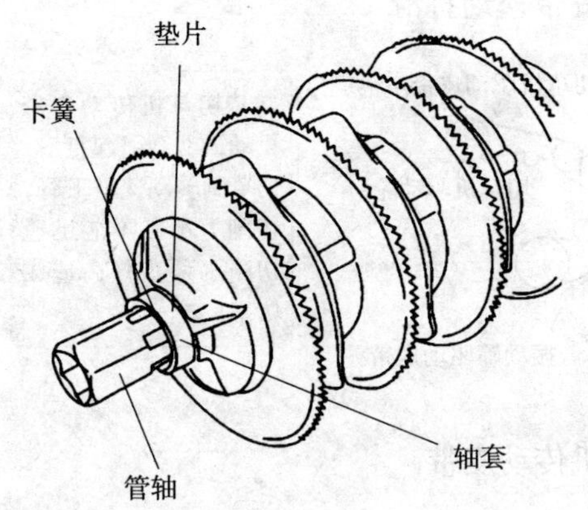

第 11 步：拆下固定刀片的卡簧 S30，然后分解。

第 12 步：在更换刀片后，按切草刀片的组装图，进行安装。

第 13 步：将切草机从打开状态复原。

（1）刀片以齿轮侧开始组装。在更换刀片后，轻轻转动，确认高速刀和低速刀没有碰撞。高速刀和低速刀之间的间隙以 3～5 毫米为最佳。刀的间隙调整通过高速轴的垫片 40×306×1 进行。

（2）在安装刀片时，不要搞错正反，按原样安装。

（3）可以将茎秆部侧和穗头侧的切草刀片和压盘调换位置使用，但要注意，在调整时，高速轴和低速轴的切草片和压盘必须同时交换，否则刀片会不吻合。另外，刮草片不要交换，装在原来的位置上。

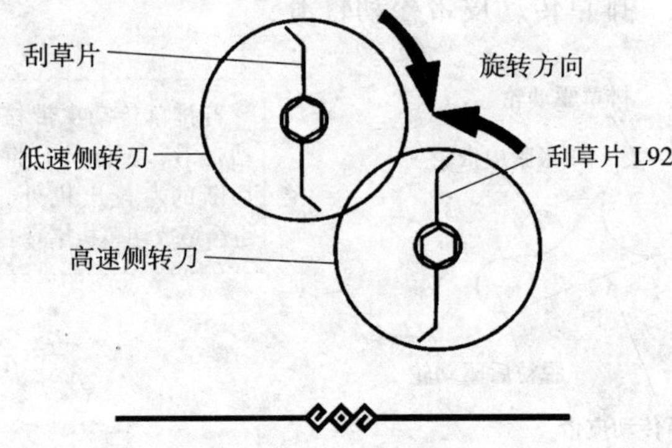

诊断二　切草机传动皮带松动打滑

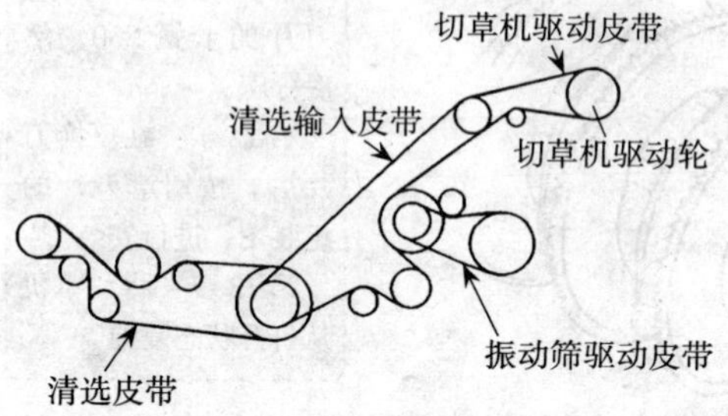

若切草机传动皮带松动，就会引起打滑，切草到转动速度下降，切割力小，不能迅速切断水稻茎秆，造成堵塞。

排除方法：张紧切草机传动皮带。

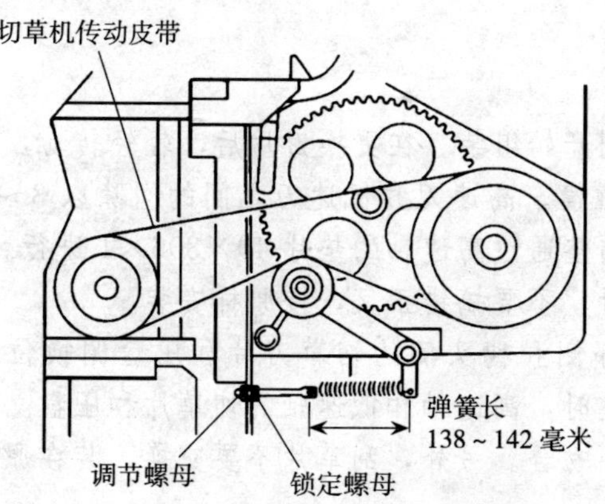

卸下后侧板，调节张紧螺栓，使张紧弹簧长达到 138~142 毫米。

诊断三　排草传动皮带松动打滑

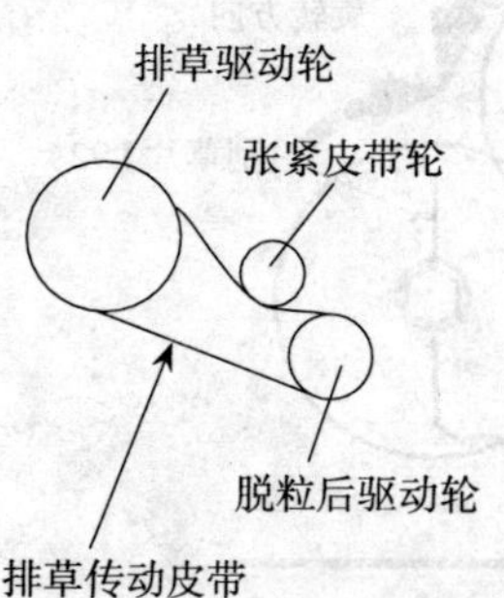

若排草传动皮带松动打滑，不能及时将切断的草排出机外，也会造成切草机堵塞。

排除方法：张紧排草传动皮带。

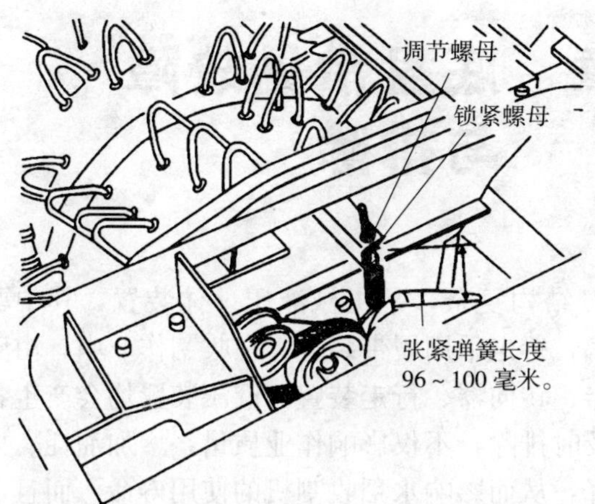

第 1 步：完全打开脱粒室。

第 2 步：松开锁紧螺母，拧紧调节螺母，调节张紧弹簧长度为 96~100 毫米。

第 3 步:用锁紧螺母固定。

诊断四　喂入量过大

作业速度快，或者作物密度过高，使喂入量过大，进入切草机的稻草来不及切断，从而造成切草机堵塞。

排除方法：适当降低作业速度或减少割幅。

第六章　底盘常见故障与排除

水稻收割机的底盘结构复杂，是机械液压一体装置，其中驱动、转向采用液压技术，行走采用履带装置。在收割作业中，由于工作条件恶劣，变速器、转向器、行走装置、液压装置均会产生各种各样的故障，若不及时排除，不仅影响作业质量，增加油耗、机械磨损，传动效率下降，从而影响水稻收割机的使用寿命，而且可能造成操作失灵，甚至现作业事故。

水稻半喂入式履带收割机主要故障有行驶困难、转向失灵、履带磨损异常、行驶跑偏、制动失效等常见故障。

一、行驶困难

1. 故障现象

操纵水稻收割机的变速手柄和副变速手柄时，收割机不能前进行驶或行驶缓慢。

2. 故障原因

行驶困难的故障原因与排除方法

故障原因	排除方法
主、副变速手柄使用不当	正确使用主副变速手柄
发动机转速过低	升高发动机转速
主变速器缺油	添加主变速器液压油
HST 滤清器或吸油滤网堵塞	更换 HST 滤清器或吸油滤网
HST 驱动皮带打滑	调节 HST 驱动皮带的张紧度
副变速器未挂上挡位	维修副变速器
履带脱轮	调节履带的张紧度

3. 故障诊断与排除

诊断一 主、副变速手柄使用不当

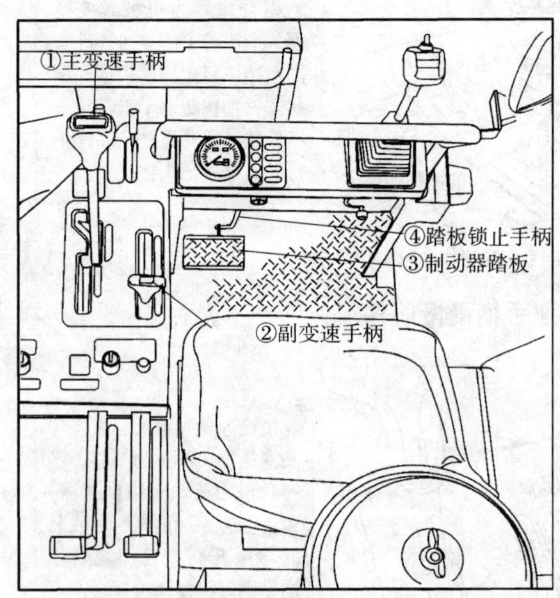

主、副变速手柄不会操作，无动力传递到驱动履带。

排除方法：正确使用主副变速手柄。

第 1 步：先将主副变速手柄置于“N”位置。

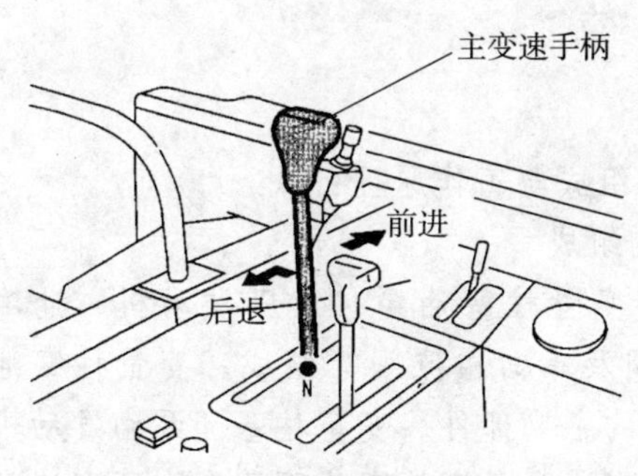

当主变速手柄置于“N”位置，即空挡位置时，主变速器（SHT）无压力差，无液压油输给液压发动机，此时水稻收割机处于停机状态。

第 2 步：将副变速手柄从“N”挡置于适合的挡位。

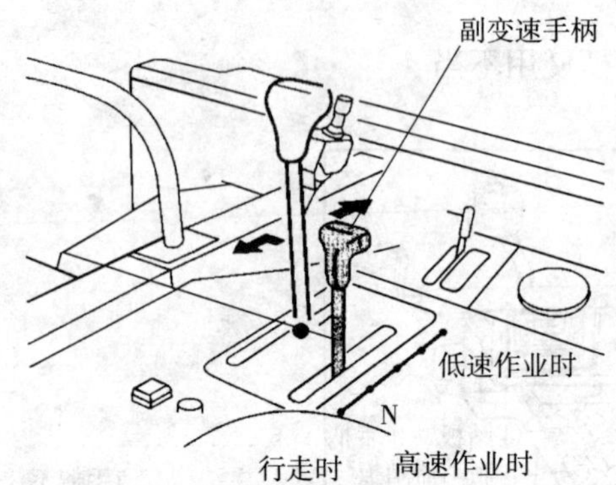

副变速器为机械式变速器，有3个挡位：低速挡、高速挡、行走挡。根据作物状态，如稀疏、干湿等请选择低速挡或高速挡。在路上行驶时选择行走挡。

第3步：将主变速手柄慢慢前移。

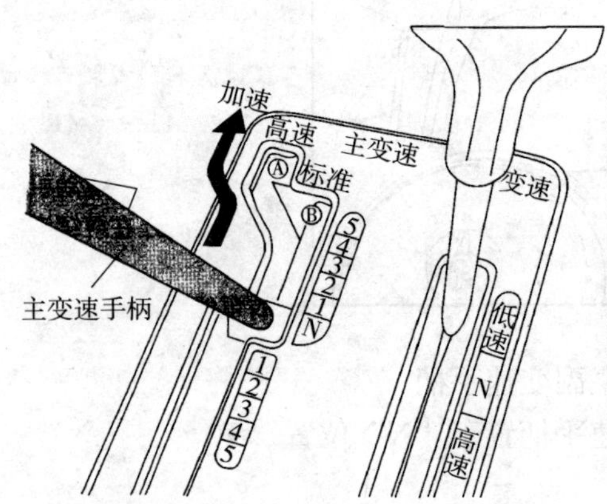

主变速器一般为静液压转动变速器，又称为HST，是一种液力驱动无级变速器，当主变速手柄前推时，油泵的转速升高，输出流量增加，则液压发动机就会产生更大扭矩，驱动副变速器高速转动，使水稻收割机加速行驶。

主、副变速器（HST）的组成与工作原理：

(1) HST主变速箱的结构组成

主变速箱主要由输油泵、变量柱塞油泵、液压发动机、油冷器、HST滤芯、高低压溢流阀及单向溢流阀等组成。变量柱塞油泵和液压发动机是主变速箱中的主要部件。变量柱塞油泵由发动机飞轮端皮带轮驱动，其流量随配流盘角度的变化而改变。而配流盘角度受主变速手柄控制。变量柱塞油泵吸入低压油，排出高压油，将机械能转化为液压能；而液压发动机则吸入高压油，排出低压油，将液压能还原为机械能，并通过输出轴将扭矩传递给行走系统。输油泵在行走中立、减速慢行和空挡位置时起冷却油泵的作用，而在加速换挡时向油泵、液压发动机内部循环补充液压油。

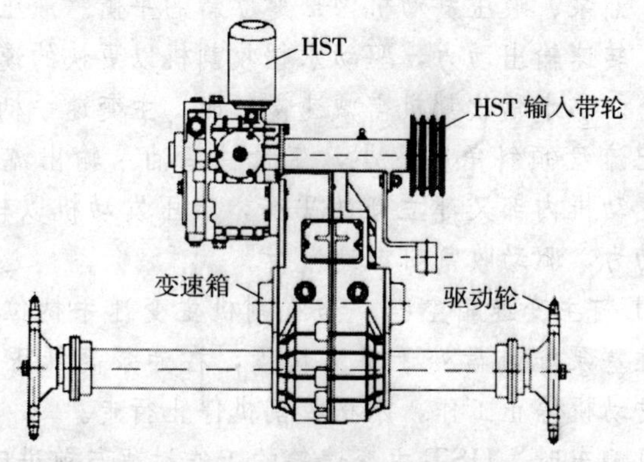

HST 主变速箱的结构组成

(2) HST 主变速箱的工作原理

①行走中立（主变速手柄的位置不变）。当主变速手柄位置不变时，变量柱塞油泵的吸油管与液压发动机而出油管相连，而变量柱塞油泵的出油管与液压发动机的进油管相连。这样液压油在油泵和液压发动机内部循环。此时液压油在油泵和液压发动机内部达到平衡，液压发动机向行走系统输出扭矩和转速不变的动力，驱动收割机在稳定的速度下行走。

输油泵和变量柱塞油泵一样由发动机飞轮皮带轮驱动，从油管经吸油滤网吸油，产生的压力油经 HST 滤芯的滤清后，到达低压溢流阀和单向溢流阀。

当 HST 主变速箱处于行走中立位置时，输油泵输出的低压油打尹低压溢流阀，而进入 HST 主变速箱箱体，在箱体油管内部循环后将热量带走，经油冷器冷却后回到油箱，从而保证 HST 是主变速箱能在合适的温度条件下工作，此时输油泵起冷却油泵的作用。

②加速。当水稻收割机需加速时，主变速手柄前移，变量柱塞油泵配流盘背离中立方向倾斜，角度增大，此时变量柱塞油泵输出流量加大，破坏了油泵和液压发动机之间已建立的平衡，单向溢流阀一侧的油压降低，单向溢流阀两侧产生的压力差使单向阀开启补充液压油，油泵、液压发动机内部建立新的平衡。液压发动机以更大的扭矩、转速输出动力，驱动水稻收割机以更快的速度前进。

③减速。当水稻收割机需减速慢行时，主变速手柄后移，变量柱塞油泵配流盘倾斜角度变小，变量柱塞油泵输出流量减小，油泵、液压发动机内部又建立新的平衡，液压发动机以较小的扭矩、转速输出动力，驱动收割机低速慢行。

④HST 钉主变速箱空挡。当收割机主变速手柄位于空挡位景时，变量柱塞泵配流盘处于中立位置，在油泵高低压腔间无压力差，液压发动机停止工作，水稻收割机停止行走。

收割机倒车时，HST 主变速箱的工作过程与前进时相同。

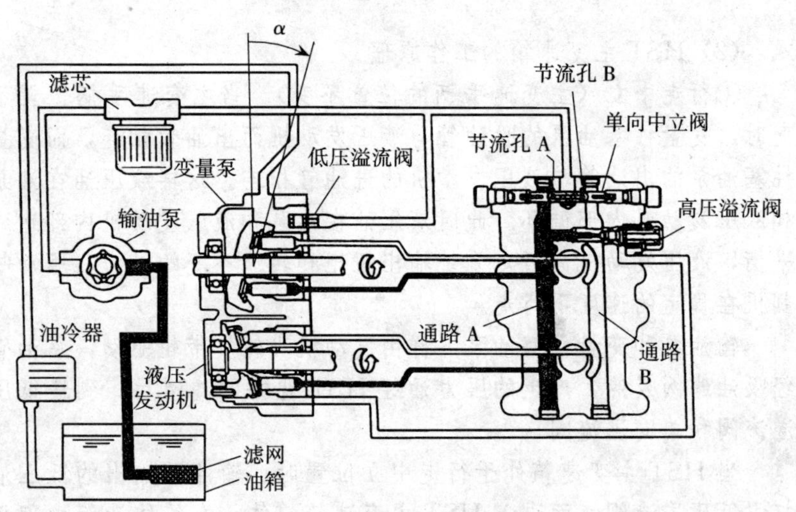

HST 主变速箱的工作原理

(3) HST 主变速箱使用注意事项

①进行变速换挡时应柔和，严禁猛烈地加速、制动。

②经常清扫油冷器上积尘，防止油温过高。

③按规定时间更换 HST 滤芯。

④严禁将不同型号的液压油混合使用。

⑤柴油发动机转速在2 000转/分钟以上才能操作主变速手柄。

诊断二　发动机转速过低

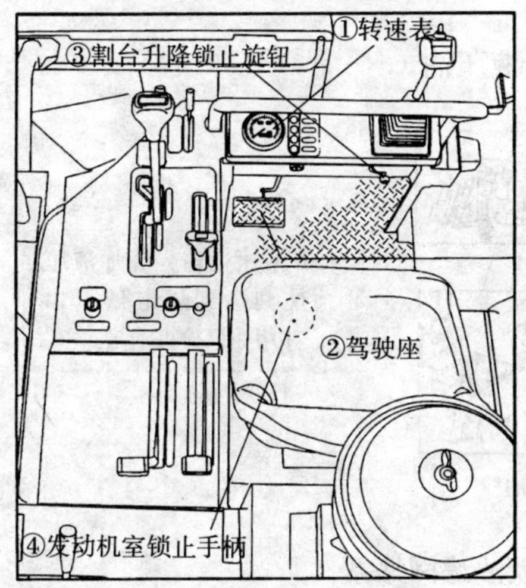

若发动机转速过低，发动机驱动主变速器油泵转速就低，输出的流量不能驱动液压发动机的静止阻力。

排除方法：升高发动机转速。

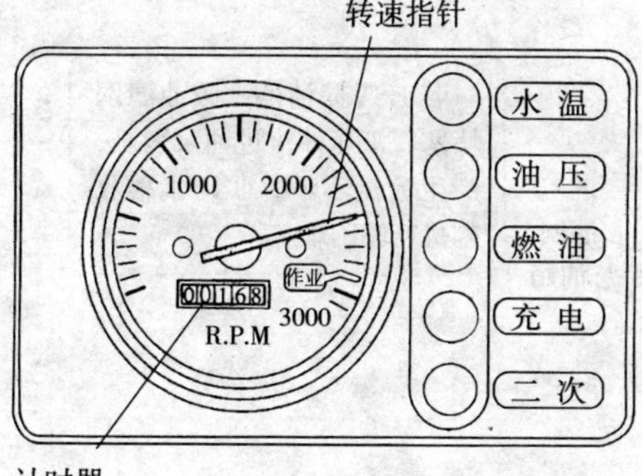

发动机转速必须升高到2 500 转 / 分钟，才能产生足够的驱动力，来驱动主变速器的油泵。

诊断三　主变速器缺油

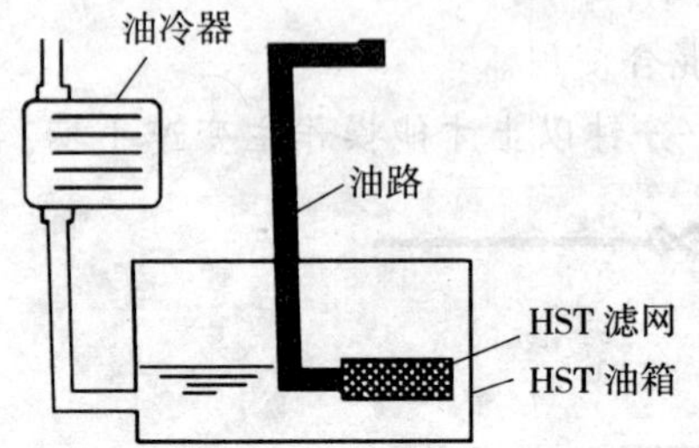

主变速器（SHT）是一种全液压变速器，完全靠液压油的流量大小来驱动液压发动机转动。若主变速器液压油不足，则液压油泵就不能产生足够的流量，则水稻收割机行驶就困难。

排除方法：添加主变速器液压油。

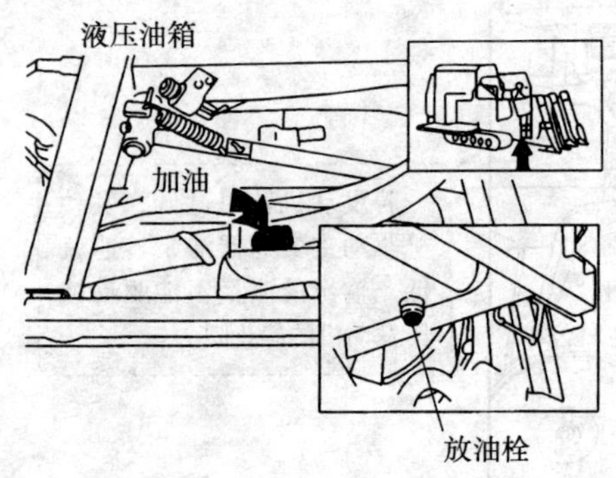

打开液压油箱，添加液压油，使其达到规定量（14升），并用油尺检查油量。

诊断四　HST 滤清器或吸油滤网堵塞

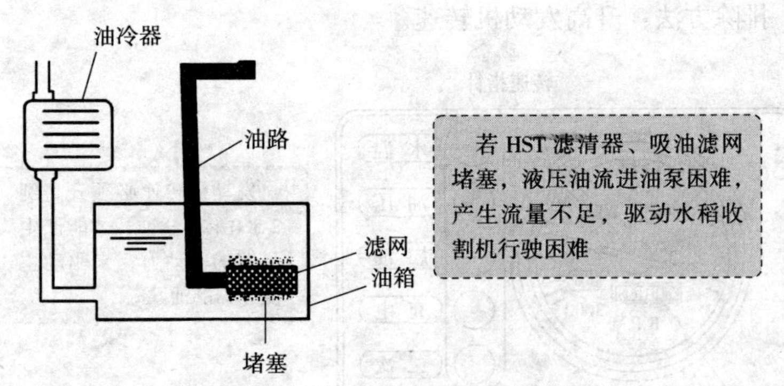

若 HST 滤清器、吸油滤网堵塞，液压油流进油泵困难，产生流量不足，驱动水稻收割机行驶困难

排除方法：更换 HST 滤清器或吸油滤网。更换 HST 滤清器

和 HST 液压油方法如下：

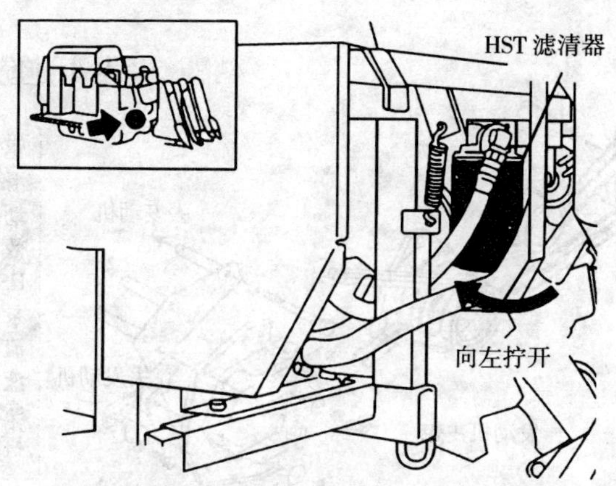

第 1 步：从液压油箱下部放油塞放出液压油。

第 2 步：向左拧开并拆下 HST 滤清器。

第 3 步：在新的 HST 滤清器的橡胶环上薄薄涂一层液压油，然后将 HST 滤清器装到安装位置。

第 4 步：拆开液压油箱盖，加至规定值（14 升）。

第 5 步：更换后，空转发动机数分钟，然后停下发动机，在用油尺检查一次油量。

（1）HST 滤清器与 HST 液压油必须同时更换。

（2）HST 滤清器与 HST 液压油的更换周期是每 400 小时。

（3）必须检查滤清器安装面是否有漏油、渗油。

（4）HST 滤清器（筒型）必须使用纯正品。

擦干净机体上沾附的液压油，保持液压油箱加油口盖上的通气孔的畅通。

诊断五 HST驱动皮带打滑

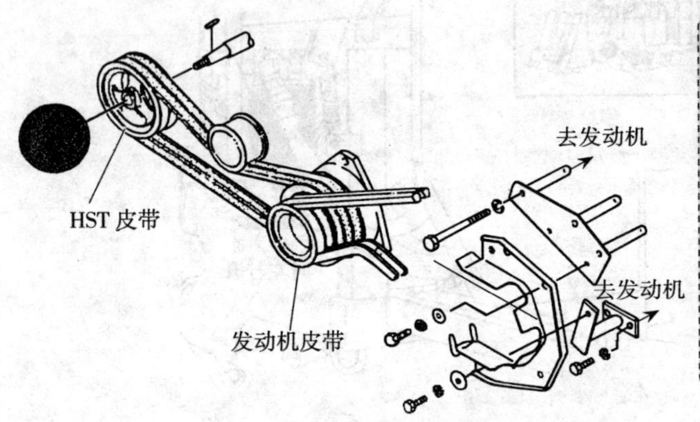

若HST的驱动皮带打滑，发动机的动力就不能有效地传递到HST的液压油泵，油泵产生流量又能驱动液压发动机，所以水稻收割机行驶困难。

排除方法：调节HST驱动皮带的张紧度。

第1步：打开发动机室，拆下侧盖和脚踏板。

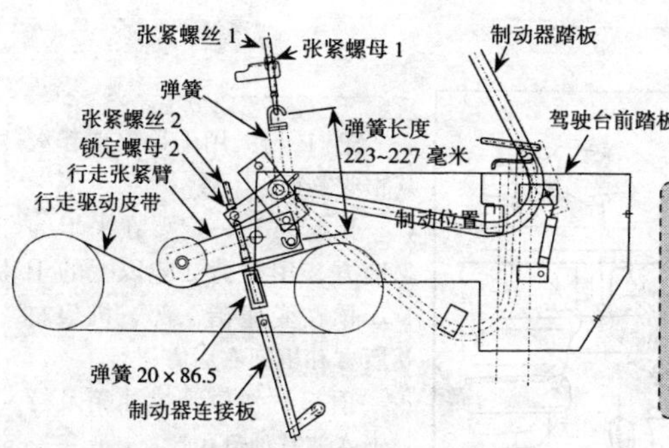

第 2 步：松开锁紧螺母 1 用张紧弹簧螺丝 1 的调节螺母调节行走张紧弹簧长度为 223~227 毫米（弹簧螺旋部分长度 173~177 毫米），然后用锁紧螺母 1 固定。

诊断六　副变速未挂上挡位

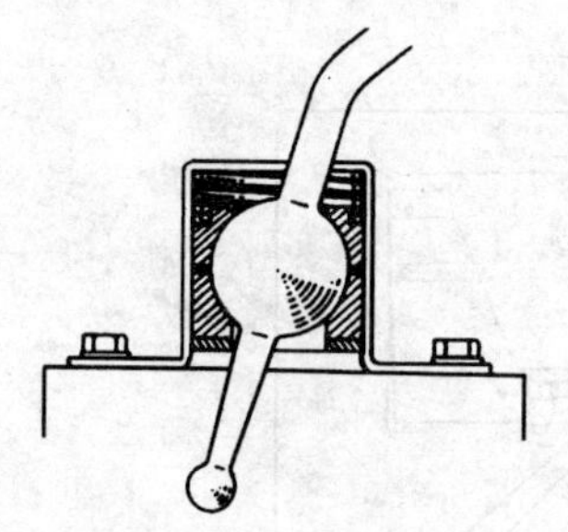

副变速手柄的拨叉磨损、副变速器花键轴磨损、副变速器各滑移齿轮花键孔磨损过大，从而导致滑移齿轮滑移困难，造成挂挡困难或挂不上挡，即副变速器不能正常工作，导致水稻收割机不能前进。

排除方法：去维修站维修副变速器。

诊断七　履带脱轮

履带调节不当，过于松动，其张力不够，使履带脱离其驱动轮和支承轮，导致水稻收割机无法行驶。

排除方法：重新调节履带的张紧度。

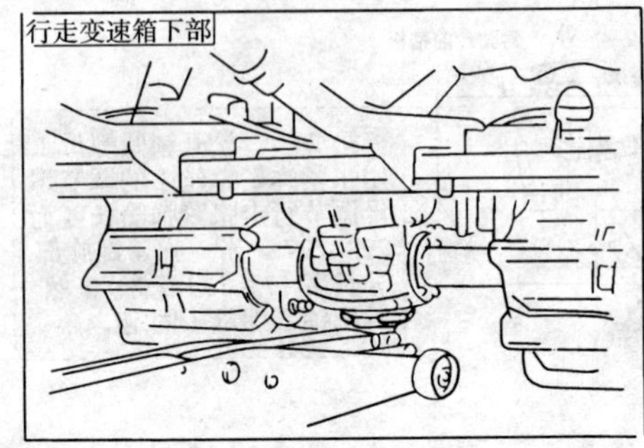

第 1 步：用千斤顶顶起水稻收割机。

顶起时，一定要在平坦的地方，用载荷 2 吨以上的千斤顶在变速箱下部、机架左后方和机架右后方进行。

顶起时勿顶到燃油箱及行走变速其他部位。

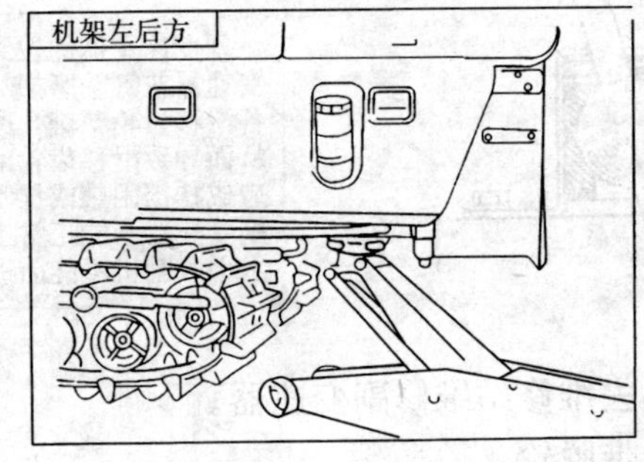

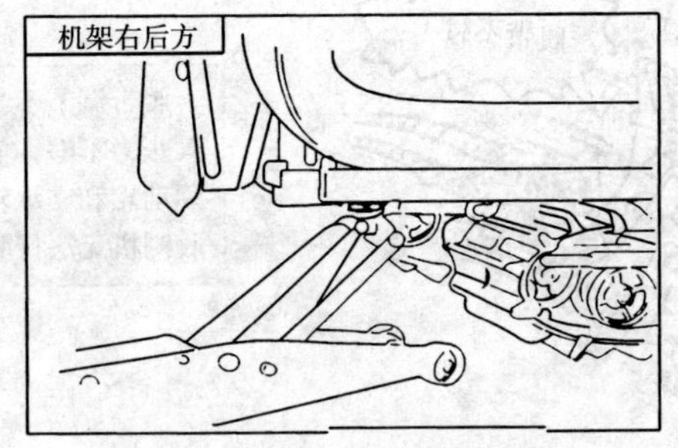

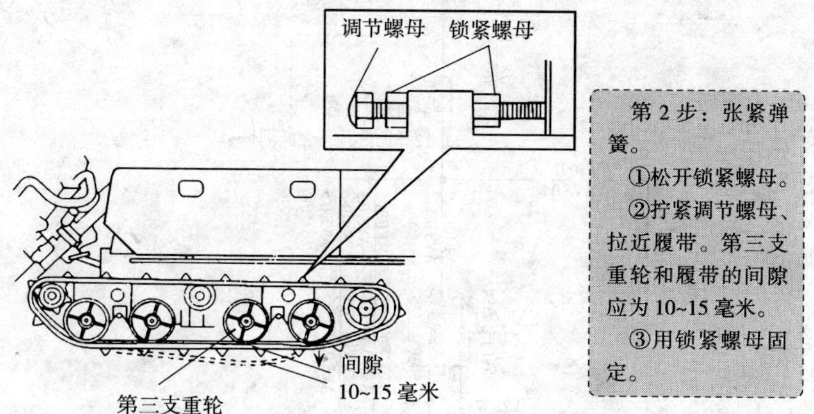

第 2 步：张紧弹簧。

①松开锁紧螺母。

②拧紧调节螺母、拉近履带。第三支重轮和履带的间隙应为 10~15 毫米。

③用锁紧螺母固定。

二、转向失灵

1. 故障现象

操纵水稻收割机转向时，不能按要求转向，或转向缓慢。

2. 故障原因

转向失灵的故障原因及排除方法

故障原因	排除方法
转向控制电路短路或断路	排除短路或断路
转向油缸与转向拔叉之间空隙过大	调整转向油缸与转向拔叉之间的间隙
转向离合器打滑	检修转向离合器
履带松动	调整履带的张紧度

3. 故障诊断与排除

诊断一　转向控制电路短路或断路

半喂入式水稻收割机采用液压转向，其液压油缸吸进油量由转向电磁阀控制，而转向电磁阀由转向开关控制。若整个转向控制电路有断路或短路，转向控制失效，水稻收割机就不能转向。

排除方法：排除转向控制电路的短路或断路。

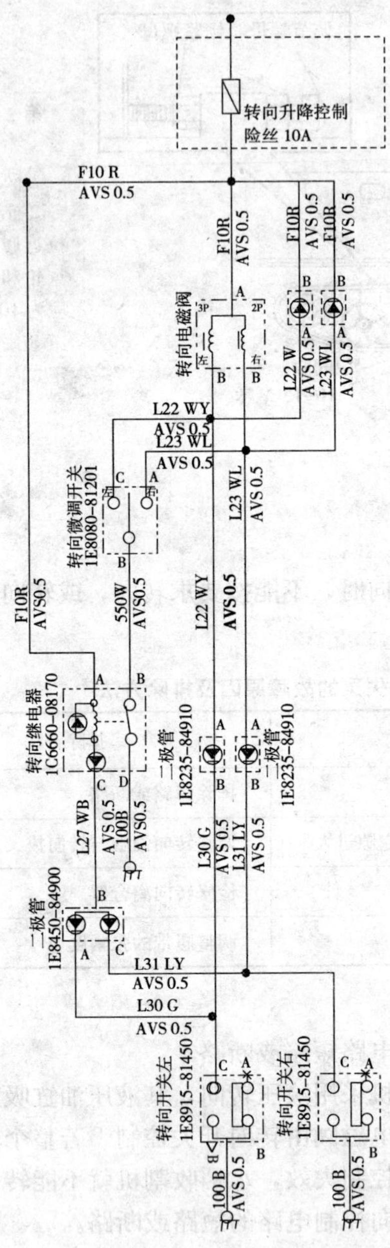

转向升降控制
险丝 10A
F10 R
AVS 0.5
F10R
AVS 0.5
转向电磁阀
3P
2P
左
右
L22 W
AVS 0.5
L23 WL
AVS 0.5
L22 WY
AVS 0.5
L23 WL
AVS 0.5
转向微调开关
1E8080-81201
550W
AVS0.5
F10R
AVS0.5
L22 WY
AVS 0.5
转向继电器
1C6660-08170
二极管
1E8235-84910
二极管
1E8235-84910
L27 WB
AVS 0.5
100B
AVS0.5
L30 G
AVS 0.5
L31 LY
AVS 0.5
二极管
1E8450-84900
L31 LY
AVS 0.5
L30 G
AVS 0.5
转向开关左
1E8915-81450
转向开关右
1E8915-81450
100 B
AVS 0.5

转向控制电路图

（1）检查转向升降控制保险丝（或主操纵手柄保险丝）

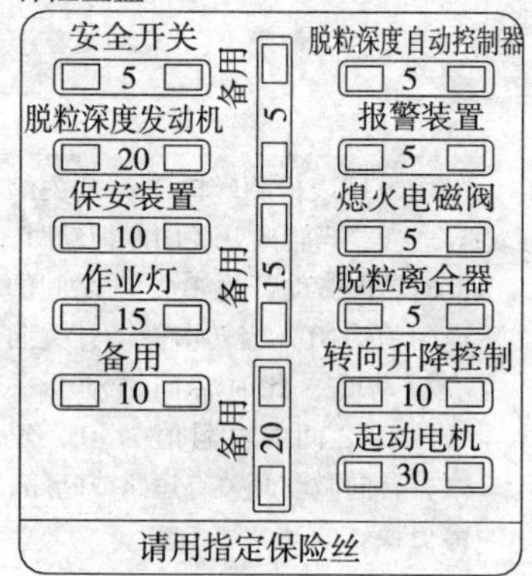

转向升降控制保险丝给整个转向控制电路和割台升降提供电源，若保险丝熔断，即断路，则转向控制失效。

（2）检查转向开关

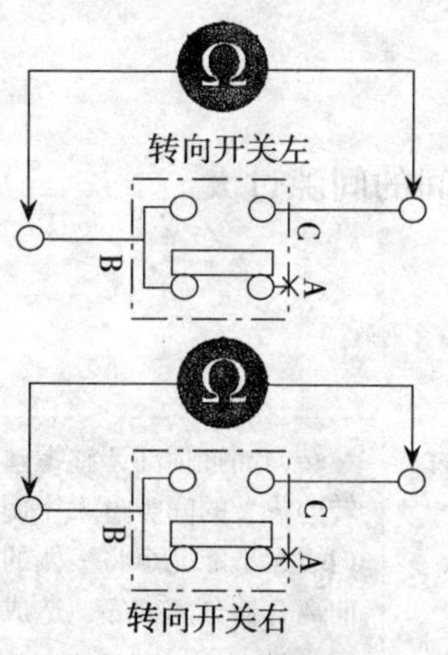

用万用表的电阻挡检测左转向开关、右转向开关的导通性。当主操纵手柄不动时，其电阻值为无穷大；当主操纵手柄向左或向右扳动时，开关导通，其电阻值为 0，反之，则转向开关有断路或短路故障，需更换。

（3）检查转向电磁阀

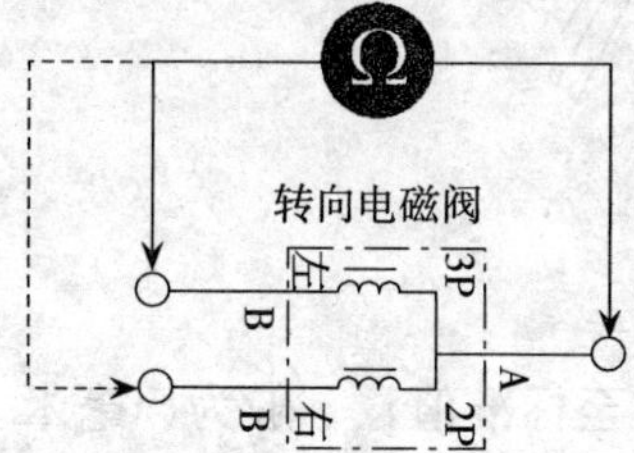

拔下左右转向电磁阀插头，检测左右电磁阀的阻值，两个电阻值均为 25 欧姆，若电阻值为 0 或无穷大，表明转向电磁阀短路或断路，需要更换。

（4）检查转向微动开关

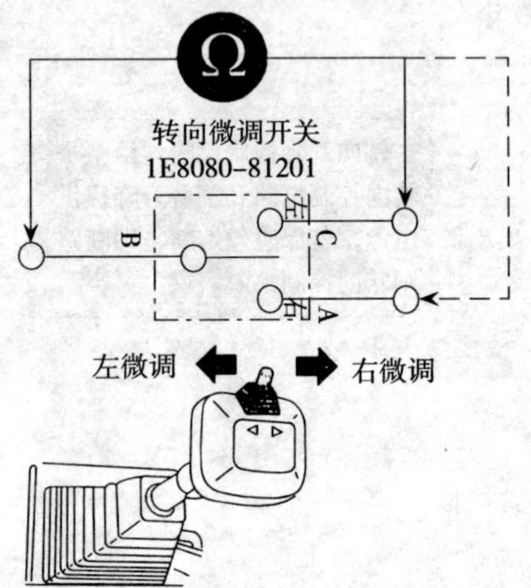

用万用表检测转向微动开关的导通性，当转向开关向左扳动时，此时转向微动开关 B、C 之间的电阻值为 0；当转向微动开关向右扳动时，此时转向微动开关 A、B 之间的电阻值为 0，反之，转向微动开关有短路或断路，需更换。

诊断二　转向油缸与转向拔叉之间的间隙过大

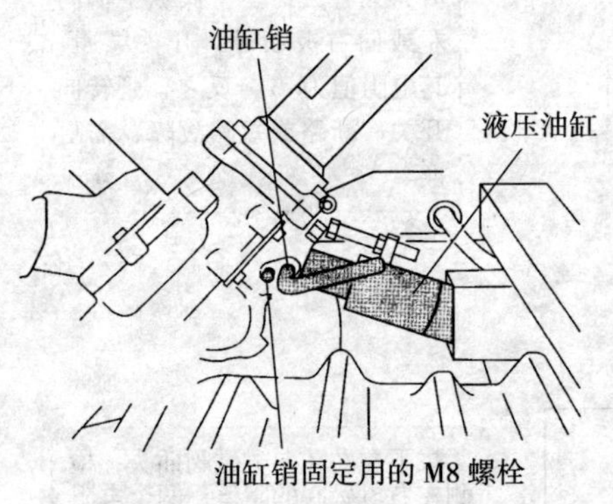

转向油缸顶部调整螺丝与转向拔叉的间隙过大，使转向拔叉不能完全将一侧的转向离合器分离彻底，造成转向困难。

排除方法：调节转向油缸间隙至标准值，一般为 5 毫米。

诊断三　转向离合器打滑

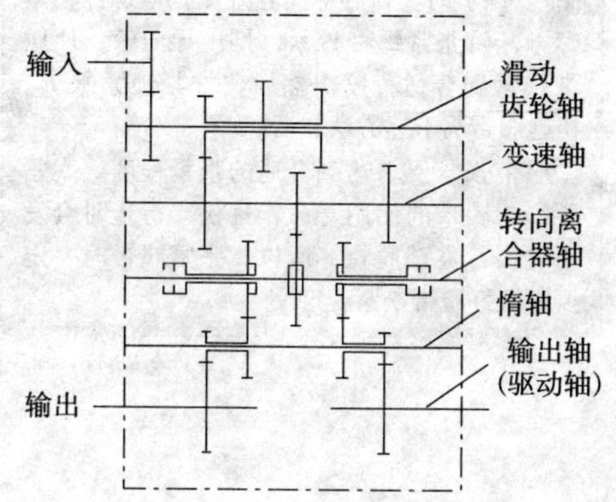

若转向离合器打滑，从副变速器传来的动力就不能有效地传递到驱动轮上，即降低水稻收割机前进速度，又影响转向，甚至烧坏转向离合器。

排除方法：更换相应部件，排除离合器打滑。

转向离合器打滑的主要原因：

①被动摩擦片在铆接时，铆钉头下沉不够，工作一段时间后铆钉头突出外露。

②转向离合器大小弹簧力不足，自由高度不够，低于极限值。

③在修理中，操纵杆自由行程调整过小，主、被动片装配时组合厚度过小，或者转向离合器进油。

诊断四　履带松动

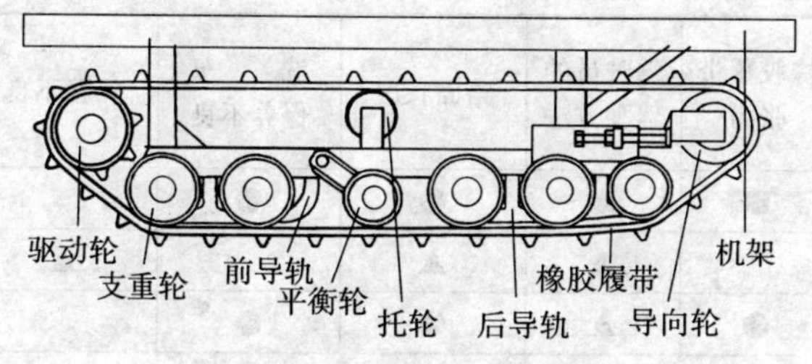

若履带松动，驱动轮驱动履带可能打滑，造成转向困难。

排除方法：调节履带的张紧度

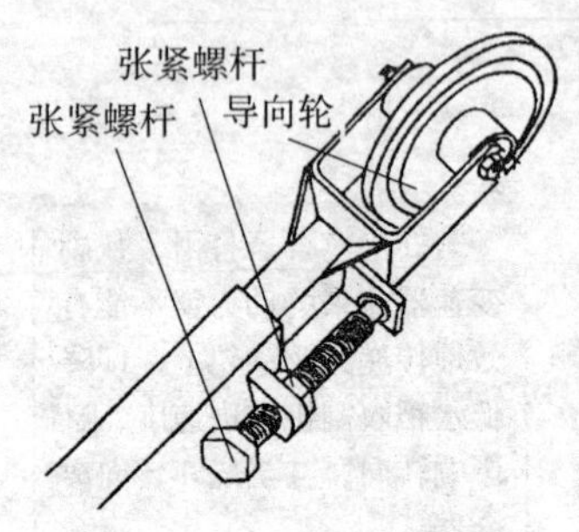

行走轮系主要有履带张紧程度的调节（见图）。调节时，松开导向轮外侧张紧螺杆锁紧螺母，将张紧螺杆拧紧，推出导向轮，使履带张紧到合适程度。然后，拧紧锁紧螺母。松弛履带与上述方法相反。

履带张紧要求达到合适的张紧程度。太紧要影响履带的使用寿命，过松，行走时会发生跳齿，甚至脱轨，所以，张紧履带时一定要掌握好履带松紧程度。

三、履带磨损异常

1. 故障现象

水稻收割机履带出现芯铁磨损折断、花纹损伤、内侧损伤、外侧损伤、钢丝帘线切断等异常损坏现象。

2. 故障原因

履带磨损异常的故障原因与排除方法

故障原因	排除方法
使用不当	加强水稻收割机的驾驶训练
履带张紧过紧或过松	调节履带张紧度至正常值
履带保养不当	经常检查履带

各种履带磨损现象及其原因分析

原因 损伤各故障	橡胶履带张力	驾驶员的驾驶方法	路面状况	洗车保养不良	保管不良
芯铁磨损折断、脱落	●	▲	●	●	
花纹、突起部损伤		▲	▲		▲
履带内外侧损伤	●	▲	●	●	
转动部疲劳破坏		▲	▲	▲	
钢丝帘线切断	●	▲	▲		

（续）

损伤各故障＼原因	橡胶覆带张力	驾驶员的驾驶方法	路面状况	洗　车保养不良	保管不良
驱动轮磨耗	▲	▲	●		
支重轮、导向轮磨耗		●	●	●	
牵引力不足	●				
覆带脱轮	▲	▲	●		

注：▲-最有关系　●-有关系

3. 故障诊断与排除

诊断一　使用不当

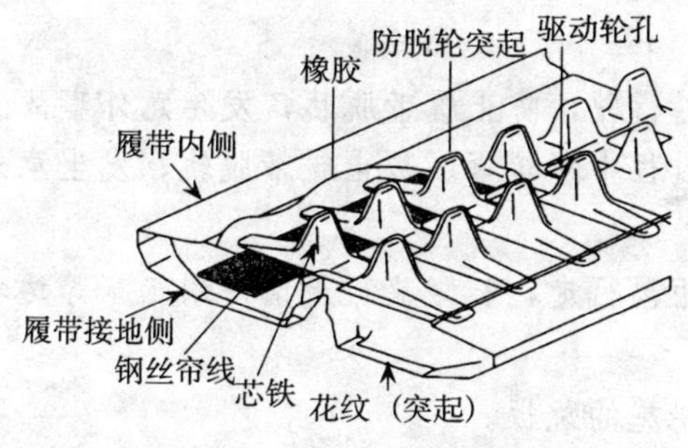

水稻收割机履带早期磨损，主要原因是机车操作不当所致，使履带瞬时应力集中，导致履带损伤、损坏。

- 在台阶或田埂边缘摩擦行走

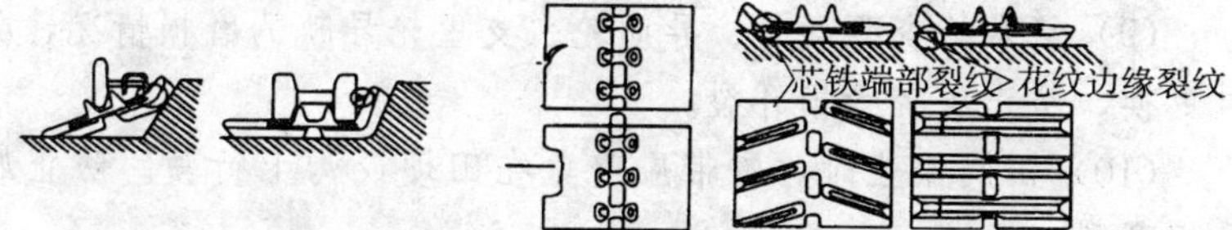

- 过桥式行走

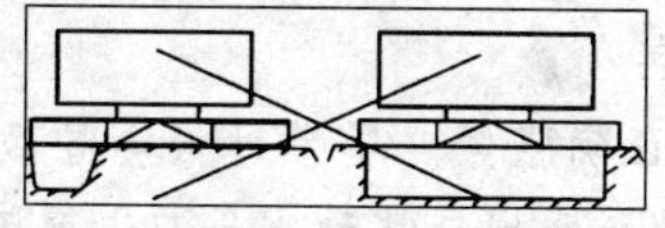

● 在有锐利突起（如钢筋、石块等）的路面行走

排除方法：加强水稻收割机驾驶训练。

在驾驶水稻收割机时，为了延长履带的使用寿命，应注意以下操作要点：

（1）使用温度－20～55℃。

（2）化学药品、油、海水的盐分会损坏履带。

（3）禁止强行爬台阶或过深坑。过台阶或深坑时，应用土或木块垫平。

（4）禁止在坡路上倾斜行驶，防止履带脱轨，发生意外事故。

（5）禁止在高速行走过程中急转弯。防止履带脱轨，发生意外事故。

（6）禁止在道路上长距离行走，长距离行走请使用卡车等运输工具。

（7）禁止使用无防滑措施的跳板。

（8）经常检查履带张力是否合适，以便及时调整，否则加速驱动轮及履带芯铁的磨损。

（9）经常检查驱动轮、导向轮、支重轮导轨的磨损情况，必要时更换，防止履带受损开裂。

（10）田间作业时，履带应避免在田埂或沟上行驶。防止履带受损开裂。

（11）如果有泥土、杂草缠进履带行走部，应及时清除，否则将增加行走阻力，降低功率，而易引起履带开裂、内侧划伤、驱动轮早期磨损。

（12）履带必须正确张紧。履带过松会导致脱轨，履带过紧会导致履带张断。驱动轮磨损异常时，会勾出履带铁芯，导致履带损

坏，如上图所示。

(13) 在使用过程中，履带会出现水虫、凸纹处裂纹，边缘开裂等现象，若未见履带铁芯、钢丝则可继续使用，若已见铁芯、钢丝则及时更换履带。

诊断二　履带张紧过紧或过松

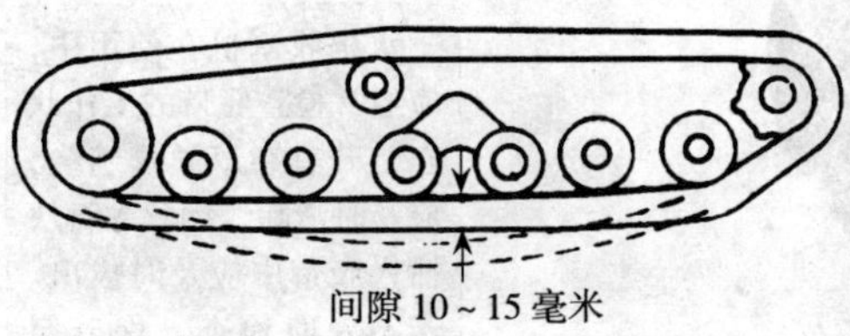

张紧力过紧（10 毫米以下时），履带产生非常大的张力，导致伸长，节距发生变化，在个别地方产生高面压，造成芯铁和驱动轮异常磨损，严重时造成芯铁折断或被磨损的驱动轮勾出。

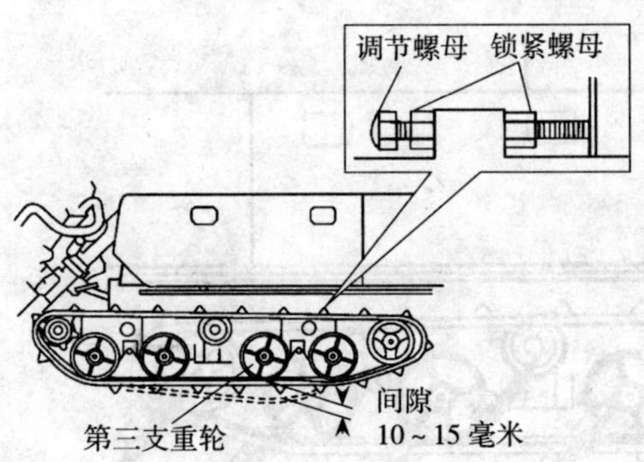

张紧力过松（15 毫米以上时），导致驱动轮脱轮，导向轮、承重轮骑齿，严重时刮托带轮及车板，造成芯铁脱落。会使驱动轮、导向轮间咬入硬物，拉断钢丝帘线。

排除方法：调节履带的张紧度至正常值。

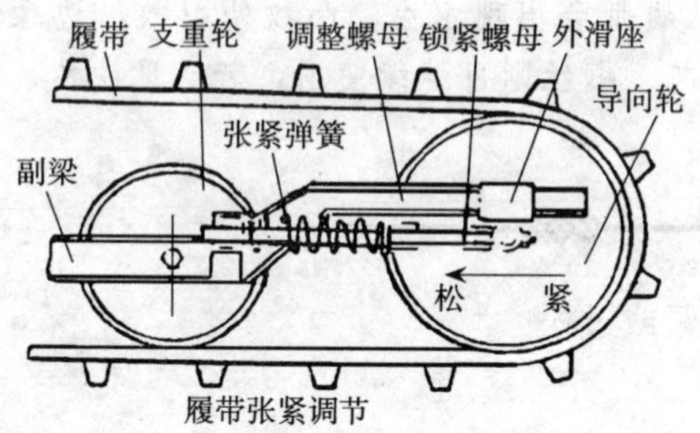

履带张紧调节

调整时，先将锁紧螺母松开，拧动调节螺母，可改变张紧轮张紧力，使履带张紧，然后将锁紧螺母锁紧。调整过程中，应注意同一条履带的左右弹簧应同时调整，发现履带过松应随时调整，以免造成脱轨。

诊断三　履带保养不当

水稻收割机在使用中，应经常检查履带的工作状态，若有杂草异物缠绕，应及时清除，钢丝、石块插入履带中应及时拔出。若不及时检查、保养履带，履带就可过度磨损而失效。

排除方法：经常检查保养履带。

给履带各运动部件加注黄油

第七章　水稻收割机故障诊断案例

案例 1　稻粒溅出过多

1. 故障现象

某久保田水稻收割机在作业时产生了稻粒溅出超标的故障，造成了严重的损失和浪费。

2. 故障诊断

首先检查输送调节手柄，输送调节手柄的位置可能在“多”的位置，将其调节至“少”的位置，试车后故障仍未能排除；发动机转速偏高也可能造成稻粒溅出的故障，于是调节发动机转速，观察转速表，利用油门手柄调节发动机的转速，调节完成后故障仍然存在；于是怀疑是清选装置调整的不正确，风扇皮带轮调整的不适当，将清选控制手柄向低方位扳动，把限制盘从中间的鼓风轮上卸下，安装在外面的轮上，减少风扇的转速，风扇转速减小以后，故障消失。

3. 故障排除

按照以上方法，调节风扇的转速，故障排除。

此外，如仍不见效果，可调节风力控制板。风力控制板在风扇的左右两边，应从左向右调整，开最小时低速，开最大时高速。

案例 2　收割机有噪音，且作业效率低

1. 故障现象

某韩国 TC1710L 型水稻收割机在作业时有噪声，且作业效率

明显过低。

2. 故障诊断

开始先看输送调节手柄的位置，发现输送手柄在“多”的位置，即不是调整错误，是水稻收割机故障；由于滚筒转速较低或者水稻收割机前进速度太慢也会使收割机效率低，所以收割水稻的时候观察驾驶员的操作，发现油门踩得较大，前进的速度并不慢，说明不是驾驶员操作引起的故障；最后只能拆开水稻收割机进行检查，检查滚筒时发现脱谷筒里的弓齿磨损严重，应当更换脱谷筒弓齿。

3. 故障排除

更换脱谷筒弓齿，故障排除。

产生这种作业效率低的故障的原因可能是滚筒的转速偏低或收获速度偏低、输送调节手柄可能在“少”的位置、脱谷筒里的弓齿磨损严重等。

案例 3　脱粒不清

1. 故障现象

某东洋水稻收割机在作业时发生脱离不清的故障，脱粒不干净，影响收获水稻的质量。

2. 故障诊断

脱粒不清是水稻收割机作业中最常见的故障。首先观察驾驶员在操作水稻收割机，是直线作业（收割时保持直线作业，不能弯曲行驶收割，否则作物凌乱不齐而影响到脱粒净度）；在排除了人为原因造成的脱粒不清后，检查了脱粒齿，应保持脱粒齿单侧的厚度不小于 2.5 毫米，否则需换面或更新，脱粒齿顶与承受网的间隙应保持在 3～5 毫米，过大时会影响脱粒效果，需及时调整，检查发现其厚度或间隙在正常的范围内；又检查了脱粒室输送链条与导轨的间隙（应在 0～2 毫米，过大会使秸秆不能进入脱粒室），发现间隙远超出 2 毫米，应予调整。

3. 故障排除

调节脱粒室输送链条与导轨的间隙至正常范围（2 毫米以内），故障排除。

案例 4　割台堵塞

1. 故障现象

一台谷神水稻收割机在作业时发生了割台堵塞的现象，水稻秸秆无法进入脱粒室，无法进行后续脱粒等工作。

2. 故障诊断

割台堵塞是水稻收割机在作业中的常见故障。首先检查了被割水稻，被收割水稻可以收割（有利于收割的水稻应干燥，不能过湿、露水较多，作物高度在 55 毫米以上，否则容易使作物连根拔起，堵塞茎端链条，而且也不易脱粒），这样就排除了水稻不适合收割的问题；询问驾驶员，收割时是否直线行驶（收割时应尽可能保持直线行驶，因弯曲作业易使分禾器的分草杆将待收割的作物压倒变形，造成扶禾器输送时作物凌乱，发生堵塞），这样也排除了人为操作错误导致的割台堵塞；由于割刀损坏也会使割台堵塞，于是检查割刀，发现割刀并不锋利，磨损较严重，判定问题出在割刀上。

3. 故障排除

更换割刀，保持定刀与动刀的间隙在 0～0.5 毫米，每天收割结束后清除泥土、杂草，检查、调整、及时更换磨损的割刀，并定期保养割刀。

应注意割台堵塞时不能加大油门强行通过，这样极易使传动构件损坏，正确做法是迅速停机，用人工清除被堵塞的作物。

案例 5　启动故障排除

1. 故障现象

某东洋水稻收割机在启动时发生启动困难，无法启动，水稻收割机无法作业。

2. 故障诊断

水稻收割机启动故障很容易想到是启动电机故障。首先从蓄电池查起，闭合喇叭开关和灯系开关，喇叭响声正常，而且灯光的亮度也正常，说明蓄电池有电，且电力充足，不会导致启动困难；用万用表测试了启动电机接线柱间的电压，表上显示电压为12伏，说明启动电机也没有故障；由于蓄电池桩极接触不良，造成虚接，也会启动无力，所以要判断有无虚接，启动一下发动机，然后用手触摸桩极，桩极发热现象，说明有虚接现象，故障找到。

3. 故障排除

重新连接，确保蓄电池接触良好，故障排除。

案例6　离合器分离不彻底

1. 故障现象

某福田谷神水稻收割机在低速运转时，离合器踏板踏到底仍挂挡困难甚至挂不进挡，有时收割机只能缓缓前进；而且收割机空挡滑行时，发生摩擦片烧损，影响作业。

2. 故障诊断

刚开始以为只有离合器磨损导致的问题，空挡滑行时，离合器仍处于半离合状态，致使摩擦片长时间打滑，发生摩擦片损坏，于是拆开离合器，发现摩擦片已经磨损，于是对离合器摩擦片进行更换，更换、装复后试车，仍然挂挡困难；于是再拆开离合器进行仔细检查，发现离合器的自由行程、摩擦片轮毂内花键与一轴的外花键配合间隙等都没问题；最后想到可能是离合器弹簧压力发生变化，于是检查弹簧，果然在长时间使用后弹簧压力有变化。

3. 故障排除

更换离合器弹簧，重新装复后，故障排除。

此外，在摩擦片的热膨胀过大或离合器间隙没有考虑摩擦片的热膨胀时，新车磨合时表现不明显，在充分磨合以后反而产生分离不清现象。

案例 7　离合器打滑

1. 故障现象

某久保田 488 型水稻收割机行驶无力，收割机换挡加速时，车速不能随转速提高而增加，收割机在额定功率下作业动力明显不足，打滑时还会从离合器内发出烧焦的臭味。

2. 故障诊断

由于打滑时从离合器内发出烧焦的臭味，所以摩擦片可能已经损坏，于是更换摩擦片，装复后故障排除，但是时间不到一年，又发生了同样的状况。新摩擦片在较短的时间内损坏，于是怀疑可能是驾驶员操作不当引起，观察驾驶员操作水稻收割机时发现，驾驶员经常使离合器在半离合状态下行驶，而且有时在软地面强行挂挡加速，迫使离合器强行打滑，甚至起步时常用二、三挡起步。驾驶员的这种操作，容易使负载超过离合器最大扭矩，致使离合器打滑，摩擦片发生磨损。新换的摩擦片又磨损严重，应更换。

3. 故障排除

更换摩擦片后，铆紧压板，校正弹簧的抗疲劳强度。

在操作水稻收割机时，应尽量按照水稻收割机操作说明来操作，否则容易损坏水稻收割机，影响零件的使用寿命。

案例 8　传动机构堵塞

1. 故障现象

某谷神水稻收割机在工作时水平链传动输送机构被稻草缠绕造成阻滞，不能正常工作，链轮无法转动，链条弹跳打滑，造成堵塞“卡死”现象。

2. 故障诊断

这种故障有可能是水稻收割机本身设计的原因，也有调整不合适的原因。机构本身的缺陷影响所致。

由于输送机构采用开式链传动，链轮轮齿与链条啮合时极容易夹持稻草而引起缠绕，随着机构的运转，稻草越缠越多，最后“卡死”链轮。在稻草稠密、枯叶多的田块收割时这样情况更是经常出现。在割台位置稻草基本上是处于直立状态由链条齿拨动输送，当转过主动链轮到达脱粒喂入口时，禾穗一般被弯折成近 90°进入脱粒，由于弯折作用产生了一种影响输送速度的干涉阻力，加上此处间隙小，所以很容易造成堵塞。调整不合适是诱发故障的又一因素，检查链条，发现链条的张紧度不合适；后来又发现脱粒装置下方的弹簧夹持装置与链条之间的间隙不合适，由于链条张紧度或脱粒装置下方的弹簧夹持装置与链条之间的间隙不合适，使得稻草不能保持正常的直立状态输送，而是自由歪斜状态，如此便增加了被链轮、链齿棱角牵扯的机会，导致输送受阻，最终堵塞“卡死”。

3. 故障排除

在主动链轮轴（方形轴）外加装一个长度略短于上下两轮间距、直径约 4～5 厘米的套筒（用薄铁卷成），方形轴转动时套筒不与之同步转动，或转或停。如此可减少或避免稻草在此处缠绕，故障排除。

案例 9　割台不能提升

1. 故障现象

某小田鼠牌小型水稻收割机在作业时发生割台无法提升的故障。

2. 故障诊断

割台不能提升这类故障主要由于液压系统压力不足或完全无压力引起。首先检查液压油泵，检查发现有油输出，排除了油泵零件磨损严重或损坏；检查溢流阀溢油情况，将一个新的溢流阀更换到水稻收割机上，试车也无法消除工作，说明不是溢流阀出了问题；转向阀的损坏也有可能造成割台无法提升，所以可能是转向阀出了问题，检查转向阀发现转向阀管接头松脱。

3. 故障排除

拆下转阀总成，紧固转向阀管接头，装复后试车，故障排除。

出现液压系统的故障，主要原因是系统的压力油路和溢流回路短接或管路密封件严重泄漏、液压泵损坏、液压油太少、传动胶带打滑、油缸柱塞卡住等。

案例 10　割台无法下降

1. 故障现象

某久保田小型水稻收割机在收割作业时割台无法下降，导致其无法进行作业。

2. 故障诊断

割台不能下降主要原因是割台液压缸内油液不能回到油箱，液压缸柱塞卡滞。值得一提的是收割机割台下降采用液控单向阀，在发动机不转动或液压泵不产生高压油的情况下，无论如何转动操纵杆，都不会使割台下降。虽然这样较为安全可靠，但也会引起割台不能下降。

刚开始检查了转向阀，发现转向阀状况良好（转向阀轴中直角径向通孔未被杂质堵死），排除了转向阀的故障；后来检查液控顶杆时，发现液控顶杆变形。当操作手柄处于下降位置时，液控顶杆下方的高压油无法推动顶杆或者顶杆的升程不够，使单向阀不能打开，油缸液压油就无法通过单向阀回到油箱。

3. 故障排除

修理或更换液控顶杆，故障排除。

此外，单向阀卡滞变形、不能打开也会造成割台无法下降的故障，排除方法是拆开转阀总成，仔细检查，疏通孔眼观察顶杆，单向阀是否变形、卡滞，必要时，修换损坏的零件。

案例 11　转向不灵

1. 故障现象

某型号的水稻收割机在作业时无法转弯。

2. 故障诊断

首先怀疑是操纵装置调整不当引起，产生先制动、后分离转向牙嵌齿轮的现象，检查中未发现问题；检查制动器油封，也符合要求，并无磨损现象；又检查了中央齿轮内轴承、转向牙嵌齿轮齿面、转向拨叉脚、制动器壳体、驱动轴等，均无问题，但是变速箱轴承损坏，所以可能是轴承损坏造成的，应更换轴承。

3. 故障排除

更换变速箱轴承，故障排除。

此外，水稻收割机发生转向不灵的故障，一般有以下原因：

①操纵装置调整不当，产生先制动、后分离转向牙嵌齿轮的现象；

②制动器制动蹄磨损；

③制动器油封破损、泄油；

④中央齿轮内轴承损坏；

⑤转向牙嵌齿轮齿面磨损；

⑥转向拨叉脚磨损；

⑦制动器壳体破裂或驱动轴断裂、变速箱体破裂、变速箱轴承损坏。

应按相关的技术标准进行修理或更换。

案例 12 尾罩排草夹带籽粒较多

1. 故障现象

某谷神水稻收割机在工作过程中发生尾罩排草夹带籽粒较多的现象，排出籽粒的量明显超过了标准，损失过多。

2. 故障诊断

首先确定是否是谷物本身的原因造成，先检查了水稻，水稻并不潮湿，凹板未堵塞，作物的情况有利于收割；又检查排杂物搅龙上端橡胶刮板，发现磨损并不严重，且更换了新的橡胶刮板，但是故障未能排除；检查脱粒滚筒相关的皮带，没有松弛现象，滚筒转速也符合要求，加大发动机油门进行作业，还是有较多籽粒排出，说明并不是脱粒滚筒转速不够或发动机功率不足导致的故障；又检查了清选风扇，也没有问题；后来在检查尾筛时发现，尾筛过低，籽粒易被抖出清选室。

3. 故障排除

适当提高尾筛高度，直至故障排除。

案例 13　中央搅龙堵塞

1. 故障现象

某台州 130 水稻收割机在工作时发生了中央搅龙堵塞的现象，导致水稻无法进入进行脱粒等后续工作。

2. 故障诊断

在收割期间，有时水稻在中央搅龙前会出现作物堆积的现象，这主要是由于割台的三角死区（即割台台面、中央搅龙及拨禾轮三者之间的空间）太大造成的，使割刀切割下来的作物不能及时输送到中央搅龙附近，作物在割台台面上会越堆越多，这些作物同时进入到中央搅龙中引起堵塞。一方面容易损坏中央搅龙安全离合器、叶片和伸缩指，另一方面影响作业效率。此外，作物过于潮湿和倒伏时也易堵塞。

3. 故障排除

第 1 步：将拨禾轮尽量向后调整，以缩短弹齿和搅龙叶片之间的距离，但要保证弹齿与搅龙叶片的间隙在 5 毫米以上。

第 2 步：将拨禾轮向下调整，以提高拨禾轮的输送能力，这样切割下来的作物能被及时送到中央搅龙的工作区内，但要保证弹齿不能与护刃器相接触，以防损坏割刀和护刃器。

第 3 步：将中央搅龙向下调整，但要保证搅龙叶片与割台台面有 10 毫米的间隙，以防作物堵塞或损坏搅龙叶片。

第 4 步：伸缩指与割台底板的间隙调整为 5 毫米。

案例 14　滚筒堵塞故障

1. 故障现象

某型号的水稻收割机在作业时发生滚筒堵塞故障，致使水稻收割机无法脱粒。

2. 故障诊断

滚筒堵塞很容易想到是滚筒驱动力克服不了脱粒阻力导致不能脱粒，发生堵塞，于是加大油门进行作业，将油门踩到底，还是会发生滚筒堵塞现象；降低收割机的收获速度，使喂入量降低，也不能排除故障；于是怀疑是水稻收割机零部件出现故障，检查了传动皮带和张紧轮的调整螺母，没有发现皮带打滑和螺母松动的现象；后来检查水稻收割机内部时发现逐稿轮上下栅条位置调整不当，因间隙过小、秸秆不能迅速通过而引起滚筒堵塞。

3. 故障排除

调整逐稿轮上下栅条位置，上栅条与逐稿轮圆筒之间应有5～15毫米的间隙，下栅条与逐稿轮叶片顶的适宜间隙为30毫米。如果上栅条安装调整不当，工作中逐稿轮叶片就会刮带秸秆；下栅条位置调整不当，就不能起到对秸秆的导向作用，使滚筒不能向后流畅地抛出秸秆，因而引起堵塞。

产生这种故障的原因主要：

①油门太小。

②收割机作业速度过快，导致实际喂入量超过水稻收割机所能承受的喂入量。

③传动带打滑。

④作业离合器打滑，引起打滑的常见原因有摩擦片上沾有油垢、摩擦片磨损或损坏、离合器间隙调整不当等。

⑤滚筒转速调整不当。

⑥滚筒与凹板的间隙调整不当。

⑦逐稿轮上下栅条位置调整不当。

⑧栅状凹板被混杂物堵塞后，没有及时清除，使滚筒与凹板间隙越来越小，最后导致堵塞。

案例15　秸秆中含有部分籽粒

1. 故障现象

某水稻收割机排除的秸秆中含少部分籽粒，造成了收割损失过大现象。

2. 故障诊断

将水稻收割机拆开，检查各个主要工作部件，发现逐稿器内腔堵塞，作物碎秸把逐稿器上的波浪孔堵死，造成一部分籽粒无法下落，这部分籽粒无法进行后续的清选工作，只能随秸秆排除机外造成分离不净。

3. 故障排除

在保证脱粒干净的情况下，尽量降低滚筒的转速，放大滚筒与凹板的间隙，以防茎秆脱得过碎。及时清理逐稿器滑板上的杂物，也可以在每个逐稿器尾部的内腔中各安装一个皮带，逐稿器在运转过程时，皮带也随之跳动，从而将落下的物料推到清选机构中。

参 考 文 献

董克俭 . 2009. 谷物联合收割机使用与维护技术 . 北京：金盾出版社 .

黄允斌 . 2010. 收获好帮手——收获机械使用维修一本通 . 北京：机械工业出版社 .

李显旺 . 2008. 联合收割机的使用和维护 . 北京：中国三峡出版社 .

刘恒新，朱良 . 1999. 谷物联合收割机案例使用维护知识问答 . 北京：中国农业出版社 .

农业部农机行业职业技能鉴定材料编审委员会 . 2002. 联合收割机驾驶员（初级、中级、高级）. 北京：中国农业出版社 .

邱白晶 . 1997. 收获机械的使用维修 . 南京：东南大学出版社 .

盛海，张健美 . 2004. 稻麦收获机械使用与维修 . 合肥：安徽科学技术出版社.

涂同明 . 2009. 联合收割机使用与维修必读 . 武汉：湖北科学技术出版社 .

汪金营 . 2009. 水稻播收机械操作与维修 . 北京：化学工业出版社 .

王佃学，杨在兴 . 2005. 联合收获机械实用技术培训教材 . 北京：气象出版社.

尤成彬，丁超 . 2007. 我是收割机操作能手 . 南京：凤凰出版传媒集团，江苏科学技术出版社 .

余泳昌 . 1999. 收获机械使用与维修 . 郑州：中原农业出版社 .

图书在版编目（CIP）数据

图解水稻收割机常见故障诊断与排除/鲁植雄，兰心敏主编．—北京：中国农业出版社，2011.9（2015.6重印）
ISBN 978-7-109-16051-4

Ⅰ.①图… Ⅱ.①鲁… ②兰… Ⅲ.①水稻收获机－故障诊断－图解②水稻收获机－故障修复－图解 Ⅳ.①S225.407-64

中国版本图书馆CIP数据核字（2011）第184093号

中国农业出版社出版
（北京市朝阳区麦子店街18号楼）
（邮政编码 100125）
责任编辑 杨天桥

三河市君旺印务有限公司印刷 新华书店北京发行所发行
2015年6月河北第2次印刷

开本：880mm×1230mm 1/32 印张：11.125
字数：301千字 印数：3 001～6 000册
定价：30.00元